Das Arduino Nano ESP32-Board entdecken

BLE und ESP-NOW anwenden, die Bus-Systeme verstehen, MicroPython lernen

Erik Bartmann

Kommentare und Fragen können Sie gerne an uns richten:

Bombini Verlags GmbH
Richard-Wagner-Str. 11
53757 Sankt Augustin

E-Mail: service@bombini-verlag.de

Bibliografische Information Der Deutschen Nationalbibliothek

Die Deutsche Nationalbibliothek verzeichnet diese Publikation in der Deutschen Nationalbibliografie; detaillierte bibliografische Daten sind im Internet über http://dnb.d-nb.de abrufbar.

Satz: Bombini Verlag

Belichtung, Druck und buchbinderische Verarbeitung: Print Group Sp. z.o.o., Polen

ISBN 978-3-946496-36-6

Inhalt

Einleitung

Es war 2010, als ich zum ersten Mal Bekanntschaft mit einem Arduino UNO-Board machte. Ich war begeistert von dem Board und von der Arduino-Entwicklungsumgebung, weil sie den Einstieg in die Elektronik und in die Programmierung viel leichter machte. Sofort machte ich mich ans Werk und schrieb mein erstes Arduino-Buch.Und wieder hat mich die Begeisterung gepackt, als ich dieses Jahr den Arduino Nano ESP32 in die Hände bekam. Vom Erscheinen des Arduino Uno bis zum Aufkommen des Arduino Nano ESP32 hat sich in der Welt der Mikrocontroller und der Elektronik so viel getan! Insgesamt haben die Entwicklungen in der elektronischen Welt seit dem Erscheinen des Arduino Uno bis hin zum Arduino Nano ESP32 dazu beigetragen, dass Entwickler und Hobbyisten fortschrittlichere und komplexere Projekte realisieren können.

Der Arduino Uno war ein Meilenstein in der Welt der Hobby-Elektroniker, da er als einer der beliebtesten und zugänglichsten Mikrocontroller für Hobbyisten und Entwickler fungierte. Dadurch entstanden viele Projekte und Produkte, die auf der Arduino-Plattform basierten. Für die Hobbywelt war es sehr wichtig, dass mit dem Arduino Uno und der Arduino-Entwicklungsumgebung eine Plattform entstand, über die man sich austauschen konnte.

In der Zwischenzeit haben sich Technologien weiterentwickelt. Der ESP32, der im Arduino Nano ESP32 verwendet wird, war ein großer Fortschritt gegenüber älteren Arduino-Boards. Er bietet eine verbesserte Leistung, Wi-Fi- und Bluetooth-Funktionalität sowie mehr Speicher und Rechenleistung. Diese Boards ermöglichen die einfache Integration von Sensoren, Aktuatoren und drahtloser Konnektivität, was die Entwicklung von IoT-Projekten erleichtert hat. Der Arduino Nano ESP32 ist kleiner als der Arduino Uno und bietet dennoch erweiterte Funktionen. Dies spiegelt den Trend zur Miniaturisierung und zum Hinzufügen fortschrittlicher Funktionen in kompakteren Formfaktoren wider.

Neben der Begeisterung, die mich für das Nano-Board gepackt hat, gab es noch einen weiteren Grund, warum ich mich dazu entschlossen habe, wieder ein Arduino-Buch zu schreiben. Mich reizte auch die Möglichkeit, die Programmiersprache MicroPython einer größeren Leserschaft vorzustellen.

MicroPython ist eine benutzerfreundliche Programmiersprache, die auf Python basiert. Python ist bekannt für seine Lesbarkeit und Einfachheit. MicroPython bietet die Flexibilität von Python in einer Mikrocontroller-Umgebung. Es ermöglicht den Zugriff auf viele Bibliotheken und Funktionen von Python, was die Entwicklung komplexer Projekte erleichtert. Es ist auch gut dokumentiert und hat eine aktive Community, was bedeutet, dass es viele Ressourcen und Unterstützung für Problemlösungen gibt.

Als Hobbyelektroniker ist eine schöne Sache, neben der Arduino-Programmierung auch noch die Kenntnis über eine weitere Programmiersprache zu besitzen. Insgesamt kann das Erlernen von MicroPython dem Hobbyelektroniker neue Werkzeuge an die Hand geben und seine Möglichkeiten erweitern, umfangreichere und komplexere Elektronikprojekte anzugehen.

Wie ich das Buch aufgebaut habe

Das Buch besteht aus drei Abschnitten: Zunächst beschreibe ich die Basics vom Nano ESP32 und von der Ardunino-Entwicklungsumgebung und gebe für Newbies ein knappe Einführung in die Arduino-Programmierung. Im zweiten Abschnitt beschreibe ich Projekte mit dem Nano ESP 32; zunächst ganz einfache Projekte, die sich dann aber in ihrer Komplexität steigern. Den dritten Teil meines Buches habe ich ganz dem Thema Micropython gewidmet. Ich führe in die Programmiersprache Micropython ein.

Meine Webseite

Wie immer kann man von meiner Webseite

www. erik-bartmann.de

die Sketche und Programme herunterladen, die ich in diesem Buch verwende.

Ich wünsche viel Spaß beim Lesen und beim Frickeln!

Euer

Erik Bartmann

Das Arduino-Nano-ESP32-Board

Das erste Arduino-Nano-Board konnte man bereits 2008 kaufen, noch vor dem berühmtesten Arduino-Board, dem UNO, den es erst ab 2010 zu kaufen gab. Das neue Arduino-Nano-ESP32-Board hat eigentlich nur noch den gleichen Formfaktor wie der „alte“ Arduino Nano, ansonsten unterscheiden sich beide Boards fundamental

Ein knapper Vergleich beider Boards

Vergleicht man den alten Arduino Nano mit dem moderen Nano-ESP32-Board, dann wird klar, wie groß die technischen Unterschiede sind. Das ist zum Glück in den Jahren dazwischen technisch einiges passiert.

Mikrocontroller

Arduino Nano: Der Arduino Nano verwendet normalerweise einen ATmega328P Mikrocontroller, der zur AVR-Familie gehört.

Arduino Nano ESP32: Der Arduino Nano ESP32 verwendet den ESP32 Mikrocontroller, der auf der Xtensa-Architektur basiert.

Konnektivität

Arduino Nano: Standardmäßig bietet der Arduino Nano keine integrierte drahtlose Konnektivität.

Arduino Nano ESP32: Der ESP32 verfügt über integriertes WiFi und Bluetooth, was drahtlose Kommunikation ermöglicht.

Funktionalität

Arduino Nano: Der Arduino Nano ist eher auf grundlegende Mikrocontroller-Anwendungen ausgerichtet und unterstützt analoge und digitale Pins, PWM, serielle Kommunikation usw.

Arduino Nano ESP32: Der ESP32 bietet zusätzlich zu den Funktionen des Arduino Nano auch integriertes WiFi und Bluetooth, was ihn für moderne IoT-Anwendungen besonders geeignet macht.

Programmierung

Arduino Nano: Programmierung erfolgt über die Arduino IDE mit der Arduino-typischen Sprache.

Arduino Nano ESP32: Die Programmierung erfolgt ebenfalls über die Arduino IDE, jedoch unter Verwendung der spezifischen ESP32-Unterstützung und Funktionen. Außerdem ist es auch möglich, das Board mit der Programmiersprache MicroPython zu programmieren.

> **Was ist MicroPython?**
>
> MicroPython ist eine Implementierung der Programmiersprache Python, die für Mikrocontroller und eingebettete Systeme optimiert ist. Es wurde von Damien George ins Leben gerufen und zielt darauf ab, die Einfachheit und Eleganz der Programmierung in Python auf Ressourcenbeschränkungen von Mikrocontrollern anzuwenden.

Sehen wir uns doch zu Beginn einmal das Arduino-Nano-ESP32-Board genauer an und stellen es einem Arduino-Nano-Board gegenüber. Es ist zu sehen, dass beide wirklich den gleichen Formfaktor besitzen.

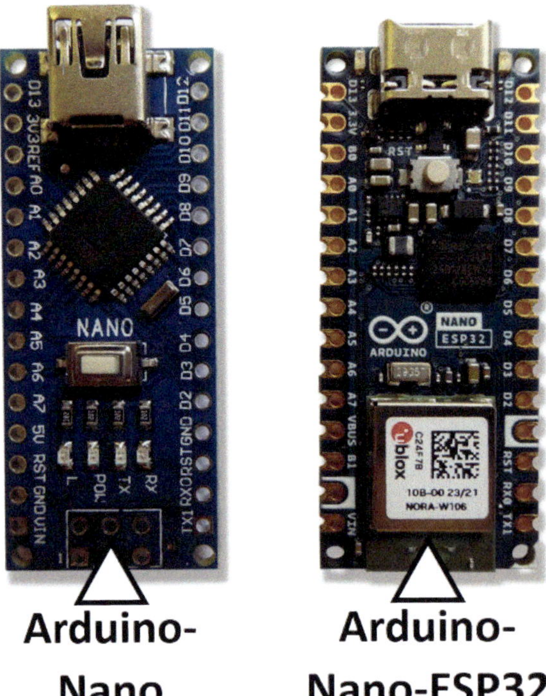

Abbildung 1: 2008 erschien der Arduino-Nano, 2022 erschien der neue Nano-ESP32

Die Spezifikationen

Ein Blick auf die folgende Tabelle zeigt uns die wichtigsten Spezifikationen.

Mikrocontroller	u-blox NORA-W106 (ESP32-S3) mit bis zu 240MHz
USB-Anschluss	USB-C
Versorgungsspannung	3,3V
Input-Versorgungsspannung	6V bis 21V
Logik-Pegel	3,3V
Analoge I/O-Pins	8
Digitale I/O-Pins	14
DAC-Pin	✗
PWM-Pins	22 (D0 bis D13 und A0 bis A7)
I2C-Bus	✓
I2S-Bus	✓
SPI-Bus	✓
CAN-Bus (TWAI)	✓
UART-Interface	✓
WiFi	✓ WiFi 4 - 2,4GHz
Bluetooth	✓ Bluetooth 5 LE
Flash-Memory (intern)	8 MByte
Flash-Memory (extern)	16 MByte
SRAM	512 KByte
ROM	384 KByte
EEPROM	✗

Tabelle 1: Einige wichtige Spezifikationen des Arduino-Nano-ESP32

Warnhinweis!

Alle I/O-Pins des Arduino-Nano-ESP32-Boards sind mit maximaler Spannung von 3,3V zu versorgen! Wird ein Pin zum Beispiel mit 5V beaufschlagt, wird das mit Sicherheit zur Beschädigung des Mikrocontrollers führen. Auch wenn im Internet andere Informationen zu finden sind, rate ich davon ab, es auszuprobieren!

Die Speicherbereiche - Flash und SRAM

Worin besteht eigentlich noch mal der Unterschied zwischen Flash Memory und SRAM? Das Flash Memory wird auch als Flash-ROM bezeichnet. Im Arduino speichert der Flash-Speicher (Program Memory) den auszuführenden Sketch-Code. Wird also die Upload-Schaltfläche in der Arduino-IDE angeklickt, wandert der Code in den Flash-Speicher. Dieser Speicher besteht auch nach dem Wegnehmen der Spannungsversorgung noch und wird beim nächsten Booten wieder ausgeführt. Es handelt sich also um einen nichtflüchtigen Speicher, der auch Non Volatile Memory genannt wird und ein ähnliches Verhalten wie ein ROM vorweist.

Der SRAM (Static Random Access Memory) verhält sich ähnlich wie ein normaler RAM-Speicher, der zum Speichern temporärer Daten (statische Daten, Heap und Stack) verwendet wird und flüchtig ist. Er wird Volatile Memory genannt. Wird die Spannungsversorgung entfernt, sind auch die Daten futsch. Das ist jedoch kein Problem, denn ein Sketch nutzt diese Daten nur zur Laufzeit und sie werden nach dem erneuten Starten wieder hergestellt.

Ich finde das schon bemerkenswert, was auf so einem kleinen Arduino-Board alles untergebracht werden kann. Natürlich würde ich sagen, dass in weiteren zehn Jahren die Sache schon wieder anders ausschaut und die neuen Boards alles in den Schatten stellen, was es heutzutage so gibt oder zumindest für die Masse freigegeben wurde.

Die Pin-Belegung

Werfen wir dazu nachfolgend einen Blick auf die Pin-Belegung des Boards. Wir wollen uns durch die Vielfalt an Informationen aber nicht verwirren lassen, denn ich gehe im Speziellen noch darauf ein. Die GPIO-Pin-Bezeichnungen beziehen sich auf eine pure Nutzung des ESP32-Moduls und können bei der Programmierung über die Arduino-IDE vernachlässigt werden.

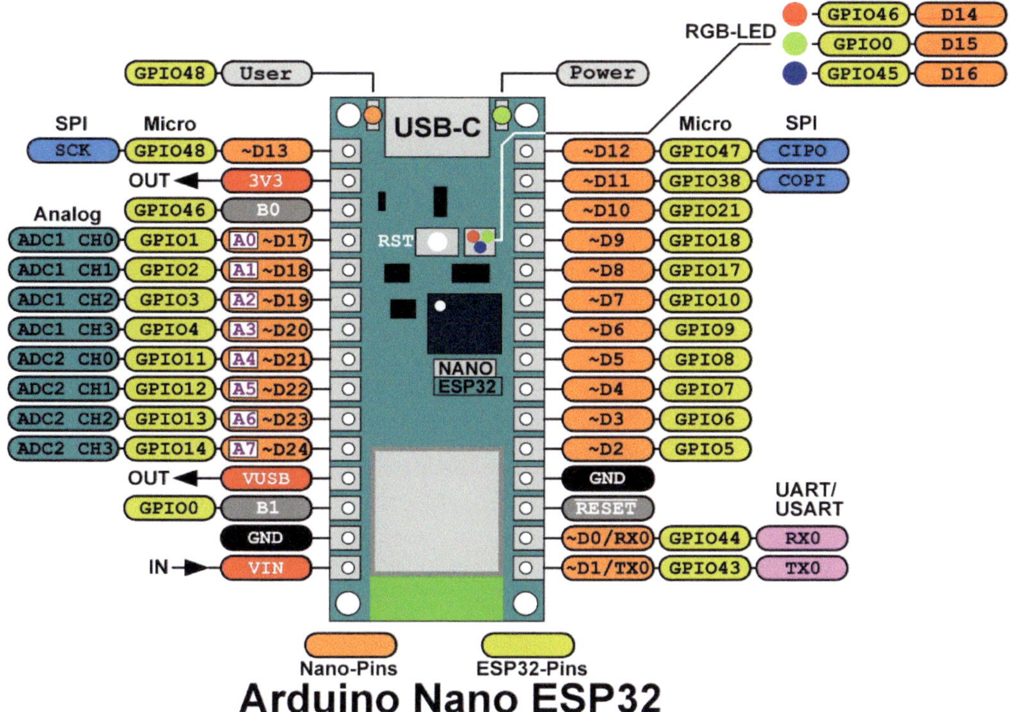

Abbildung 2: Die Pin-Belegung des Arduino-Nano-ESP32

Hier letztendlich noch eine Übersicht über die einzelnen Blöcke.

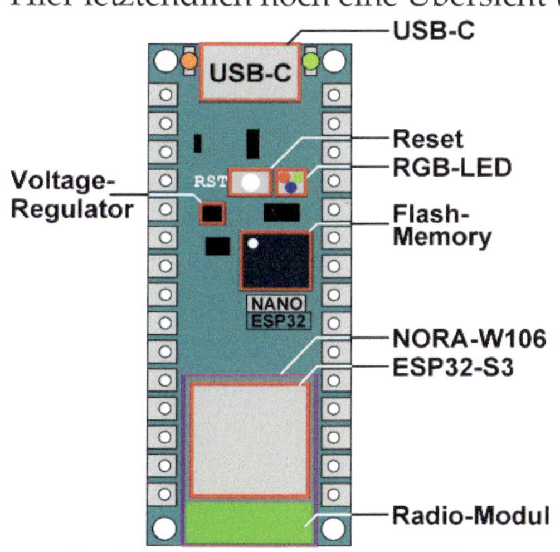

Abbildung 3: Die Blöcke des Arduino-Nano-ESP32

Der Arduino-Nano-ESP32 verfügt über das ESP32-S3 System on a Chip (SoC) von Espressif, das in das NORA-W106-Modul eingebettet ist. Der ESP32-S3 verfügt über einen Dual-Core-Mikroprozessor Xtensa mit 32-bit LX7 und unterstützt das 2,4 GHz-WiFi sowie Bluetooth 5. In den NORA-W106 ist die Antenne für WiFi- und Bluetooth-Verbindungen integriert.

Weitere Detailinformationen sind unter der folgenden Adresse zu finden.

https://store.arduino.cc/products/nano-esp32

Die Ports

Wir kommunizieren über bestimmte Schnittstellen mit dem Mikrocontroller, Manche Ports sind als Eingänge, andere als Ein- und Ausgänge vorhanden.

Was ist ein Port?

Ein Port ist ein definierter Zugangsweg zum Mikrocontroller, quasi eine Tür ins Innere, die wir nutzen können, um mit ihm zu kommunizieren. Einzelne Ein-/Ausgabe-Pins werden in der Regel in Ports organisiert, die meistens einem Register in einem Mikrocontroller zugeordnet sind, wobei ein Register einen bestimmten Speicherbereich darstellt.

Werfen wir noch einmal einen Blick auf das Board, und zwar im Speziellen auf die GPIO-Pins. Man kann sich jetzt fragen, wie denn zum Beispiel bei den digitalen Ein- oder Ausgängen entschieden wird, welche als Eingänge und welche als Ausgänge arbeiten. Vielleicht arbeiten ja einige nur als Eingänge und andere wiederum als Ausgänge. Das würde das Ganze aber recht unflexibel machen und deswegen gibt es eine viel bessere Lösung. Und wie schaut es denn mit den analogen Ausgängen aus? Die fehlen hier komplett. Beginnen wir mit den digitalen Pins, wobei ein einzelner Pin ein separater Anschluss eines Ports ist, der mehrere Pins in sich vereint. Über die Programmierung kann jetzt sehr flexibel entschieden werden, welcher der GPIO-Pins als Eingang und welcher als Ausgang arbeiten soll. Dieser Vorgang wird Konfiguration genannt. Doch nun zu den analogen Pins. Unser Arduino-Nano-ESP32-Board ist nicht mit separaten analogen Ausgängen versehen. Das hört sich erst einmal recht merkwürdig an, doch bestimmte digitale Pins können als analoge Ausgänge genutzt werden. Wie soll das funktionieren? Ich mache einen kleinen Vorgriff auf das, was später die Puls-Weiten-Modulation, auch PWM genannt wird. Das ist ein Verfahren, bei dem ein Signal mehr oder weniger lange An- und Aus-Phasen vorweist. Ist die An-Phase, also wenn der Strom fließt, länger als die Aus-Phase, leuchtet zum Beispiel eine angeschlossene

Lampe augenscheinlich heller, als wenn die Aus-Phase länger ist. Ihr wird also mehr Energie in einer bestimmten Zeit in Form von elektrischem Strom zugeführt. Aufgrund seiner Trägheit kann unser Auge sehr schnell wechselnde Ereignisse nicht unterscheiden und auch die Lampe weist beim Hin- und Herschalten zwischen den beiden Zuständen Ein und Aus eine gewisse Trägheit auf. Dadurch hat es für uns den Anschein einer sich verändernden Ausgangsspannung. Klingt etwas merkwürdig, nicht wahr? Es wird verständlicher, wenn wir das entsprechende Kapitel erreichen. Einen offensichtlich entscheidenden Nachteil hat diese Art der Port-Verwaltung schon. Verwenden wir einen oder mehrere analoge Ausgänge, geht das zu Lasten der digitalen Port-Verfügbarkeit. Es stehen dafür eben weniger zur Verfügung. Doch das soll uns nicht weiter stören, denn wir kommen nicht an die Grenzen, die eine Einschränkung unserer Versuchsaufbauten bedeuten würde.

Der Bootloader

Kommen wir zu einem weiteren wichtigen Thema. Wenn Mikrocontroller erläutert werden, dann kommt immer wieder der Begriff Bootloader zur Sprache, was einer Erklärung bedarf.

Was ist ein Bootloader?

Ein Bootloader ist ein kleines Programm, das auf dem Mikrocontroller einmalig installiert werden muss. Wird ein Arduino-Board gekauft, ist dieser Bootloader vom Hersteller schon vorinstalliert. Dieses Programm wurde in einem bestimmten Bereich des Flash-Speichers auf dem Mikrocontroller abgelegt und ist unter anderem für das Laden des eigentlichen Programms - Sketch - nach der Verbindung mit der Stromversorgung verantwortlich. Ist ein derartiges Programm vorhanden, wird es ausgeführt. Andernfalls wird so lange gewartet, bis es im Speicher abgelegt wird.

Der zur Verfügung stehende Flash-Speicher wird dadurch um die Größe des Bootloaders verkleinert. Normalerweise wird ein Mikrocontroller über eine zusätzliche Hardware, zum Beispiel einen ISP-Programmer, mit dem Arbeitsprogramm versehen. Durch den Bootloader entfällt diese Notwendigkeit, und so gestaltet sich der Upload der Software wirklich komfortabel. Nach dem erfolgreichen Übertragen des Arbeitsprogramms in den Arbeitsspeicher des Controllers wird es unmittelbar ausgeführt.

Der Arduino Nano ESP32 hat eine Funktion, die Arduino-Bootloader-Modus genannt wird. Das bedeutet, dass man das Board in eine Art Wiederherstellungsmodus versetzen kann, indem der Reset-Knopf zweimal gedrückt wird. Dieser Modus ist nützlich, wenn man zum Beispiel einen Sketch hochgeladen hat und dieser dann nicht das gewünschte Verhalten zeigt oder das Board plötzlich irgendwie nicht mehr reagiert. Im schlimmsten Fall kann es dazu führen, dass das Board vom Computer nicht mehr erkannt wird. Ich habe einmal bei einem anderen Arduino-Board mit HID-Funktionalität (Human Interface Device) das Board so programmiert, dass die Kontrolle der Maus übernommen wurde. Ich konnte also nach dem Verbinden des Boards mit dem Computer nichts Sinnvolles mehr machen, weil der Arduino ständig auf die Maus einwirkte.

Um in den Bootloader-Modus zu gelangen, drückt man einmal den Reset-Knopf und drückt ihn erneut, sobald die RGB-LED blinkt. Man erkennt das erfolgreiche Erreichen des Bootloader-Modus daran, dass die grüne LED langsam pulsiert. Doch Achtung! Bei einigen Boards wurden die grüne und blaue LED vertauscht. Es pulsiert dann statt der grünen die blaue LED!

Zusätzlich zum normalen Bootloader-Modus können Sie mit dem Arduino Nano ESP32 in den ROM-Boot-Modus wechseln. Dieser wird selten benötigt, aber es gibt einige Fälle, in denen er nützlich sein könnte:

- Aktualisieren Sie den Arduino-Bootloader, der sich bereits auf dem Board befindet. Dies kann Probleme mit dem Arduino Nano ESP32 beheben, die fälschlicherweise als andere ESP32-Boards identifiziert werden beziehungsweise wurden.
- Wiederherstellung der Fähigkeit, reguläre Arduino-Sketche auf einen Nano ESP32 hochzuladen, der mit einer Drittanbieter-Firmware geflasht wurde.

Wenn der Bootloader neu geflasht werden muss, sind die Schritte im Help-Center-Artikel hilfreich. Der Artikel ist unter der folgenden Internetadresse zu finden.

https://support.arduino.cc/hc/en-us/articles/9810414060188-Reset-the-Arduino-bootloader-on-the-Nano-ESP32

Genau dieser Fall ist bei mir wirklich aufgetreten und ich habe mir beinahe das Arduino-Nano-ESP32-Board zerschossen! Durch eine Unachtsamkeit bei der Vergabe von Pin-Nummern habe ich anstelle der Arduino-Pins einen GPIO-Pin erwischt und diese Nummer verwendet. Nach dem Hochladen spielte dann der vorher noch funktionierende COM-Port verrückt und das Board meldete sich bestimmt fünfmal hintereinander an und wieder ab, bis

Stille herrschte und auch im Gerätemanager das Board mit dem vormals vorhandenen COM-Port nicht mehr erschien. Das war's! Also musste ich die Prozedur für das Flashen des Bootloaders beziehungsweise der Firmware durchexerzieren. Folgendes habe ich also laut Anweisung gemacht.

Pin B1 mit Masse verbinden

Zuerst muss Pin B1 mit Masse verbunden werden. Dazu reicht eine kleine Brücke aus, denn der GND-Pin befindet sich unmittelbar neben dem B1-Pin.

Abbildung 4: Pin B1 mit Masse verbinden

Den RST-Taster drücken

Als nächstes muss der Reset-Taster RST gedrückt werden.

Abbildung 5: Den RST-Taster drücken

Die Brücke zwischen B1 und GND muss entfernt werden. Die RGB-LED sollte dann lila oder gelb leuchten.

Die Arduino-Entwicklungsumgebung öffnen

Nach dem Öffnen der Arduino-Entwicklungsumgebung müssen folgende Schritte abgearbeitet werden.

Port auswählen

Der Menüpunkt Tools>Port muss geöffnet werden, um dort das Board auszuwählen, das dort als ein willkürliches ESP32-Board in Erscheinung treten kann, zum Beispiel nur ESP32 oder so ähnlich.

Board auswählen

Im nächsten Schritt muss der Menüpunkt Tools>Board gewählt werden, um dort ebenfalls das Arduino-Nano-ESP32-Board in irgendeiner Weise ausfindig zu machen, zum Beispiel über Arduino ESP32 Boards>Arduino Nano ESP32 oder ESP32>Arduino Nano ESP32.

Programmer auswählen

Über den Menüpunkt Tools>Programmer muss Esptool ausgewählt sein.

Bootloader-Upload

Letztendlich muss der Bootloader über Sketch>Upload Using Programmer ausgewählt werden, damit die entsprechende Firmware hochgeladen wird. Der Prozess ist abgeschlossen, wenn die folgenden Zeilen sichtbar sind.

Output

```
Leaving...
Hard resetting via RTS pin...
```

Abbildung 6: Der Upload-Prozess ist abgeschlossen.

RST-Taste drücken

Um den kompletten Vorgang abzuschließen, muss erneut die Reset-Taste RST gedrückt werden.

Die Spannungsversorgung

Wenn es um die Spannungsversorgung des Arduino-Nano-ESP32-Boards geht, dann ist zuerst der USB-C-Anschluss zu erwähnen. Über diesen Weg wird das Board zum einen mit 5V versorgt und zum anderen erfolgt die Programmierung beziehungsweise das Hochladen des Sketches darüber. Nicht zu vergessen ist auch die serielle Verbindung über USB CDC (Communication Device Class) für die Implementierung des virtuellen Kommunikations-Ports. Auf der nachfolgenden Abbildung ist diese Spannungsversorgung zu sehen. Am 3V3-Pin liegen 3,3V zum Abgriff an, wohingegen am VUSB-Pin die Spannung der USB-Schnittstelle von 5V zur Verfügung gestellt wird.

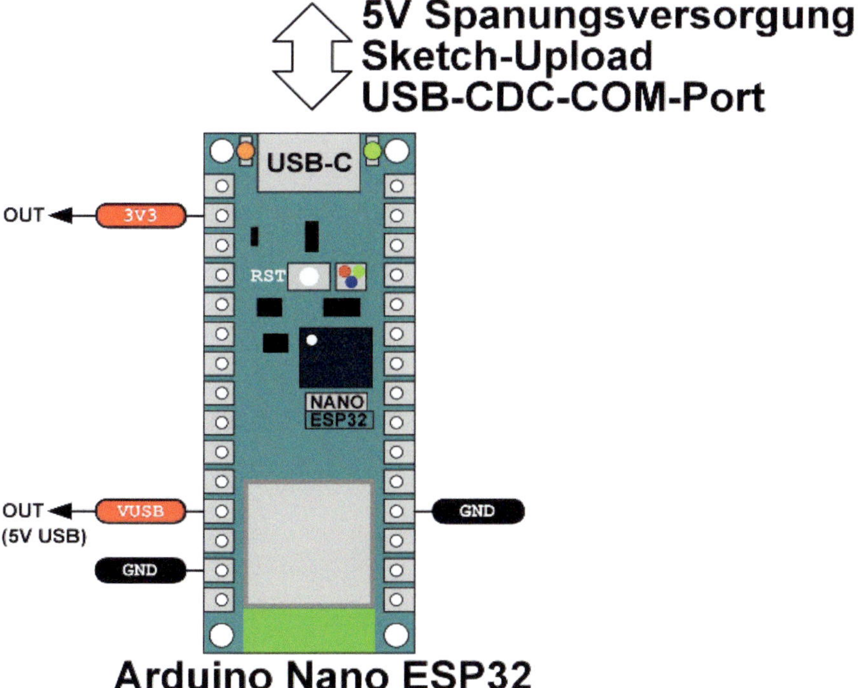

Abbildung 7: Die Spannungsversorgung des Arduino-Nano-ESP32-Boards über USB-C

Die zweite Möglichkeit der Versorgung des Boards mit einer Spannung besteht in der Nutzung des Vin-Pins. Hier kann eine Gleichspannung (DC) im Bereich von 6 bis 18V angelegt werden. Am 3V3-Pin liegen besagte 3,3V an, wobei der VUSB-Pin zur Versorgung von Bauteilen hier nicht genutzt werden sollte. Diese Spannung beträgt in diesem Fall circa 2,7V.

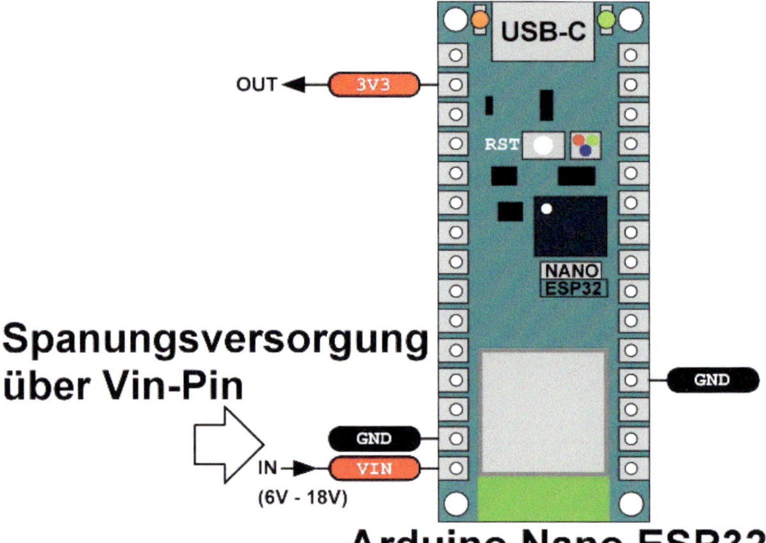

Abbildung 8: Die Spannungsversorgung des Arduino-Nano-ESP32-Boards über den Vin-Pin

Auf der nachfolgenden Abbildung ist die Spannungsversorgung über eine 9V-Blockbatterie zu sehen. Hier muss sehr genau auf die korrekte Polarität geachtet werden, denn sonst wird es nur ein kurzes Schauspiel und es liegt ein Haufen Elektronikschrott rum!

Abbildung 9: Die Spannungsversorgung über eine 9V-Blockbatterie

Das mit der Blockbatterie kann keine Dauerlösung sein und entweder bedient man sich einer USB-Versorgung über ein entsprechendes Netzteil oder eines Steckernetzteils, das zum Beispiel die 9V/DC mit 1A liefert und rund 10€ kostet. Höhere Spannungen (maximal 18V/DC) funktionieren zwar auch, das bedeutet jedoch eine größere Verlustleistung und sollte daher vermieden werden.

Abbildung 10: Die Spannungsversorgung über ein Steckernetzteil (z.B. 9V/DC)

C++ und MicroPython

Hinsichtlich der unterstützten Programmiersprachen ist natürlich C/C++ keine Neuigkeit. Wir arbeiten quasi mit C/C++, wenn wir mit der Arduino IDE arbeiten. Außerdem kann auf dem Arduino Nano ESP32 die Sprache MicroPython genutzt werden, wie ich das schon am Kapitelanfang erwähnt habe.

Der Arduino-Nano-ESP32 unterstützt MicroPython, was eine Mikro-Implementierung von Python ist und auf dem Board installiert werden kann. Im hinteren Buchteil gehe ich ausführlich auf MicroPython ein.

Um einen geeigneten Einstieg in MicroPython bereits jetzt zu finden, rate ich zu MicroPython 101, einen Kurs, der sich den Grundlagen von MicroPython auf dem Arduino-Nano-ESP32 widmet und unter der folgenden Internetadresse zu finden ist.

https://docs.arduino.cc/micropython-course/

Im letzten Teil meines Buches findet man einen MicroPython-Workshop. Auch dieser Workshop ist dazu geeignet, sich die Grundlage der Programmierung des Nano ESP23 mit MicroPython zu erarbeiten.

Arbeiten mit der Arduino-IDE 2

Wenn man Code für sein Arduino-Board entwickeln möchte, dann steht natürlich die offizielle Arduino-Enzwicklungsumgebung - kurz Arduino-IDE - zur Verfügung. Sie ist besonders für Einsteiger geeignet, da sie übersichtlich gestaltet und einfach zu verstehen ist. Hinzu kommt, dass sie plattformunabhängig ist und eine Vielzahl von Boards unterstützt. Die Arduino IDE ist ein Quasi-Standard für Einsteiger geworden, auch wenn es etliche weitere professionellen IDEs wie zum Beispiel Visual-Studio, Eclipse oder ähnliche gibt.

Ich möchte hier die Arduino IDE 2 nutzen, sie stellt eine Weiterentwicklung der sogenannten Legacy IDE (1.8.X) dar. Ich möchte in diesem Kapitel die Installation der Software auf dem Nano ESP32 beschreiben, wie man in der IDE das richtige Board auswählt und – wie kann es anders sein – wie man den Blink-Sketch ans Laufen bringt, um zu kontrollieren, ob alles richtig installiert wurde.

Die Arduino-IDE

Für die spätere Arduino-Programmierung gibt es nun mehrere Wege und ich habe mich dazu entschieden, die Arduino-Entwicklungssoftware als sogenanntes Framework zu nutzen. Ein Framework stellt einen Programmierrahmen für die Softwareentwicklung zur Verfügung, welches eine gewisse Grundstruktur und Gerüst für die zu erstellende Software bereitstellt. Somit wird das Kodieren vereinfacht und unterstützt sowohl objekt- als auch das komponentenorientierte Paradigma. Lange Rede kurzer Sinn... Ich habe die offizielle Arduino-Software von der folgenden Seite heruntergeladen und installiert.

https://www.arduino.cc/en/software

Dort sind sowohl die Arduino IDE 2, als auch die Legacy Arduino-IDE in der Version 1.8.19 zu finden. Nach erfolgter Installation der Arduino-IDE 2 müssen wir die Unterstützung des Arduino-Nano-ESP32-Boards noch hinzufügen. Dieses Board basiert auf dem Arduino ESP32 Core, der vom ursprünglichen ESP32 Core abgeleitet ist. Um den Kern zu installieren, müssen wir den Boardmanager aufrufen und nach dem Nano ESP32 suchen.

Der Aufruf des Boardmanagers

Der Boardmanager wird über das linke senkrechte Symbolmenü aufgerufen. Anschließend muss im Suchfeld der Text Nano ESP32 eingegeben werden.

Select Board

BOARDS MANAGER

Nano ESP32

Type: All

Arduino ESP32 Boards
by Arduino
Boards included in this package:
Arduino Nano ESP32
More info

2.0.11 INSTALL

sketch_aug29a.ino

```
void setup() {
  // put your setup code here, to run once:

}

void loop() {
  // put your main code here, to run repeatedly:

}
```

Abbildung 1: Der Aufruf des Boardmanagers

Die Installation des Packages

Um das Nano ESP32-Package zu installieren, muss die INSTALL-Schaltfläche angeklickt werden. Im Anschluss laufen nacheinander die gezeigten Meldungen auf, wobei zwischendurch die Installation noch einmal über einen Dialog bestätigt werden muss.

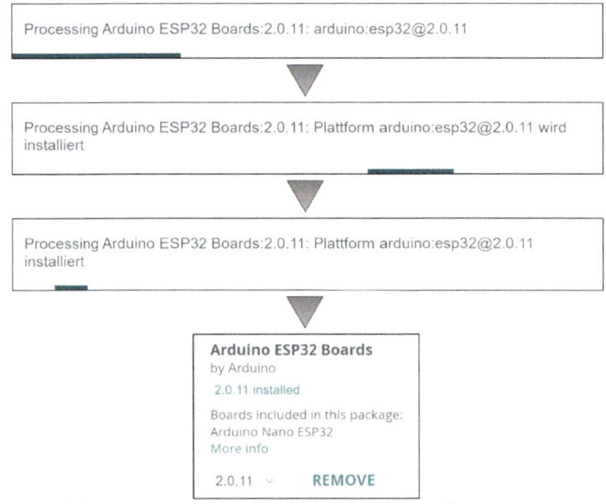

Abbildung 2: Die Meldungen der Installation

Ein erstes Arduino-Projekt unter Arduino-IDE 2 erstellen

Sehen wir uns nach der Installation von allem, was wir bisher gemacht haben, die Erstellung eines Arduino-Projekte unter der Arduino-IDE 2 an. Hier nun die erforderlichen Schritte.

Das Verbinden des Boards mit dem Computer

Zu Beginn zeigt die Arduino-IDE in der rechten unteren Ecke den folgenden Status an.

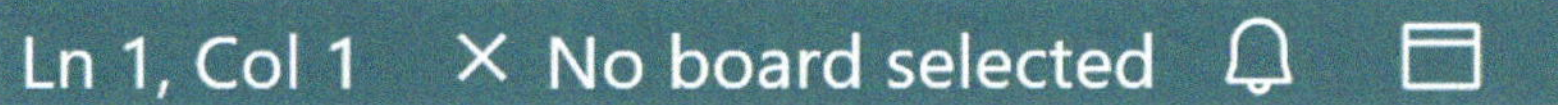

Die Meldung No board selected zeigt an, dass noch kein Board ausgewählt wurde. Nach der Herstellung einer Verbindung über das USB-Kabel (USB-C) reagiert zwar der Computer mit einem akustischen Signal, dies ändert jedoch nichts daran, dass die Meldung dieselbe bleibt. Wir müssen also manuell eingreifen und das Board auswählen. Man kann jetzt schon erkennen, dass sich auf dem Board etwas tut. Sowohl die gelbe User-LED blinkt, als auch die RGB-LED ändert reihum ihre drei Farben.

Das Board auswählen

Über einen Klick auf den rot umrandeten Bereich Select Board kann ein Board ausgewählt werden, sodass sich die folgende Auswahlliste entfaltet.

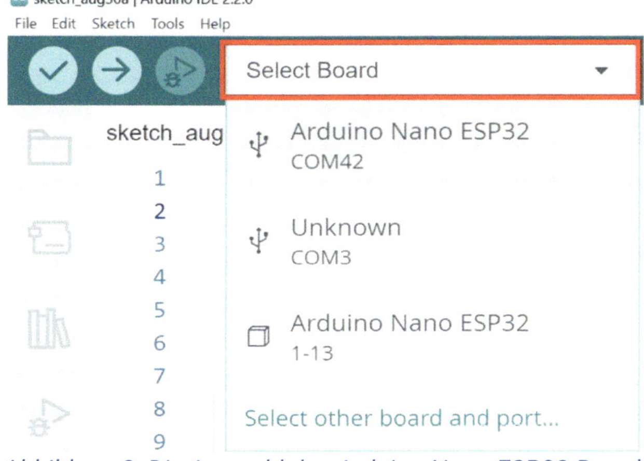

Abbildung 3: Die Auswahl des Arduino-Nano-ESP32-Boards

Möglicherweise sind zwei Versionen für den Arduino Nano-ESP32 zu sehen, die im Board-Selektor ausgewählt werden können. Bei mir ist es der obere USB-Eintrag mit COM42 und der untere DFU-Eintrag mit 1-13. In diesem Fall muss der USB-Anschluss ausgewählt werden. Nach der Auswahl des oberen USB-Boards erscheint ein weiterer Dialog. Hier muss nun das Board mit dem richtigen Port ausgewählt werden.

Abbildung 4: Die Wahl des Boards und des COM-Ports

Nach der Bestätigung der OK-Schaltfläche ändert sich der Status und es ist Folgendes rechts unten zu sehen.

Sowohl der Name des Boards als auch der COM-Port werden angezeigt. Zusätzlich wird jetzt das Arduino-Nano-ESP32-Board im oberen Bereich angezeigt.

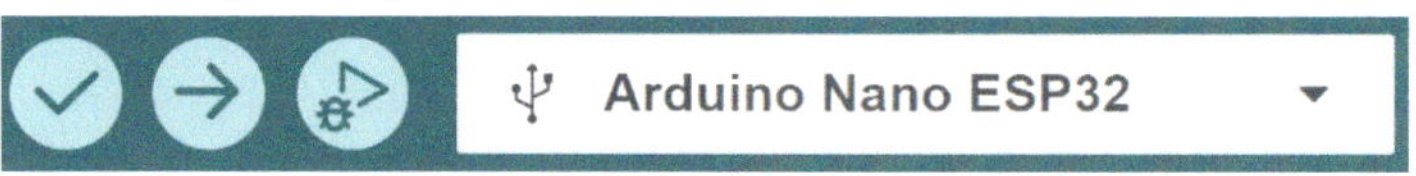

Falls die Einstellungen noch einmal editiert werden müssen, kann das über das Stiftsymbol erfolgen.

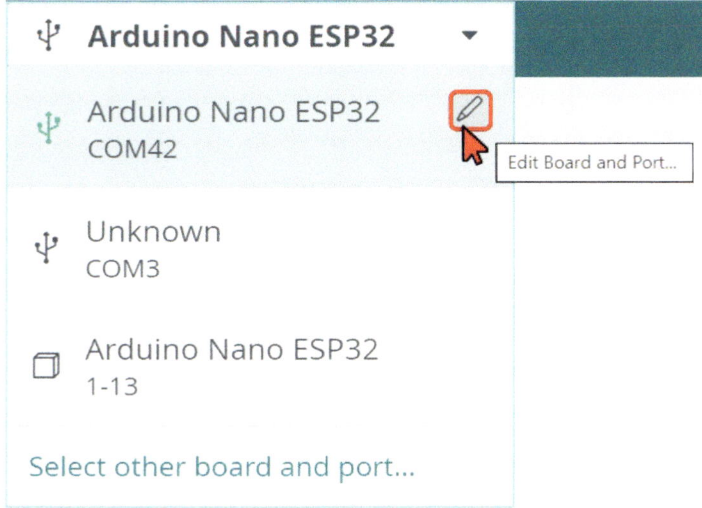

Abbildung 5: Board und Port editieren

Einen ersten Sketch erstellen

Über die Beispiele der Arduino-IDE kann der Blink-Sketch geladen werden.

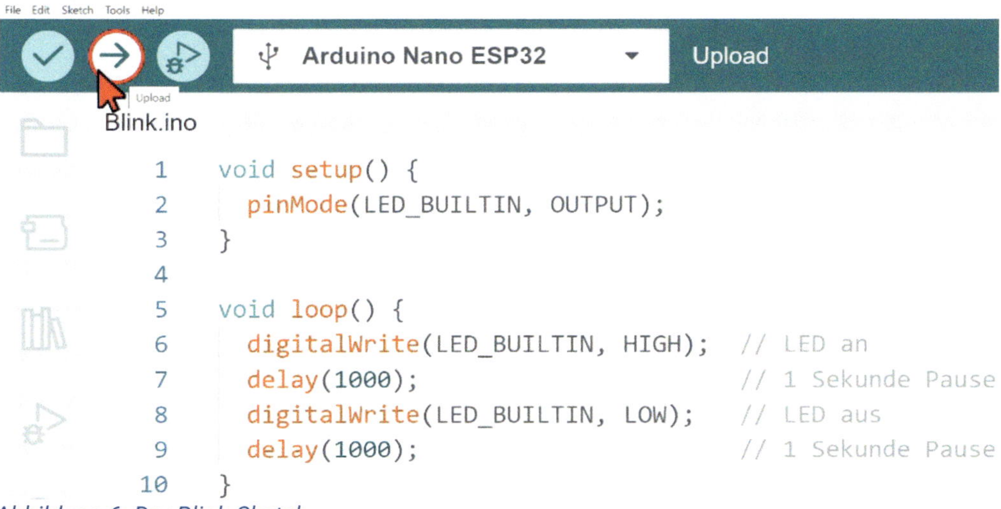

Abbildung 6: Der Blink-Sketch

Nach erfolgreichem Kompilieren und Hochladen sollte die gelbe User-LED im Sekundentakt blinken. Die Meldungen (Notifications) zeigen dabei den Ablauf.

Abbildung 7: Die Notifications beim Compiling und Upload des Sketches

Somit hat der Blink-Sketch seine Schuldigkeit wieder einmal getan und gezeigt, dass alles wunderbar funktioniert. Wir können also starten. Später gehe ich noch im Detail auf die Struktur eines Sketches und die verwendeten Befehle genauer ein!

Nähere Informationen zum Arduino-Core für den ESP32 sind unter dem folgenden Link zu finden.
https://github.com/arduino/arduino-esp32

Arduino-Pins und GPIO-Pins

Abschließend möchte ich noch auf einen sehr wichtigen Umstand hinsichtlich der I/O-Pins und deren Nummerierung eingehen. Ich zeige aus diesem Grund noch einmal die Pin-Belegung aus dem Arduino-Board-Kapitel.

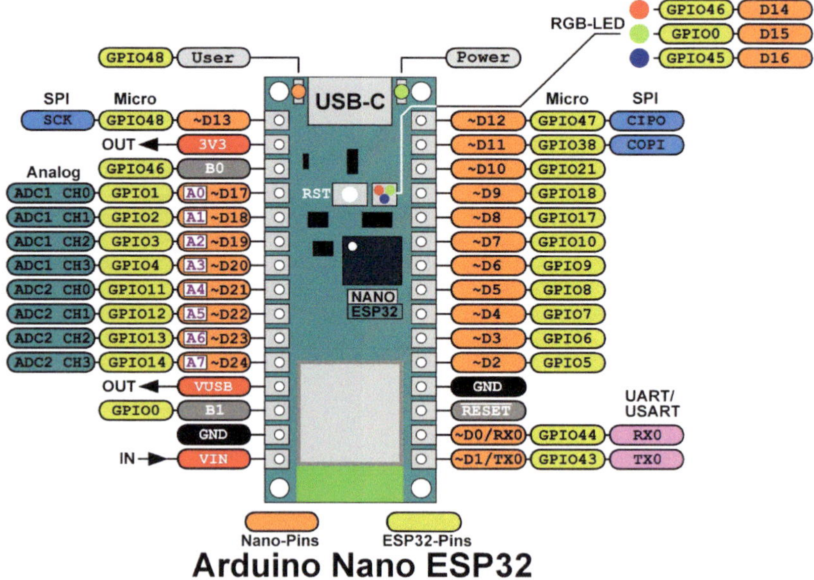

Abbildung 8: Die Pin-Belegung des Arduino-Nano-ESP32-Boards

Man sieht, dass es zwei unterschiedliche Zuordnungen der Pins gibt. Da ist zum einen die bekannte Arduino-Nummerierung und hinsichtlich der Verwendung des ESP32-Bausteins auch noch die GPIO-Nummerierung, die abweichend ist. Die Wahl zwischen der Arduino- oder der GPIO-Nummerierung erfolgt über den Menüpunkt Tools>Pin Numbering.

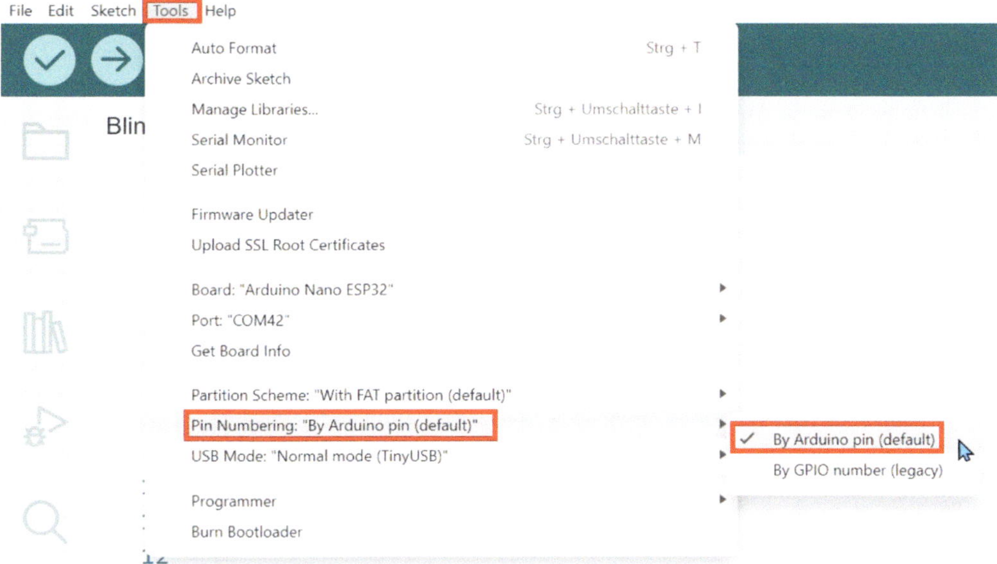

Abbildung 9: Die Wahl der Pin-Nummerierung (Arduino oder GPIO)

So, die Installation ist kein Teufelswerk, es wird vermutlich nicht das erste Mal sein, dass der Leser Software auf einen Mikrocontroller aufspielt.

Im nächsten Kapitel möchte ich für mögliche Arduino-Einsteiger noch einmal Grundlegendes zur Programmierung beschreiben, also wie ein Sketch aufgebaut ist, was eine Funktion ist und wie man sie einsetzt, natürlich auch die Programmierung mit Variablen und Datentypen. Und wieder wird dabei die Mutter aller Arduino-Sketche, das Blink-Programm, bemüht.

Programmieren mit der Arduino IDE 2

Ein Arduino-Sketch bedient sich der Programmiersprache C beziehungsweise C++. Doch was Programmieren grundsätzlich im Kontext von Arduino konkret bedeutet, das möchte ich in diesem Kapitel verdeutlichen. Für Leute, die bereits Programmiererfahrung mit Arduino-Sketchen haben, ist das natürlich ein alter Hut und sie können dieses Einsteigerkapitel elegant überblättern, aber für Einsteiger hält dieses Kapitel einige Erläuterungen darüber bereit, wie ein Sketch aufgebaut ist, was Variablen und Funktionen sind und wie man in einem Sketch Kommentare anbringen. Und das alles erklären ich an dem bereits bekannten Blink-Sketch.

Grundsätzlich braucht man für die Programmierung eines Arduino-Boards, egal ob es sich um ein UNO-, um ein Nano- oder um ein Nano-ESP32-Board handelt, einen Computer, den man mit dem Board verbindet. Zunächst lädt man die Arduino-IDE auf den Computer und wählt dann in der IDE das Board aus, mit dem man verbunden ist. Programmiert wird auf dem Computer innerhalb der Arduino-Entwicklungsumgebung und man lädt dann das fertige Programm, also den Sketch, auf das Board hoch. Dort läuft as Programm, wenn zuvor alles richtig gemacht wurde. Den Vorgang kann man über den seriellen Monitor, der Bestandteil der Arduino-IDE ist, beobachten und überwachen.

Ich möchte an dieser Stelle ein paar sehr gute Online-Tutorials hinsichtlich der Programmierung in C++ nennen. Diese müssen nicht von vorne bis hinten wie ein Roman gelesen werden, sondern leisten auch als Nachschlagewerke sehr gute Dienste.

https://www.arduino.cc/en/Tutorial/HomePage
https://www.c-howto.de/
https://www.tutorialspoint.com/cprogramming/

Die Analyse des Blink-Sketches

Ich möchte für den Einstieg in die Programmierung über die Arduino-Entwicklungsumgebung mit dem - ich kann das Seufzen der Leser spüren - Blink-Sketch beginnen. Ich verwende diesen Sketch, um daran einige grundlegende Aspekte der Programmierung darzustellen.

```
/**
 * Name     : Blink.ino
 * Purpose  : LED-Flashing
 * @author  : ...
 * @version: 1.01 2023/09/02
 * @email   : erik.bartmann@yahoo.de
 * @web     : https://erik-bartmann.de/
 */

int ledPin = 13; // Die User-LED

void setup() {
  pinMode(ledPin, OUTPUT); // Die Konfiguration des Pins
}

void loop() {
  digitalWrite(ledPin, HIGH); // LED anschalten
  delay(1000);                // 1 Sekunde warten
  digitalWrite(ledPin, LOW);  // LED ausschalten
  delay(1000);                // 1 Sekunde warten
}
```

Abbildung 1: Der komplette Blink-Sketch

Kommentare

Ich beginne mit dem Langweiligsten, was sich ein Programmiereinsteiger nur vorstellen kann: mit der Kommentierung des Programmiercodes. Im Blink-Sketch ist alles Kommentar, was ist grauer Schrift dargestellt wird, also schon etliche Kommentare. In der Arduino-IDE wird alles in Grau dargestellt, was ein Kommentar ist

Die Kommentierung ist für Programmierer aus mehreren Gründen sehr wichtig:

- Verständlichkeit und Wartbarkeit: Kommentare helfen anderen, den Code zu verstehen. Gut kommentierter Code erleichtert die Lesbarkeit und Nachvollziehbarkeit der Logik hinter dem Programm.
- Erklärung von Absichten: Kommentare erläutern die Absichten hinter bestimmten Codezeilen. Ein Kommentar kann erklären, warum etwas auf eine bestimmte Weise geschrieben wurde, was oft nicht offensichtlich ist, wenn man nur den Code betrachtet.
- Dokumentation: Kommentare können den Zweck von Funktionen, Variablen, Algorithmen usw. beschreiben.
- Debugging und Fehlerbehebung: Wenn Probleme im Code auftreten, können Kommentare helfen, Hinweise zu bekommen, wo man nach Fehlern suchen muss. Klare und informative Kommentare können das Debugging beschleunigen.
- Regelmäßige Aktualisierung: Kommentare erfordern, dass Entwickler ihren Code erklären. Dies führt oft dazu, dass sie ihren Code regelmäßig überdenken und verbessern, was zu besser strukturiertem und verständlicherem Code führt.

Es ist aber auch wichtig, Kommentare in Maßen und sinnvoll zu verwenden.

Nun gibt es unterschiedliche Formen von Kommentaren, nämlich einzeilige und mehrzeilige. Beginnen wir mit dem mehrzeiligen, der sich von Zeile 1 bis 8 erstreckt und innerhalb der Zeichenfolgen /* und */ befindet.

```
1  /**
2   * Name     : Blink.ino
3   * Purpose  : LED-Flashing
4   * @author  : ...
5   * @version: 1.01 2023/09/02
6   * @email   : erik.bartmann@yahoo.de
7   * @web     : https://erik-bartmann.de/
8   */
```

Abbildung 2: Ein mehrzeiliger Kommentar

Alles, was sich dazwischen befindet, wird als Kommentar angesehen und vom Compiler beziehungsweise von der Ausführung des Sketches ignoriert. Diese Kommentare werden grau angezeigt.

Ein einzeiliger Kommentar dient meistens dazu, eine Befehlszeile zu dokumentieren, wie das zum Beispiel in Zeile 10 zu sehen ist. Dieser Kommentar wird durch zwei Schrägstriche (Slashes) eingeleitet. Der gezeigte Kommentar soll besagen, dass es sich beim verwendeten Pin um die User-LED handelt.

```
int ledPin = 13; // Die User-LED
```

Abbildung 3: Ein einzeiliger Kommentar

Jegliche Befehle, die sich nach den zwei Schrägstrichen befinden, werden ebenfalls vom Compiler ignoriert.

> **Was ist ein Kommentar?**
>
> Kommentare dienen dem Verständnis des Codes durch Hinweise auf dessen Funktionalität und werden vom Compiler komplett ignoriert, da sie nur für den Menschen eine Bedeutung besitzen. Innerhalb von Kommentaren gelten keine Schreibrichtlinien.

Variablen

Werte beziehungsweise Daten werden in Variablen abgespeichert. Sie spielen in der Programmierung eine zentrale Rolle und werden in der Datenverarbeitung genutzt, um Informationen jeglicher Art zu speichern.

> **Was ist eine Variable?**
>
> In der Programmierung ist eine Variable ein Platzhalter für eine Größe, auf die im Verlauf eines Rechenprozesses zugegriffen werden kann und die im Speicher vorgehalten wird.

Eine Variable belegt innerhalb des Speichers einen bestimmten Platz und hält ihn frei. Der Computer oder Mikrocontroller verwaltet jedoch diesen (Arbeits-)Speicher mit seinen eigenen Methoden. All dies erfolgt mittels kryptischer Bezeichnungen, die sich ein Mensch schlecht merken kann. Aus diesem Grund kann man Variablen mit aussagekräftigen Namen versehen, die intern auf die eigentlichen Speicheradressen verweisen.

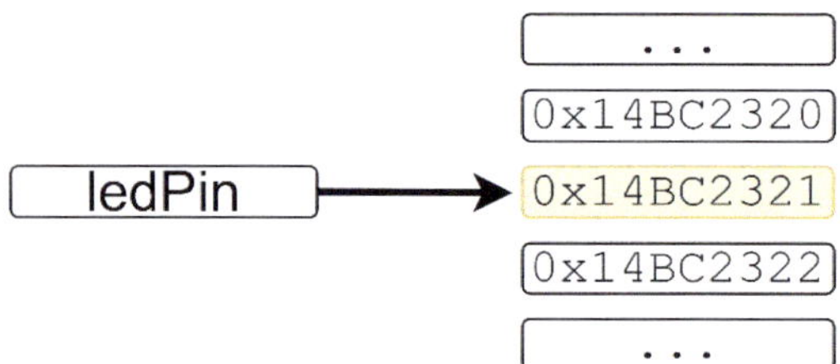

Abbildung 4: Eine Variable zeigt auf einen Speicherbereich im Arbeitsspeicher

In dieser Abbildung sehen wir, dass die Variable mit dem Namen *ledPin* auf eine Startadresse im Arbeitsspeicher zeigt. Man kann sie auch als eine Art Referenz betrachten, die auf etwas Bestimmtes verweist.

Funktionen

Eine Funktion ist in den meisten höheren Programmiersprachen die Bezeichnung eines Programmkonstrukts, mit dem der Quellcode strukturiert wird, sodass diese Programmteile - die quasi als Unterprogramm bezeichnet werden können - im eigentlichen Hauptprogramm wiederverwendbar sind und somit an unterschiedlichen Stellen mehrfach aufgerufen werden können. Als Beispiel sind die beiden Funktionen setup und loop zu nennen, die Bestandteil jedes Arduino-Sketches sein müssen. Die Abarbeitung des Sketches beginnt immer mit dem einmaligen Aufruf der setup-Funktion, wenn das Board mit Spannung versorgt wird. Auf diese Weise wird jeder Code, der Bestendteil der setup-Funktion ist, zuerst ausgeführt, und zwar nur einmal. Diese Funktion dient in der Regel dazu, bestimmte Anfangswerte über Initialisierungen herzustellen. Wurde die setup-Funktion komplett abgearbeitet, folgt die kontinuierliche Ausführung der loop-Funktion. Der Ausdruck loop bedeutet übersetzt Schleife und bedeutet eine endlose Ausführung von deren Inhalt. Darüber wird es dem Sketch ermöglicht, auf Änderungen (Variablen, Sensoren und so weiter) jeglicher Art innerhalb des Sketches zu reagieren.

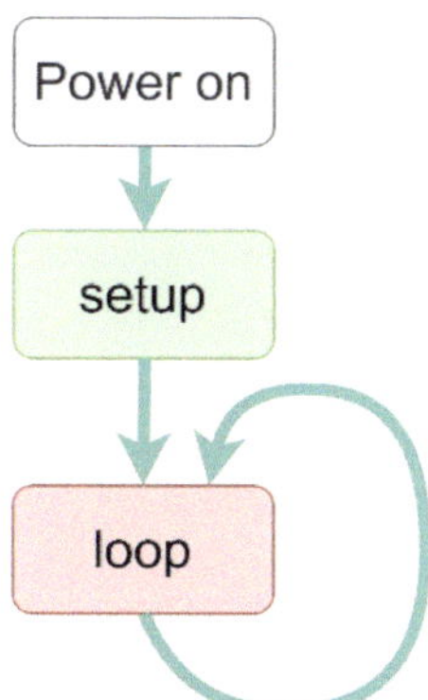

Abbildung 5: Die setup- und loop-Funktion

Bevor ein Pin genutzt werden kann, muss er konfiguriert werden, denn es handelt sich ja um einen GPIO-Pin, der streng genommen anfangs noch keine Datenflussrichtung besitzt. Wir möchten eine LED ansteuern und somit muss dieser Pin als Ausgang konfiguriert werden. Da das nur einmal erfolgen muss, ist der richtige Platz dafür innerhalb der setup-Funktion. Die folgenden drei Funktionen werden wir im Sketch nutzen, denn es muss eine Konfiguration erfolgen, der Pin mit einem logischen Pegel versehen und eine Pause eingelegt werden:

- pinMode
- digitalWrite
- delay

Sehen wir uns das im Detail an. Nachfolgend ist die setup-Funktion zu sehen, die lediglich den pinMode-Befehl beinhaltet, um die einmalige Konfiguration vorzunehmen.

```
12  void setup() {
13    pinMode(ledPin, OUTPUT); // Die Konfiguration des Pins
14  }
```

Abbildung 6: Die setup-Funktion

An dieser Stelle möchte ich einen der Vorzüge der Arduino-IDE 2 zeigen. Es geht um die Autovervollständigung von Code. Wir haben in Zeile 10 eine Variable mit dem Namen ledPin definiert. Diese ist der Entwicklungsumgebung also ab jetzt bekannt. Und Schlüsselwörter wie pinMode sind auch bekannt. Wenn also zum Beispiel die ersten beiden Buchstaben von pinMode eingegeben werden und die Tastenkombination Strg + Leertaste gedrückt wird, dann öffnet sich ein kleiner Dialog, der Folgendes anzeigt.

```
void setup() {
  pin
}    •pinMode(uint8_t     , uint8_t mode)                    void
     •pinMatrixOutDetach(uint8_t pin, bool invertOut, …
```

Abbildung 7: Es wird eine Liste mit Elementen zur Auswahl angeboten

Die Liste der Auswahlmöglichkeiten ist schon recht lang und pinMode ist glücklicherweise direkt am Anfang der Auswahlliste zu finden. Man kann mit den Pfeiltasten rauf und runter navigieren und über eine Bestätigung mit der Return-Taste oder dem Mauszeiger eine Auswahl treffen. Nach der Bestätigung wird Folgendes angezeigt, wobei die Angabe der Pin-Nummer schon markiert ist.

```
void setup() {
  pinMode(uint8_t pin, uint8_t mode)
}
```

Abbildung 8: Der Code wurde vervollständigt und der Pin-Parameter ist vorselektiert

Da der gewünschte Pin schon über die Variable ledPin definiert wurde, muss diese jetzt an dieser Stelle eingegeben werden. Wir geben also zum Beispiel die ersten drei Buchstaben led ein und drücken wieder die Tastenkombination Strg + Leertaste. Im Anschluss wird eine Auswahlliste angezeigt, wobei ledPin schon ganz oben in der Liste zu finden ist.

```
void setup() {
  pinMode(led, uint8_t mode)
}               [⊘] ledPin
                ⬡ •ledcSetup(uint8_t channel, uint32_t freq, uint8_…
                ⬡ •ledcWriteTone(uint8_t channel, uint32_t freq)
```

Nach der Bestätigung mit der Return-Taste gestaltet sich die Anzeige wie folgt; der Variablenname ledPin wurde übernommen.

```
void setup() {
  pinMode(ledPin, uint8_t mode)
}
```

Im Anschluss muss dann lediglich die Tab-Taste gedrückt werden, um zum nächsten Parameter für den Mode zu springen. Es ist zu sehen, dass der zweite Parameter von pinMode farblich hervorgehoben ist.

```
void setup() {
  pinMode(ledPin, uint8_t mode)
}
```

An diese Stelle muss OUTPUT gesetzt werden, denn es geht um die Ansteuerung einer LED. Geben wir also die ersten beiden Buchstaben OU an und drücken wiederum die Tastenkombination Strg + Leertaste. Danach sehen wir den Wert OUTPUT wieder ganz oben in der Liste.

```
void setup() {
  pinMode(ledPin, OU)
}                   abc •OUTPUT
                    abc •OUTPUT_OPEN_DRAIN
```

Nach der Markierung und Bestätigung über die Return-Taste gestaltet sich die Anzeige wie folgt; der Modus OUTPUT wurde übernommen.

```
void setup() {
  pinMode(ledPin, OUTPUT)
}
```

Es fehlt aber noch eine essentielle Kleinigkeit. In C/C++ muss jeder Befehl mit einem Semikolon abgeschlossen werden. Das sieht dann wie folgt aus.

```
void setup() {
  pinMode(ledPin, OUTPUT);
}
```

Es ist möglich, dass von der Arduino-Entwicklungsumgebung diese Vorschläge automatisch gemacht werden. Dazu muss in den Grundeinstellungen über den Menüpunkt File>Preferences das Häkchen gesetzt werden, das ich nachfolgend rot umrandet habe.

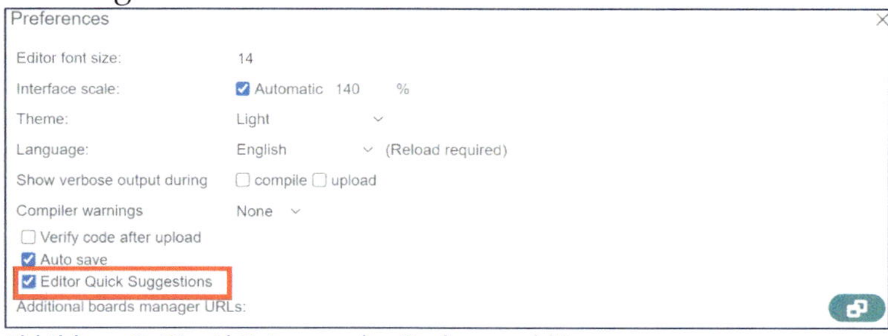

Abbildung 9: Die Aktivierung der Codevorschläge

Kommen wir zum nächsten Punkt der Konstrukte. Wie ist eine Funktion strukturiert? Das allgemeine Aussehen gestaltet sich wie folgt. Im nachfolgenden Diagramm ist das optionale Kommando return zu sehen, das beim Aufruf die Funktion vorzeitig verlässt und dazu führt, dass alle nachfolgenden Befehle nicht mehr ausgeführt werden. Natürlich ist diese Anweisung nur dann sinnvoll, wenn sie in Verbindung mit einer Kotrollstruktur wie zum Beispiel einer if-Anweisung arbeitet. Falls ein bestimmter Wert zum Beispiel eine gesetzte Grenze überschritten hat, dann soll die Funktion unmittelbar verlassen werden. Wir werden den Einsatz im Kapitel über Bussysteme kennenlernen.

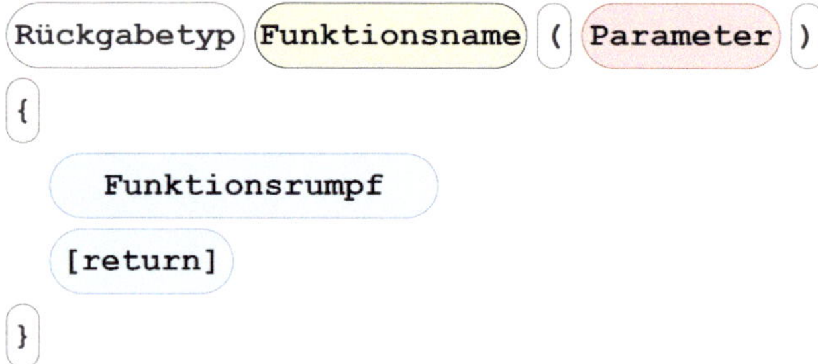

Abbildung 10: Der Aufbau einer Funktion

Bezugnehmend auf die Funktionsdefinition der Zeilen 12 bis 13 sieht das wie folgt aus. Da eine Funktion einen Ergebniswert zurückliefern kann, muss dieser in Form des Datentyps angegeben werden. Die setup-Funktion liefert jedoch nichts an den Aufrufer zurück und besitzt aus diesem Grund den Wert void, was für leer steht. Jede Funktion muss in einem Sketch einen eindeutigen Namen besitzen, der in unserem Fall setup lautet und auch nicht geändert werden darf, da er implizit unter diesem Namen erwartet und aufgerufen wird. Man kann einer Funktion bestimmte Werte in Form von Argumenten beim Aufruf übergeben, die an die definierten Parameter übergeben werden. Parameter sind nichts weiter als lokale Variablen, die nur innerhalb der Funktion ihre Gültigkeit besitzen. Die setup-Funktion benötigt keine Übergabewerte, sodass das runde Klammerpaar leer bleibt. Es darf nicht weggelassen werden! Die Befehle, die beim Funktionsaufruf abgearbeitet werden sollen, werden durch den Funktionsrumpf gebildet und befinden sich innerhalb der geschweiften Klammerpaare. Jeder einzelne Befehl muss in C/C++ mit einem Semikolon abgeschlossen werden. In unserem Fall haben wird es lediglich mit einem Befehl zu tun. Es handelt sich um den pinMode-Befehl, der einen digitalen Pin konfiguriert. Die allgemeine Struktur sieht wie folgt aus. Ich habe bei allen Befehlen zur Beschreibung das Semikolon weggelassen, was jedoch im eigentlichen Sketch nicht vergessen werden darf!

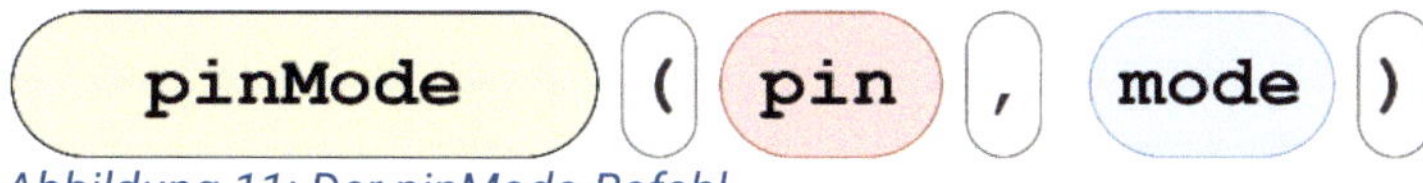

Abbildung 11: Der pinMode-Befehl

Die Angabe des Pins muss den validen Pin-Nummern des Boards entsprechen. Am Mode erkennt man, ob es sich um einen Ein- oder Ausgangs-Pin handelt. Es gibt vier unterschiedliche Möglichkeiten. Die untere Kartusche ist mit einer gestrichelten Linie versehen. Das hat den Hintergrund, dass es bei einem Standard-Arduino-Board wie zum Beispiel dem Arduino-Uno diesen Modus nicht gibt. In einem späteren Kapitel mit Namen ESP32-NOW verwende ich diesen Modus jedoch, denn wir haben es ja mit dem Nano ESP32 zu tun, der diesen unterstützt.

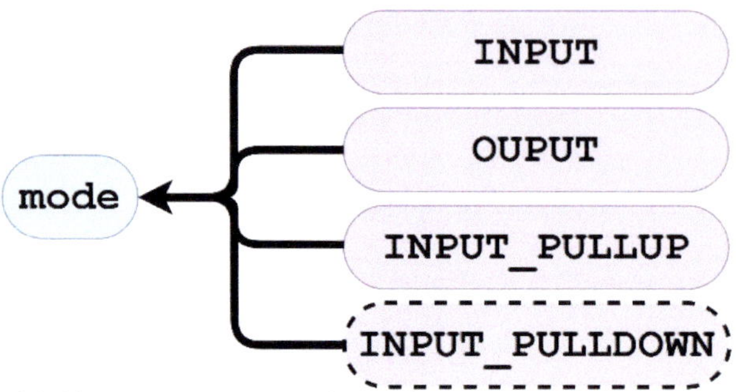

Abbildung 12: Die pinMode-Modes

- Der INPUT-Mode konfiguriert einen digitalen Pin als Eingang. Es kann also zum Beispiel ein Taster angeschlossen und abgefragt werden.
- Der OUTPUT-Mode konfiguriert einen digitalen Pin als Ausgang. Es kann zum Beispiel eine Leuchtdiode (LED) angeschlossen werden.
- Der INPUT_PULLUP-Mode konfiguriert einen digitalen Pin als Eingang mit aktiviertem Pullup-Widerstand, der sich innerhalb des Mikrocontrollers befindet. Ist der Eingang nicht beschaltet, liegt an diesem ein HIGH-Pegel an. Zum Umschalten des Pegels muss ein LOW-Pegel an den Eingang gelegt werden. Es handelt sich demnach um eine umgekehrte Logik.
- Der INPUT_DOWN-Mode konfiguriert einen digitalen Pin als Eingang mit aktiviertem Pulldown-Widerstand, der sich innerhalb des Mikrocontrollers befindet. Ist der Eingang nicht beschaltet, liegt an diesem ein LOW-Pegel an. Zum Umschalten des Pegels muss ein HIGH-Pegel an den Eingang gelegt werden. Es handelt sich demnach um eine „normale" Logik.

Kommen wir zur loop-Funktion, die nachfolgend zu sehen ist.

```
void loop() {
  digitalWrite(ledPin, HIGH); // LED anschalten
  delay(1000);                // 1 Sekunde warten
  digitalWrite(ledPin, LOW);  // LED ausschalten
  delay(1000);                // 1 Sekunde warten
}
```

Abbildung 13: Die loop-Funktion

In ihr sind vier einzelne Befehle enthalten. Um eine angeschlossene LED anzuschalten, wird ein HIGH-Pegel an den betreffenden Pin gelegt. Ein HIGH-Pegel bedeutet Versorgungsspannung, beim Arduino Nano ESP32 genau 3,3V. Im Anschluss muss die LED wieder ausgeschaltet werden, was mit einem LOW-Pegel erzielt wird. Der betreffende Pin wird dann mit 0V versehen. Damit dieser Wechsel zwischen An und Aus nicht so schnell geht, dass man es nicht erkennen kann, wird eine Zeitverzögerung nach jedem Pegelwechsel eingesetzt. Das Setzen von Pegeln an digitalen Pins wird mit dem digitalWrite-Befehl erzielt. Um eine Zeitverzögerung in der Abarbeitung des Sketches zu erzielen, bedient man sich des delay-Befehls. Sehen wir uns zunächst den digitalWrite-Befehl an.

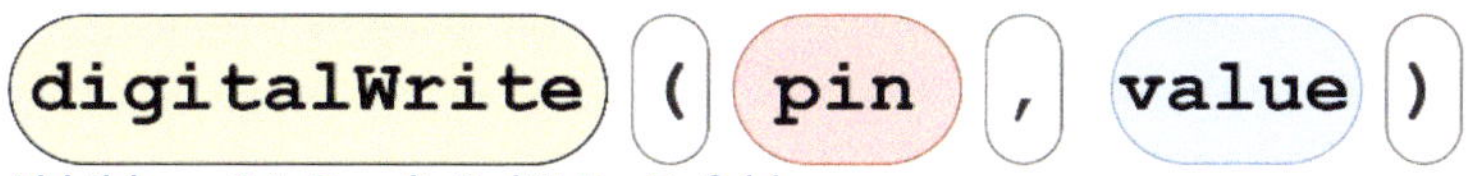

Abbildung 14: Der digitalWrite-Befehl

Die Angabe des Pins muss den validen Pin-Nummern des Boards entsprechen. Der Wert (Value) besagt, ob es sich um einen HIGH- oder LOW-Pegel handelt, mit dem der Pin versorgt wird.

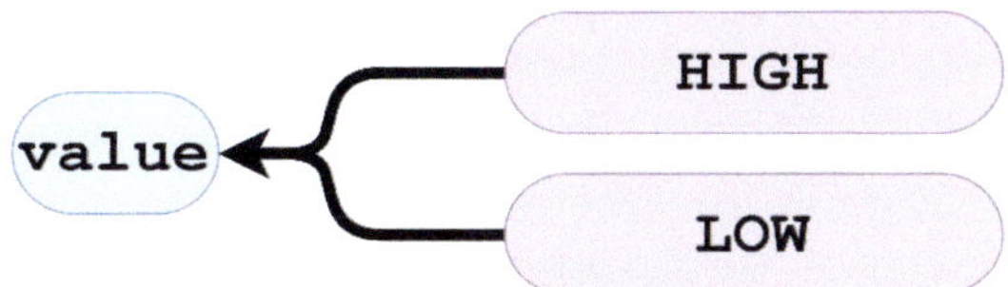

Abbildung 15: Die digitalWrite-Values

- Über HIGH wird der betreffende Pin mit der Versorgungsspannung (3,3V) des Boards versehen.
- Über LOW wird der betreffende Pin mit Masse versehen.

Der delay-Befehl mit der Angabe der Zeitverzögerung in Millisekunden bewirkt eine Programmunterbrechung für die angegebene Zeit.

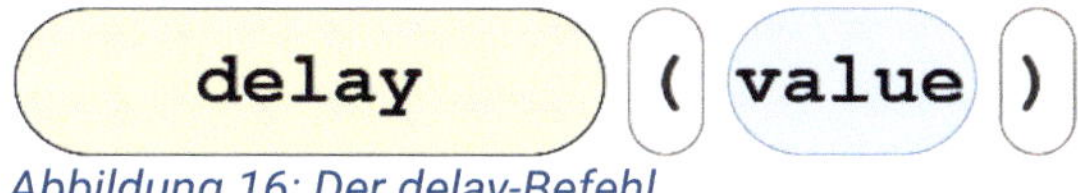

Abbildung 16: Der delay-Befehl

Eine einzelne Sekunde besitzt 1000ms.

Die Datentypen

Warum gibt es so viele unterschiedliche Datentypen und was ist ein Datentyp? Der Mikrocontroller verwaltet seine Sketche und Daten in seinem Speicher. Dieser Speicher ist ein strukturierter Bereich, der über Adressen verwaltet wird und Informationen aufnimmt oder abgibt, wobei Informationen in Form von Einsen und Nullen gespeichert werden.

Was ist ein Datentyp?

Ein Datentyp beschreibt eine bestimmte Menge von Datenobjekten (Variablen), die allesamt die gleiche Struktur haben. Jede Variable muss dabei einen bestimmten Datentyp haben.

In der nachfolgenden Tabelle sind die grundlegenden Datentypen hinsichtlich des ESP32 zu sehen.

Preferences Type	Data Type	Size (byte)
Bool	bool	1
Char	int8_t	1
UChar	uint8_t	1
Short	int16_t	2
UShort	uint32_t	2
Int	int32_t	4
UInt	uint32_t	4
Long	int32_t	4
ULong	uint32_t	4
Long64	int64_t	8
ULong64	uint64_t	8
Float	float_t	8
Double	double_t	8
String	String oder const char*	variabel
Bytes	uint8_t	variabel

Tabelle 1: Datentypen (Quelle: Espressif)

String-Werte können entweder als Arduino-String oder als null-terminiertes Char-Array (C-String) gespeichert und abgerufen werden. Der Typ Bytes wird zum Speichern und Abrufen einer beliebigen Anzahl von Bytes in einem Namensraum verwendet. Nähere Informationen sind unter dem folgenden Link zu finden.

https://espressif-docs.readthedocs-hosted.com/projects/arduino-esp32/en/latest/tutorials/preferences.html

Die Arduino-IDE unterstützt dich

Die Arduino-Entwicklungsumgebung bietet einige hilfreiche Unterstützungen, um den Code zu analysieren. Möchte man innerhalb des Sketches zum Beispiel etwas über eine vorhandene Variable erfahren, muss lediglich der Mauszeiger kurz über dem Namen gehalten werden. Es erscheinen in Form eines Tooltips einige Informationen, die gerade bei der Fehlersuche ganz nützlich sein können. Sehen wir uns das am Beispiel der Variablen ledPin an.

```
 */

int ledPin = 13

void setup() {
  pinMode(ledPi
}

void loop() {
  digitalWrite(ledPin, HIGH); // LED anschalten
```

```
variable ledPin

Type: int
Value = 13 (0xd)
Passed as pin (converted to uint8_t)
Die User-LED

int ledPin = 13
```

Abbildung 17: Informationen zur Variablen ledPin

Es werden hier Hinweise über Datentyp, Wert und Deklarationszeile aufgelistet. Sind grundlegende Informationen zu einer Funktion notwendig, geht das hier ebenfalls. Ich habe den Mauszeiger über den digitalWrite-Befehl gehalten.

```
 * @email  : erik.bartmann@yahoo.de
 *
 *

in

vo

}

vo
  digitalWrite(ledPin, HIGH); // LED anschalten
```

```
function digitalWrite

→ void
Parameters:
• uint8_t pin
• uint8_t val

void digitalWrite(uint8_t pin, uint8_t val)
```

Abbildung 18: Informationen zur digitalWrite-Funktion

Es werden Rückgabetyp der Funktion (void), und die Datentypen der beiden Parameter pin und val angezeigt. Der gezeigte Datentyp unit8_t erscheint merkwürdig, wenn man ihn noch nicht kennt. Grundsätzlich sind innerhalb einiger C/C++-Header (zum Beispiel <stdint.h>) eine Reihe von plattformübergreifenden Typen definiert, die man verwenden kann, wenn die Angabe der Anzahl von erforderlichen Bits (mit oder ohne Vorzeichen) benötigt wird. Bei uint8_t kann man sofort erkennen, dass es sich um einen vorzeichenlosen Datentyp mit 8 Bits handelt. Das u steht für unsigned und bedeutet vorzeichenlos, int steht für Integer und bedeutet Ganzzahl. Wenn man zum Beispiel im Code den Datentyp int sieht, so ist nicht klar, wie groß die Datenbreite ist. Sind es vielleicht 16 Bits oder doch 32 Bits oder noch mehr? Die Antwort hängt immer vom verwendeten Framework beziehungsweise Compiler ab. Nähere Hinweise sind zum Beispiel unter dem folgenden Link zu finden.

https://en.wikipedia.org/wiki/C_data_types#stdint.h

Wenn es zum Beispiel darum geht, die Definition eines Ausdrucks oder einer Funktion zu finden, dann hilft das Kontextmenü weiter. Wollen wir doch mal nachsehen, wo der Ausdruck HIGH eigentlich definiert ist. Man platziert den Mauszeiger einfach über dem betreffenden Ausdruck und ruft über das Kontextmenü (rechte Maustaste) den Eintrag Go to Definition auf.

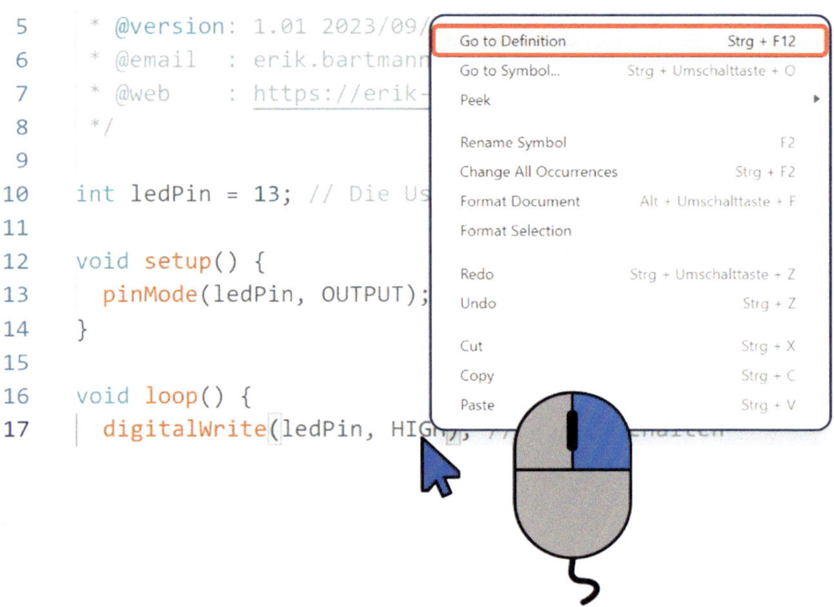

Abbildung 19: Der Aufruf der Definition

In der Arduino-Entwicklungsumgebung erscheint ein weiterer Reiter mit dem Namen esp32-hal-gpio.h, der den Code anzeigt, in dem der gesuchte Ausdruck zu finden ist.

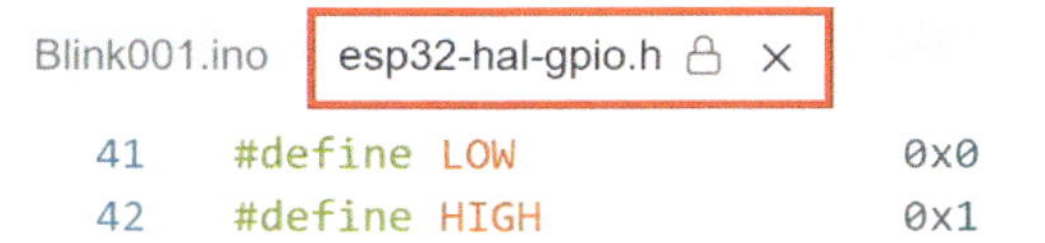

```
Blink001.ino   esp32-hal-gpio.h
#define LOW               0x0
#define HIGH              0x1
```

Abbildung 20: Die Definition des Ausdrucks HIGH

Hier findet man unter anderem auch der Wert für LOW.

So, das waren ein paar grundlegende Bemerkung zum Programmieren unter Arduino zu sagen gibt. Ich werde im hinteren Teil dieses Buches noch einiges über Variablen, Funktionen und Datentypen schreiben, wenn ich den Leser in MicroPython einführe.

In den folgenden Kapiteln beschreibe ich konkrete Projekte zum Nachbauen mit dem Arduino Nano ESP32-Board. Ich wünsche viel Bastelspaß!

Projekt 1: Hello World

Das Hello-World-Programm haben wir schon beim ersten Test im Entwicklungsumgebung-Kapitel gesehen und ich möchte es hier ein wenig erweitern, denn auf dem Board gibt es eine RGB-LED, die man ansteuern kann. Das reißt einen zwar nicht vom Hocker, denn die OnBoard-Komponenten sind im Gegensatz zu anderen ESP32-Boards wirklich spärlich gesät. Doch arbeiten wir mit dem, was vorhanden ist.

Die RGB-LED

Um die RGB-LEDs anzusteuern, werfen wir einen Blick auf das Pinout, also die Pin-Belegung, die ich eingangs gezeigt habe.

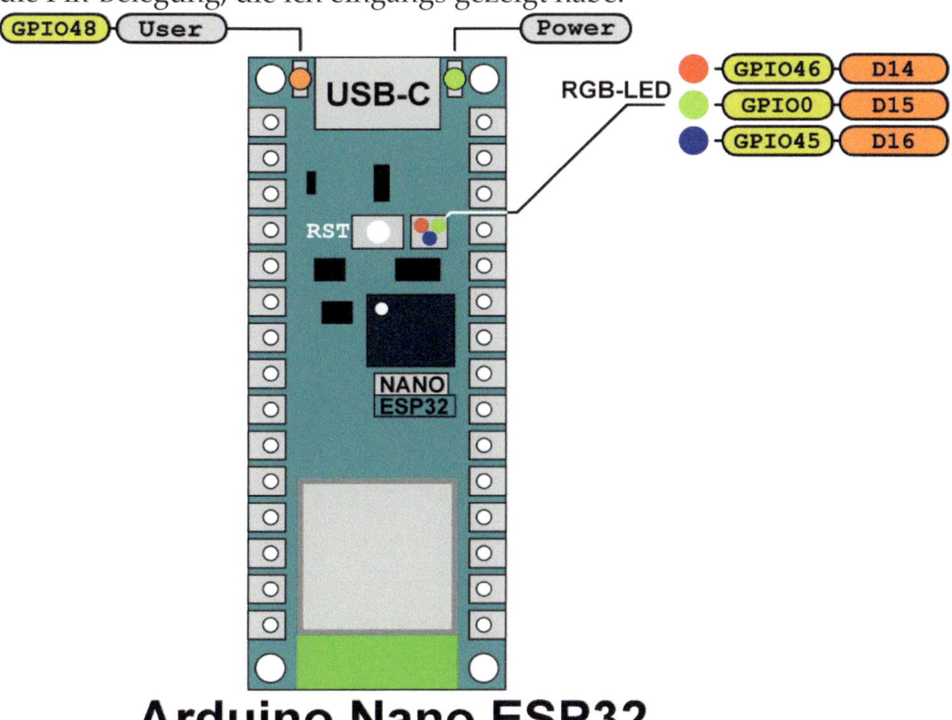

Abbildung 1: Die Ansteuerung der RGB-LED

So weit die Theorie, denn in der Praxis hat sich Folgendes gezeigt. Bei manchen Arduino-Nano-ESP32-Boards ist die Ansteuerung der grünen und blauen LED vertauscht. Näheres findet sich auf der folgenden Internetseite.

https://support.arduino.cc/hc/en-us/articles/9589073738012-About-Nano-ESP32-boards-with-inverted-green-and-blue-pins

Ich will nur hoffen, dass nicht noch weitere Pins vertauscht wurden und das Board so arbeitet, wie es angepriesen wurde. Nehmen wir das erst einmal so hin, denn es sind noch weitere Unstimmigkeiten, die mir aufgefallen sind. Dazu gleich mehr.

Zur Ansteuerung von LEDs, die auf einem Board schon verbaut sind, werden normalerweise auch vorher definierte Ausdrücke genutzt. Wir kennen das schon für die User-LED, die sich an Pin 13 befindet und über LED_BUILTIN angesteuert werden kann. Vergleichbar ist es auch mit der RGB-LED, die über folgende Definitionen hinsichtlich der einzelnen Farben angesteuert werden kann.

- Rot - LED_RED
- Grün - LED_GREEN
- Blau - LED_BLUE

Doch fangen wir mal einfach an und tun so, als hätten wir keine RGB-LED, sondern nur einzelne LEDs in rot, grün und blau, die es nacheinander anzusteuern gilt. Ein Schaltplan könnte dann wie folgt aussehen.

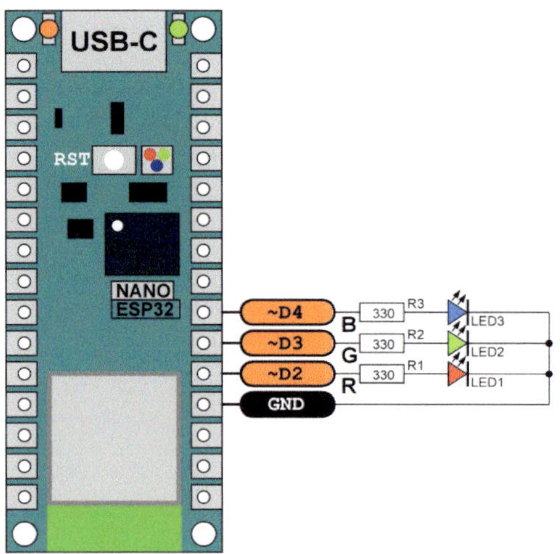

Abbildung 2: Der Schaltplan zur Ansteuerung von drei LEDs

Auf der folgenden Abbildung ist der Schaltungsaufbau zu sehen.

Abbildung 3: Der Schaltungsaufbau zur Ansteuerung drei einzelner LEDs

Der entsprechende Sketch zur Ansteuerung von drei einzelnen LEDs gestaltet sich wie folgt.

```
#define d    1000 // Delay
#define RED    2  // rote LED
#define GREEN 3   // grüne LED
#define BLUE  4   // blaue LED

void setup() {
  pinMode(RED,   OUTPUT);
  pinMode(GREEN, OUTPUT);
  pinMode(BLUE,  OUTPUT);
}

void loop() {
    digitalWrite(RED,   HIGH); delay(d);
    digitalWrite(RED,    LOW);
    digitalWrite(GREEN, HIGH); delay(d);
    digitalWrite(GREEN,  LOW);
    digitalWrite(BLUE,  HIGH); delay(d);
    digitalWrite(BLUE,   LOW);
 }
```

Abbildung 4: Der RGB-Sketch für drei einzelne LEDs

Nach dem Hochladen erfolgt die Ansteuerung der drei LEDs der Reihe nach, wobei jede einzelne für sich alleine leuchtet. Alles so, wie es sein sollte. Hier im Sketch kommt ein neues Sprachkonstrukt zum Einsatz, dass sich #define nennt. Darüber wird ein Makro erstellt, bei dem es sich um die Zuordnung eines Bezeichners zu einer Token-Zeichenfolge (Ersatzbezeichner) handelt. Wurde das Makro definiert, kann der Compiler die Token-Zeichenfolge für jedes Vorkommen im nachfolgenden Code ersetzen. Es darf hier kein Semikolon am Ende der Definition gesetzt werden!

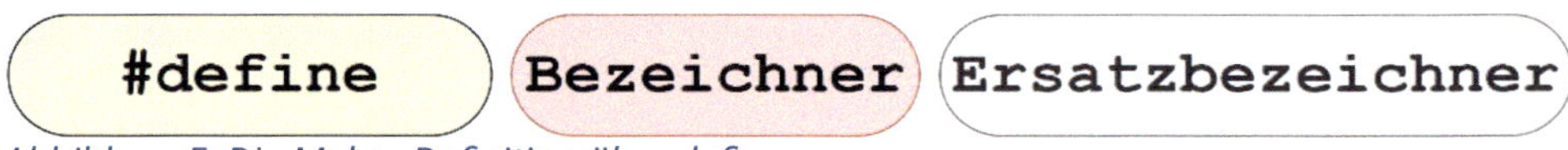

Abbildung 5: Die Makro-Definition über define

Kommen wir nun zum nächsten Sketch, der die Onboard-RGB-LED nutzen soll, indem die definierten Ausdrücke verwendet werden. Ich habe die Pausenzeit auf 3 Sekunden erhöht, um den Wechsel besser beobachten zu können.

```
#define d   3000 // Delay

void setup() {
  pinMode(LED_RED,   OUTPUT);
  pinMode(LED_GREEN, OUTPUT);
  pinMode(LED_BLUE,  OUTPUT);
}

void loop() {
    digitalWrite(LED_RED,   HIGH); delay(d);
    digitalWrite(LED_RED,    LOW);
    digitalWrite(LED_GREEN, HIGH); delay(d);
    digitalWrite(LED_GREEN,  LOW);
    digitalWrite(LED_BLUE,  HIGH); delay(d);
    digitalWrite(LED_BLUE,   LOW);
}
```

Abbildung 6: Der RGB-Sketch für die RGB-LED

So, das war das erste Projekt, das wir mit dem Nano ESP32 durchgeführt haben. Der Blink-Sketch ist immer der erste Test, den man mit einem neuen-Board durchführt. Das hat sich seit meinem ersten Arduino-Board nicht geändert.

Projekt 2: Die digitalen Pins

Ich möchte in diesem Kapitel die digitalen Pins des Arduino Nano ESP32 erklären. Die digitalen Pins sind einheitlich wie folgt markiert.

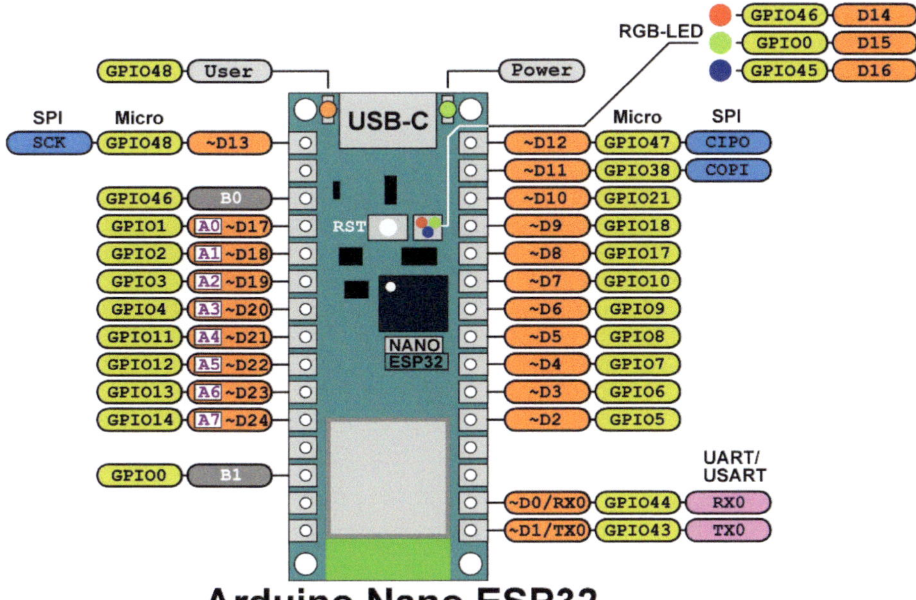

Abbildung 1: Die digitalen Pins des Arduino Nano ESP32

Die digitalRead- und digitalWrite-Funktion

Um die digitalen Pins zu beeinflussen beziehungsweise deren Status abzurufen, werden die folgenden Funktionen benötigt.

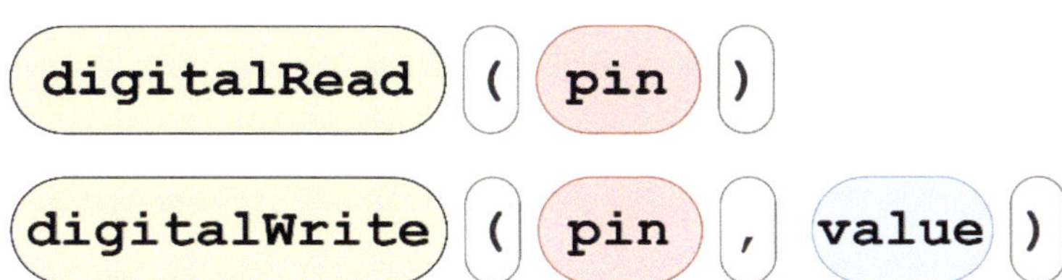

Die digitalRead-Funktion liest den Pegel eines digitalen Pins und die digitalWrite-Funktion versieht einen Pin mit einem Pegel. Fangen wir einmal mit dem Lesen eines Status über digitalRead an. Am besten nutzt man dazu die Mikrotaster, die auf der folgenden Abbildung zu sehen sind.

Abbildung 2: Zwei Mikrotaster in unterschiedlichen Größen

Ein Mikrotaster besitzt vier Anschlussbeinchen, was aber nicht bedeutet, dass sich im Gehäuse zwei separate Taster befinden. Das folgende Schaubild zeigt die Pin-Belegung, die für beide Mikrotaster, also den großen und den kleinen, gleichermaßen gültig ist.

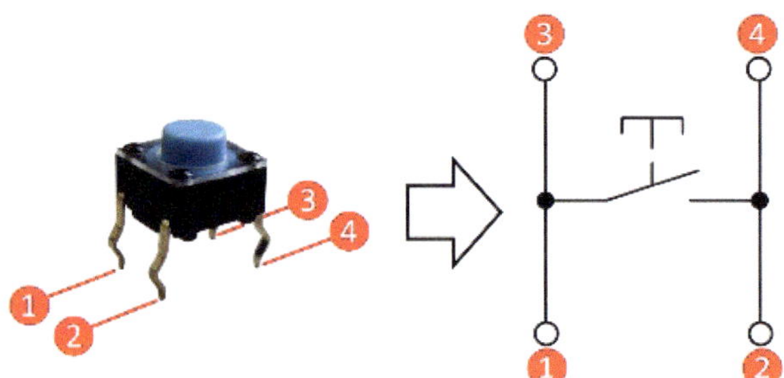

Abbildung 3: Die Anschluss-Pins des Mikrotasters

Das Schaltbild rechts vom Taster zeigt die interne Verdrahtung und wir erkennen, dass immer zwei Beinchen zusammengehören. Wir können also den Taster über die Beinchen 1 und 2 oder 3 und 4 ansprechen. Wird der Taster um 90 Grad gedreht und das gleiche Anschlussschema verwendet, dann erhalten wir einen ewig geschlossenen Taster. Deshalb muss unbedingt auf die Beinchenpaare geachtet werden, die an einer Seite aus dem Gehäuse kommen. Sie werden kurzgeschlossen, wenn der Taster betätigt wird. Notfalls nimmt man ein Multimeter zur Hand und verwendet den Durchgangstester, um die Kontakte des Tasters eindeutig zu identifizieren. Sehen wir uns zunächst den sehr einfachen Schaltplan zur Abfrage eines Tasters an. Zur Anzeige des Status wird die Onboard-User-LED an Pin 13 genutzt, sodass keine externe LED erforderlich ist.

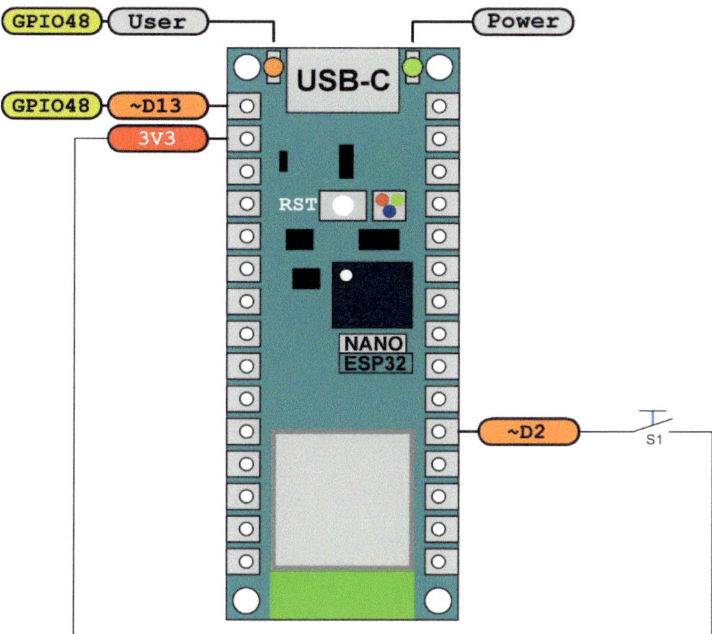

Abbildung 4: Der Schaltplan zur Tasterabfrage

Die Schaltung arbeitet recht einfach und ist leicht verständlich. Wird der Taster S1 nicht gedrückt, erfolgt keine Weiterleitung der Versorgungsspannung von 3,3V an den digitalen Pin D2. Der erkannte Status sollte demnach 0 sein, was als LOW-Level erkannt wird. Die LED bleibt dann dunkel. Erst beim Schließen des Tasters wird ein HIGH-Pegel über 3,3V erkannt und die LED leuchtet auf. Sehen wir uns den Schaltungsaufbau dazu an.

Abbildung 5: Der Schaltungsaufbau zur Tasterabfrage

Kommen wir zum Sketch.

```
1   int tasterPin = 2;  // Taster
2   int ledPin    = 13; // LED
3
4   void setup() {
5     pinMode(tasterPin, INPUT); // Taster ist INPUT
6     pinMode(ledPin,   OUTPUT); // LED ist OUTPUT
7   }
8
9   void loop() {
10    int tasterStatus = digitalRead(tasterPin);
11    digitalWrite(ledPin, tasterStatus);
12  }
```

Abbildung 6: Der Sketch zur Tasterabfrage

Die Deklaration und Initialisierung der beiden Pins für Taster und LED erfolgt in den Zeilen 1 und 2. Innerhalb der setup-Funktion werden diese Pins konfiguriert, denn es muss klar sein, welcher Pin zur Ein- oder Ausgabe vorbereitet sein muss. Innerhalb der loop-Funktion erfolgt dann eine in Zeile 10 kontinuierliche Abfrage des Tasterstatus über die digitalRead-Funktion, wobei der Status in der Variablen tasterStatus vom Datentyp int gespeichert wird. Der Rückgabewert der digitalRead-Funktion ist je nach Status LOW oder HIGH, was den Ganzzahlwerten 0 und 1 entspricht. In Zeile 11 wird über die digitalWrite-Funktion die LED in Abhängigkeit des ermittelten Status angesteuert. Die Schaltung funktioniert einwandfrei! Doch ist das wirklich so? Es ist nicht so. Zwar scheint die Schaltung korrekt zu funktionieren, doch in einer professionellen Schaltung sollte dieser Aufbau so nicht zum Einsatz kommen. Es gibt in der Digitaltechnik nichts Schlimmeres, als einen digitalen Eingang, der offen und unbeschaltet ist. Genau das ist hier dann der Fall, wenn der Taster nicht gedrückt ist. Am Eingang von D2 liegt dann weder ein definierter LOW-Pegel (Masse), noch ein HIGH-Pegel (Versorgungsspannung) an. Ein derart offener Eingang kann als Antenne für äußere Störeinflüsse wie zum Beispiel statische Aufladungen sein. Da kann es schon mal vorkommen, dass der Pegel in sehr kurzen Zeitabständen zwischen LOW und HIGH wechselt, was sehr große Probleme verursachen kann. Aus diesem Grund hat man sich eine Schaltung überlegt, die diesem Verhalten entgegenwirkt. Im Grunde genommen handelt es sich um zwei verschiedene Schaltungen, die aber nach demselben Prinzip arbeiten. Ist ein Taster nicht gedrückt, wird der betreffende Eingangs-Pin auf ein definiertes Potential gezogen. Auf der folgenden Abbildung sind derartige Schaltungen zu sehen. Es gibt dabei unterschiedliche Ansätze über Pullup- oder Pulldown-Widerstände. Es handelt sich dabei nicht um spezielle Widerstände, die diesen Namen verdienen, sondern um die Verdrahtung zu einem bestimmten Potential hin. Pulldown kann mit nach unten gezogen übersetzt werden, wobei das Potential nach Masse gezogen wird, wenn ein Pin unbeschaltet ist. Es gibt auch die entgegengesetzte Variante mit Pullup-Widerständen, bei dem der Pegel bei einem offenen Eingang nach oben in Richtung Versorgungsspannung gezogen wird. Auf der folgenden Abbildung sind beide Schaltungsmöglichkeiten zu sehen.

Pulldown-Variante

3.3V
Taster
Pulldown
R
10K
U
T: U= GND
T: U= 3.3V
GND

Pullup-Variante

3.3V
PullUp
R
10K
Taster
U
T: U= 3.3V
T: U= GND
GND

Abbildung 7: Pullup- und Pulldown-Widerstände

Unsere Schaltung ist also einfach modifizierbar, indem ein 10KΩ-Widerstand mit dem Eingang gegen Masse verbunden wird. Wir können ja nicht den Eingang direkt mit Masse verbinden, denn bei einem gedrückten Taster käme es sofort zu einem Kurzschluss.

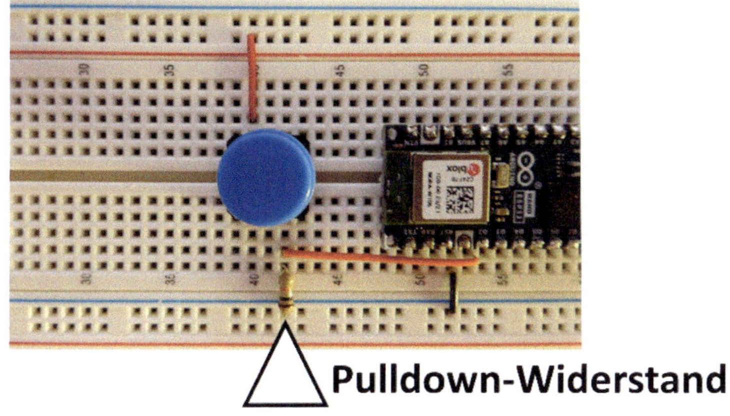

Abbildung 8: Der Einsatz eines Pulldown-Widerstands

Natürlich kann auch der Pullup-Widerstand verwendet werden, der jedoch dem Verständnis von einem LOW-Pegel bei nicht gedrücktem Taster und einem HIGH-Pegel bei gedrücktem Taster entgegenwirkt. Es verhält sich hier genau andersherum. Wird der Pullup-Widerstand eingesetzt, so liegt am Eingangs-Pin ein HIGH-Pegel an und wir müssen dann über den Taster einen LOW-Pegel an den betreffenden Pin leiten, um einen Pegelwechsel zu ermöglichen. Das bedeutet aber genau das beschriebene Verhalten. Ist kein Taster gedrückt, liegt ein HIGH-Pegel an und wurde der Taster gedrückt, liegt ein LOW-Pegel an. Auf der folgenden Abbildung ist die Umsetzung mit einem Pullup-Widerstand zu sehen.

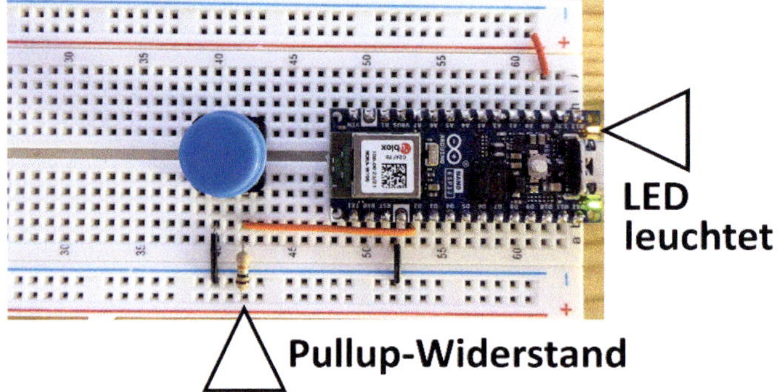

Abbildung 9: Der Einsatz eines Pullup-Widerstands

Es ist zu sehen, dass der Taster jetzt das Masse-Potential weiterleitet, wenn es gedrückt ist und der 10KΩ-Widerstand mit einem Ende an der Versorgungsspannung hängt statt wie zuvor an Masse. Deswegen leuchtet jetzt die LED auch auf, wenn der Taster nicht gedrückt wurde. Die umgekehrte Logik tritt in Kraft. Der Sketch braucht in diesem Fall nicht angepasst zu werden. Möchte man jedoch die normale Logik mit der Verwendung eines Pullup-Widerstands wiederherstellen, muss der Sketch etwas angepasst werden. Ich zeige jedoch nur den Inhalt der loop-Funktion, die in Zeile 10 angepasst wurde. Vor dem Aufruf der digitalRead-Funktion wurde ein Ausrufezeichen (!) gesetzt, was eine logische Umkehr bedeutet. Aus dem Rückgabewert LOW wird HIGH und umgekehrt. Im Englischen bedeutet das ein logical NOT, also ein logisches NICHT.

```
9   void loop() {
10    int tasterStatus = !digitalRead(tasterPin); // ! => logical NOT
11    digitalWrite(ledPin, tasterStatus);
12  }
```

Abbildung 10: Ein logisches NICHT wurde eingesetzt

Der Einsatz eines externen Pullup-Widerstands ist jedoch bei einem Standard-Arduino- und einem Nano-ESP32-Board nicht erforderlich, denn jeder digitale Pin besitzt die Möglichkeit der Aktivierung eines internen Pullup-Widerstands. Man kann sich die Schaltung wie folgt vorstellen.

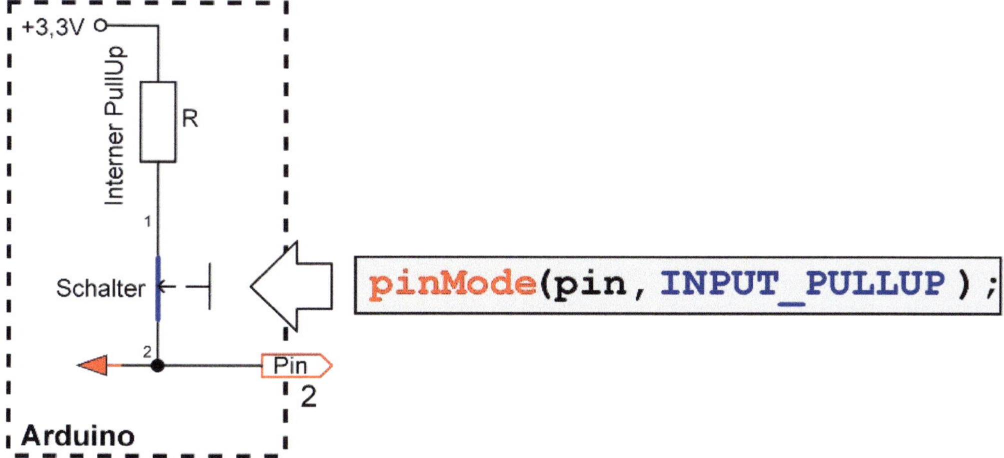

Abbildung 11: Die Aktivierung des internen Pullup-Widerstands

Über den pinMode-Befehl kann der betreffende Pin nicht nur als INPUT, sondern auch als INPUT_PULLUP konfiguriert werden. Somit wird eine interne Verbindung geschlossen, die den internen Pullup-Widerstand mit der Versorgungsspannung verbindet. Beim Arduino Nano ESP32 gibt es eine vergleichbare Schaltung über einen Pulldown-Widerstand, der dann mit einem Masse-Potential verbunden ist, wie ich das mit der Pulldown-Variante schon gezeigt hatte. In den Programmiergrundlagen habe ich den pinMode-Befehl schon erstmalig vorgestellt, doch ich zeige ihn zur Erinnerung noch einmal.

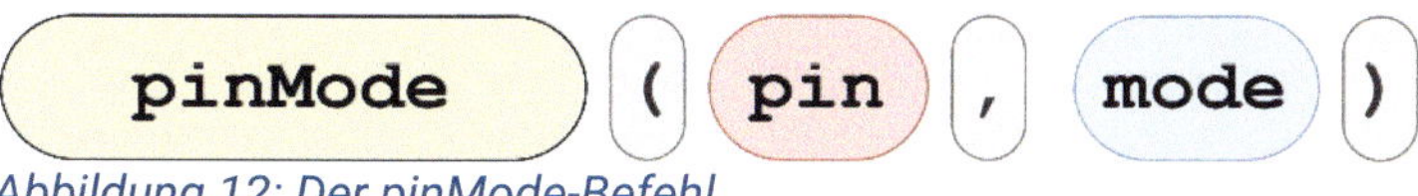

Abbildung 12: Der pinMode-Befehl

Und hier die unterschiedlichen Modi, die ich schon im Kapitel über die Programmiergrundlagen erstmalig gezeigt hatte.

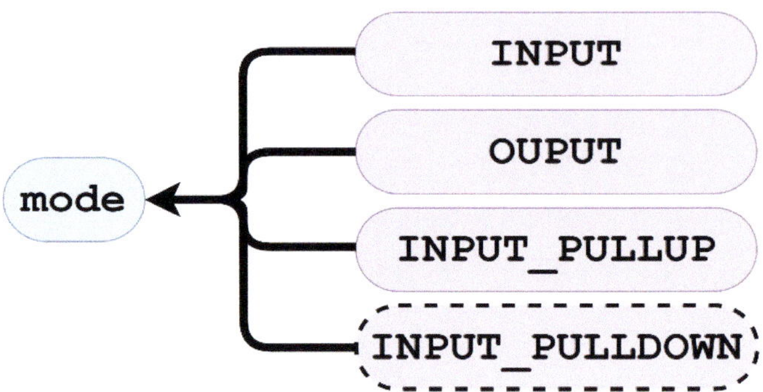

Abbildung 13: Die pinMode-Modes

In der zuletzt gezeigten Schaltung kann also der 10KΩ-Widerstand für die Pullup-Variante wieder entfernt werden und lediglich in der setup-Funktion muss die kleine Modifikation in Zeile 5 wie folgt vorgenommen werden.

```
4   void setup() {
5     pinMode(tasterPin, INPUT_PULLUP); // Taster ist INPUT-Pullup
6     pinMode(ledPin,    OUTPUT);       // LED ist OUTPUT
7   }
```

Abbildung 14: Die Aktivierung des internen Pullup-Widerstands

Die zuvor durchgeführte Modifikation in Zeile 10 muss zur Umkehr des logischen Pegels beibehalten werden.

PWM-Signale

In den Kapiteln über analoge Pins und die unterschiedliche Bus-Systeme kommt auch die Puls-Weiten-Modulation - kurz PWM - zum Einsatz. Hierzu ein paar erforderliche Grundlagen. Doch beginnen wir ganz von vorne! Die meisten Mikrocontroller besitzen, wenn es um die Ansteuerung von Verbrauchern geht, von Hause aus lediglich digitale Ausgänge. Damit kann man, wenn es um Themen der Digitaltechnik geht, einiges bewirken, um die Verbraucher an- beziehungsweise auszuschalten, also zum Beispiel Leuchtdioden, Lampen, Relais oder auch Motoren, um nur einige wenige zu nennen. Wenn wir aber zum Beispiel eine LED oder einen Motor nicht ausschließlich in ihren Grenzzuständen - An oder Aus - betreiben möchten, wird es mit digitalen Ausgängen schwierig, das Vorhaben umzusetzen. Wir können damit entweder 0V oder die Betriebsspannung von 3,3V an den Verbraucher schicken. Es gibt keinerlei Abstufungen oder Zwischenwerte, damit die LED nur halb so hell leuchtet oder sich der Motor nur halb so schnell dreht. Wir benötigen also einen analogen Ausgang, der zum Beispiel den Verbraucher mit lediglich 1,5V versorgt. Das ist ungefähr die Hälfte des Werts der Betriebsspannung und somit steht auch weniger Energie zum Betreiben eines Verbrauchers zur Verfügung. Doch es hilft alles nichts, ein derartiger analoger Ausgang steht uns nicht zur Verfügung. Und dennoch gibt es die Möglichkeit, über einen Trick einen Verbraucher mit regelbarer Energie zu versorgen. Sehen wir uns zum Verständnis ein Praxisbeispiel an. Zur Behandlung von Hautwucherungen werden teilweise Laser eingesetzt, die das Gewebe auf der Haut „wegbrennen". Es ist aber keinesfalls wünschenswert, den Laserstrahl mit voller Leistung auf die betroffene Wucherung zu lenken, weil darunterliegende oder benachbarte, nicht erkrankte Hautregionen in Mitleidenschaft gezogen würden. Um das zu verhindern, lässt man den Laserstrahl in verschiedenen Frequenzen pulsieren. Auf diese Weise wird der Energietransfer auf das Zielgebiet reguliert und kontrolliert. In vergleichbarer Weise werden wir jetzt eine LED ansteuern. Da sind wir schon beim Thema PWM.

Was bedeutet PWM?

PWM ist die Abkürzung für Pulse Width Modulation, auf Deutsch Puls-Weiten-Modulation und beschreibt das Verhältnis zwischen der Einschaltzeit und Periodendauer eines Rechtecksignals bei einer konstanten Grundfrequenz, wobei das Verhältnis zwischen der Einschaltzeit und der Periodendauer als das Tastverhältnis bezeichnet wird. Darüber kann die mittlere Spannung gesteuert werden.

Das gerade erwähnte Tastverhältnis - auch Duty-Cycle genannt - ist das Verhältnis von Impulsdauer zur Periodendauer. Sehen wir uns das anhand des folgenden Diagramms genauer an.

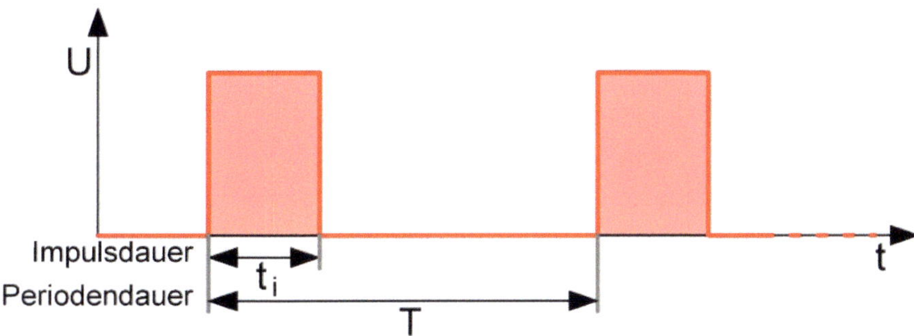

Abbildung 15: Impuls- und Periodendauer

Die Formel zur Berechnung des Tastverhältnisses lautet wie folgt.

$$Tastverhältnis = \frac{t_i}{T} \cdot 100\ [\%]$$

Wenn zum Beispiel die Impulszeit gleich der Pausenzeit ist, sieht das Signal wie folgt aus.

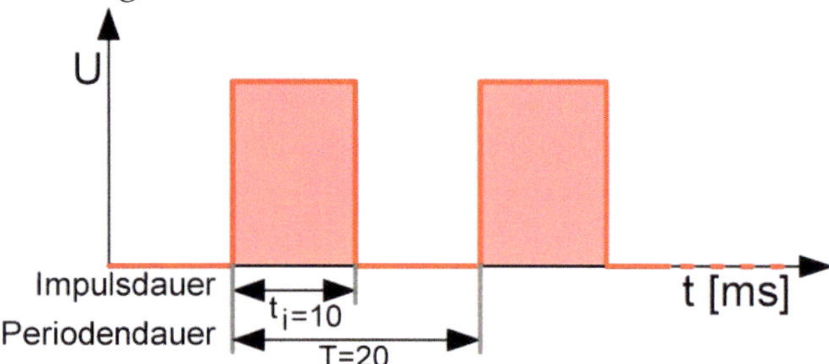

Abbildung 16: Impuls- und Pausenzeit sind gleich

Mit den angegebenen Werten werfen wir einen Blick auf die Formel.

$$Tastverhältnis = \frac{10ms}{20ms} \cdot 100\ = 50\%$$

Das ergibt auch Sinn, denn die Impulsdauer ist im Verhältnis zur Periodendauer nur halb so breit und das entspricht eben 50%. Angenommen, wir steuern eine LED über ein Rechtecksignal in einer bestimmten Frequenz an, wobei die Frequenz jedoch so hoch ist, dass die Trägheit unseres Auges diese stetigen An-Aus-Phasen nicht mehr wahrnimmt und ein durchgehendes Leuchten zu erkennen ist. Sehen wir uns dazu die folgenden Abbildungen an, in der ein Rechtecksignal zu sehen ist, die unterschiedliche Impulsdauern (t1 bis t3) und eine konstante Periodendauer T vorweisen. Je kürzer die Impulsdauer ist, desto geringer ist die Leuchtstärke der Lampe.

Die Puls-Weiten-Modulation mit 50%

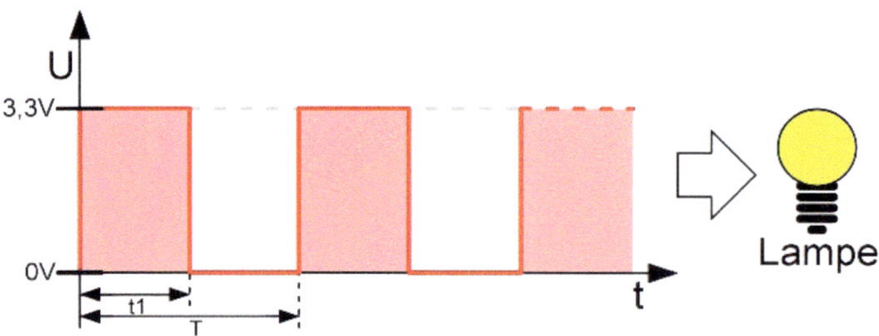

Abbildung 17: Puls-Weiten-Modulation mit 50%

Die Puls-Weiten-Modulation mit 35%

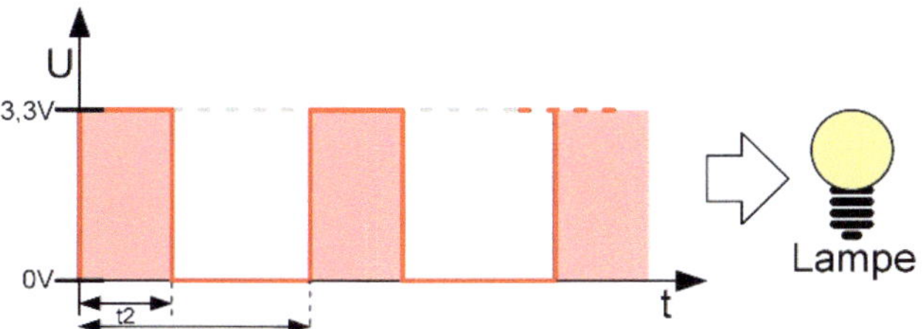

Abbildung 18: Puls-Weiten-Modulation mit 35%

Die Puls-Weiten-Modulation mit 25%

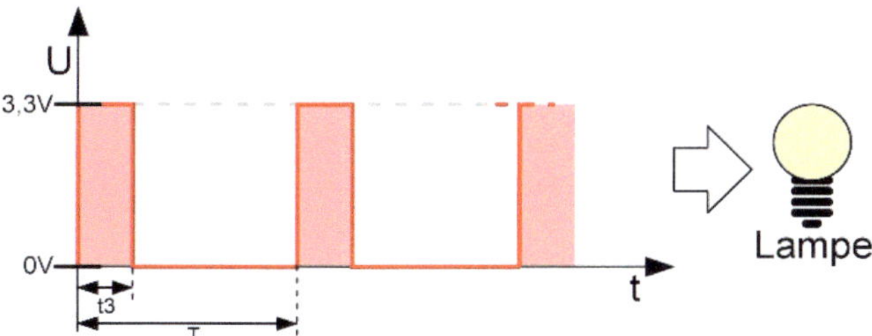

Abbildung 19: Puls-Weiten-Modulation mit 25%

Wie aber kann man sich das mit der Energie vorstellen, die dem angeschlossenen Verbraucher zur Verfügung gestellt wird? Indem die Stromversorgung eines Verbrauchers mit einer hohen Frequenz ein- und ausgeschaltet wird, wird der durchschnittliche Strom, der durch das Gerät fließt, reguliert. Durch schnelles Hin- und Herschalten zwischen den beiden Extremwerten 0V und Versorgungsspannung ergibt sich der Mittelwert als Funktion der Zeit, die in jedem der beiden Zustände verbracht wird. Man kann sagen: Je länger An, desto mehr Leistung steht in einem zeitlichen Bereich zur Verfügung.

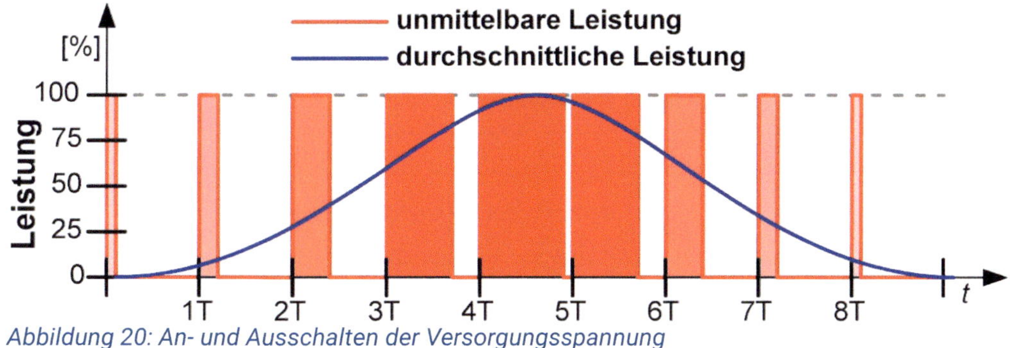

Abbildung 20: An- und Ausschalten der Versorgungsspannung

Abschließend ist es wichtig zu wissen, welche digitalen Pins denn überhaupt über eine PWM-Funktionalität verfügen. Sehen wir uns zuerst einmal die digitalen Pins des Arduino-Uno-Boards an.

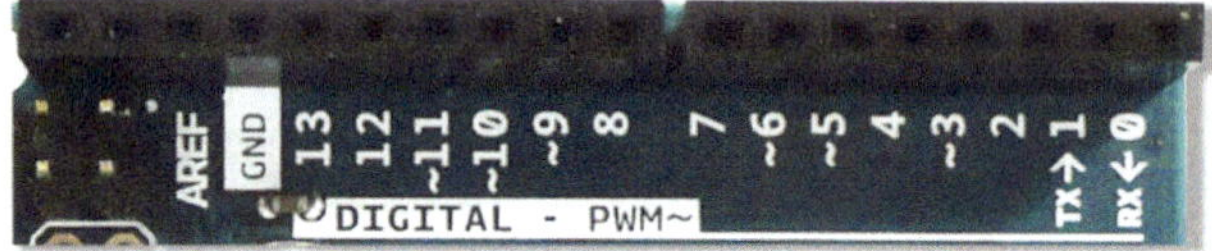

Abbildung 21: Die digitalen Pins des Arduino-Uno-Boards

Auf dem Board ist eine kleine unscheinbare Erklärung des sogenannten Tilde-Zeichens (~) in Form einer Schlangenlinie zu sehen. Alle Pin-Nummern, denen eine Tilde vorangestellt wurde, besitzen eine PWM-Funktion. Auf dem Arduino-Nano-ESP32-Board sind das jedoch alle digitalen Pins mit dieser Fähigkeit. Auf dem Board direkt ist das nicht zu sehen, denn es ist zu wenig Platz vorhanden, doch auf der schematischen Zeichnung sind die Tilden an jedem digitalen Pin (nicht D14, D15 und D16) zu sehen.

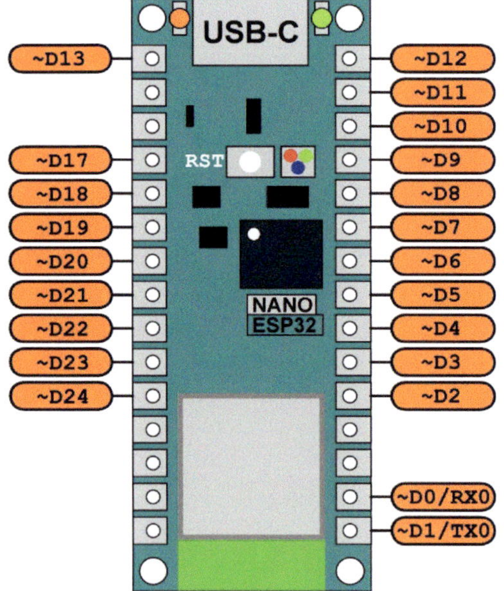

Abbildung 22: Digitale Pins mit PWM-Funktionalität

PWM-Restriktionen

Hier noch ein entscheidender Hinweis in Bezug auf die PWM-Funktionalität. Da diese mithilfe von internen Timern realisiert ist, können nur vier PWM-Signale gleichzeitig erzeugt werden.

PWM-Steuerung ohne Timer

Man kann auch eine eigene PWM-Funktionalität ermöglichen. Folgender Sketch zeigt dies anhand der PWM-Ansteuerung von Pin 13.

```
int ledPin   = 13; // LED-Pin
int pwmLevel = 50; // PWM-Level

void setup(){
  pinMode(ledPin, OUTPUT);
}

// PWM mitFrequenz von 1KHz
void loop() {
  digitalWrite(ledPin, HIGH);
  delayMicroseconds(pwmLevel);
  digitalWrite(ledPin, LOW);
  delayMicroseconds(1000 - pwmLevel);
}
```

Abbildung 23: PWM-Sketch über manuelle Steuerung ohne Timer

Die delayMicroseconds-Funktion hält das Programm für die über den Parameter angegebene Zeit in Mikrosekunden an. Eine Sekunde besitzt eine Million Mikrosekunden. Diese Lösung ist nicht optimal, denn der gesamte Sketch würde durch die Programmunterbrechungen über die delayMicroseconds-Funktion angehalten werden. Es soll lediglich ein kleiner Ansatz geliefert werden, die Sache vielleicht noch anders zu realisieren.

Projekt 3: Die analogen Pins

Ich möchte in diesem Kapitel auf die analogen Pins eingehen. Der Arduino Nano ESP32 verfügt über mehrere analoge Pins, die typischerweise mit A beginnen. Diese Pins können analoge Eingangssignale lesen, beispielsweise von Sensoren wie Lichtsensoren, Temperatursensoren oder Potentiometern. Pins sind einheitlich wie folgt markiert.

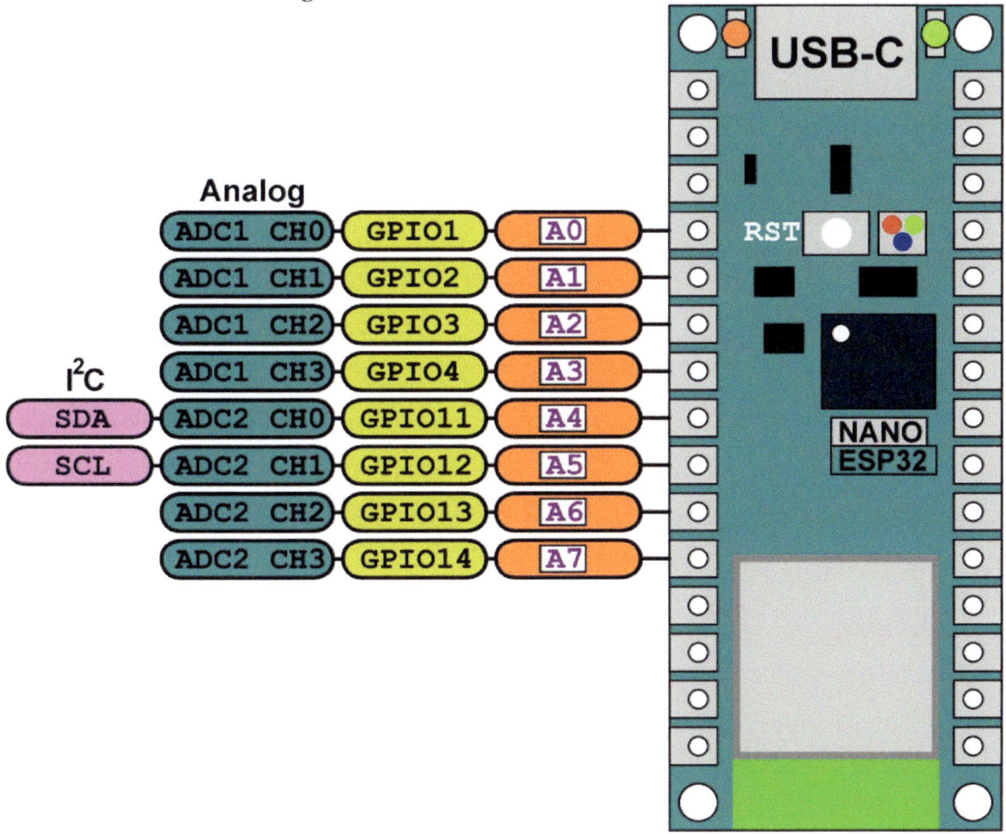

Abbildung 1: Die analogen Pins

Analoge-Restriktion

Man beachte, dass die analogen Pins von ADC2 (Analog-Digital-Converter) auch für die WiFi-Kommunikation verwendet werden und bei gleichzeitiger Verwendung ausfallen können.

Der Arduino Nano ESP32 verfügt über acht analoge Eingangs-Pins, von denen zwei für die I2C-Kommunikation reserviert sind (A4 und A5). Der ESP32 hat zwei SAR-ADCs integriert, ADC1 und ADC2, wobei jeder ADC jeweils vier separate Kanäle verwendet.

Was bedeutet SAR?

Das SAR-Verfahren der sogenannten sukzessiven Approximation ist eine Möglichkeit, in A/D-Wandlern ein Analogsignal in ein Digitalsignal umzusetzen. Es basiert auf dem Vergleich der analogen Eingangsspannung mit einer Referenzspannung und wird aus diesem Grund auch als Wägeverfahren bezeichnet.

Analoge Eingangs-Pins können jedoch auch als digitale Pins zur Ein- und Ausgabe konfiguriert werden.

Die analogRead- und analogWrite-Funktion

Um die analogen Pins zu beeinflussen, werden die folgenden Funktionen benötigt.

Die analogRead-Funktion liest den Wert eines analogen Pins und die analogWrite-Funktion versieht einen digitalen Pin mit einem PWM-Signal.

Ein offener analoger Eingang

Wenn ein analoger Pin nicht verbunden ist, dann wird der zurückgegebene Wert basierend auf mehreren Faktoren schwanken (zum Beispiel aufgrund der Werte der anderen analogen Pins oder wie nahe sich die Hand am Board befindet).

Wir fangen mit dem Lesen eines Werts über analogRead und ein bisschen Grundlagenwissen hinsichtlich der Spannungsmessung an. Um unterschiedliche Spannungen zu Testzwecken an einen analogen Eingang zu leiten, wird normalerweise ein veränderlicher Widerstand genutzt. Ein derartiges Potentiometer ist auf der folgenden Abbildung zu sehen.

Abbildung 2: Ein Potentiometer

Wenn die Arbeitsweise eines Potentiometers verstanden werden soll, dann darf auch ein Spannungsteiler nicht fehlen.

Der Spannungsteiler

Wir möchten in unserem Experiment unterschiedliche Spannungswerte an einen der analogen Eingänge leiten, um dann mit diesem gemessenen Wert etwas anzufangen. Wie ist es jedoch möglich, die zur Verfügung stehende Spannung von 3,3V zu verringern, denn wir wollen ja einen Bereich von 0V bis 3,3V abdecken? Die Lösung besteht in der Nutzung eines sogenannten Spannungsteilers.

Was ist ein Spannungsteiler?

Ein Spannungsteiler ist eine Reihenschaltung zum Beispiel aus zwei Widerständen, mit denen eine Spannung in mehrere Teilspannungen aufgeteilt wird.

Auf der folgenden Abbildung ist eine Grundschaltung eines unbelasteten Spannungsteilers zu sehen, wobei die Widerstandswerte erst einmal keine Rolle spielen.

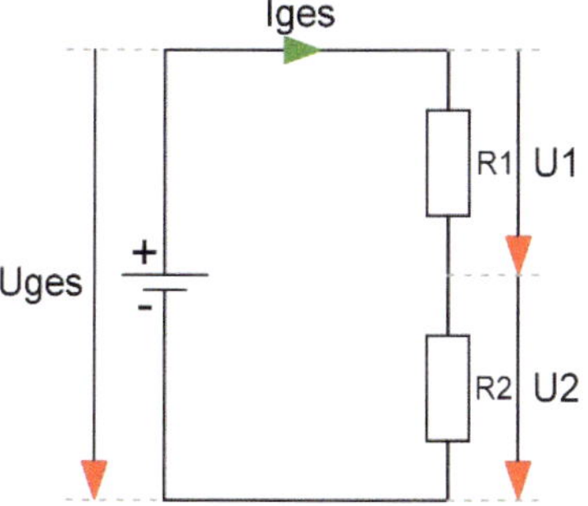

Abbildung 3: Der unbelastete Spannungsteiler

Die Spannungen und Widerstände stehen hier in einem bestimmten Verhältnis zueinander, sodass gesagt werden kann.

Das Spannungs- und Widerstandsverhältnis

In einer Reihenschaltung von Widerständen verhalten sich die einzelnen Spannungen wie die entsprechenden Widerstände.

Diese Aussage kann in eine entsprechende Formel übertragen werden, die da lautet.

$$\frac{U_1}{U_2} = \frac{R_1}{R_2}$$

Wird diese Formel zum Beispiel nach U1 umgestellt, so lautet das Ergebnis.

$$U_1 = \frac{R_1}{R_2} \cdot U_2$$

Wo aber kommt in den Formeln die Gesamtspannung Uges vor? Bisher gar nicht! Es ist aber ganz einfach, denn die Spannungs- und Widerstandsverhältnisse können auch auf die Gesamtspannung angewendet werden. Die Gesamtspannung liegt ja an den beiden Widerständen R1 und R2 an. Somit lautet der erste Teil der Verhältnisgleichung folgendermaßen.

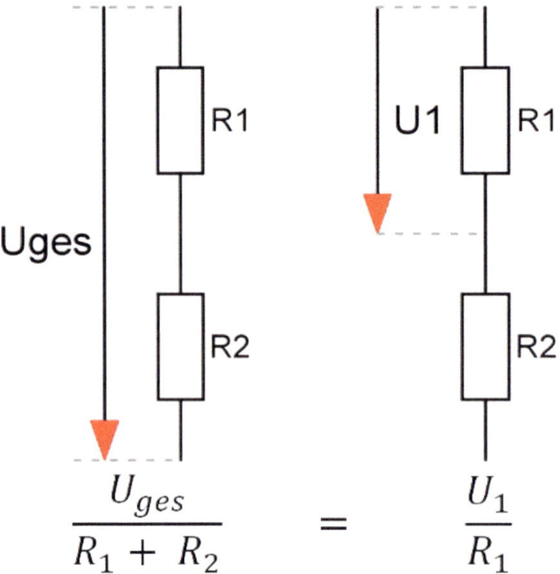

$$\frac{U_{ges}}{R_1 + R_2} = \frac{U_1}{R_1}$$

Abbildung 4: Der Spannungsteiler und die Verhältnisse von Spannung und Widerstand – Teil 1

Das geht genauso für den unteren Zweig des Spannungsteilers, was dann wie folgt aussieht.

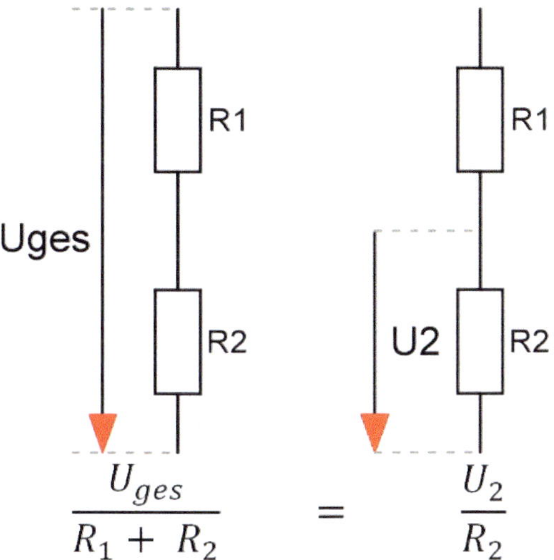

Abbildung 5: Der Spannungsteiler und die Verhältnisse von Spannung und Widerstand – Teil 2

Jetzt können die beiden gezeigten Formeln nach dem Dreisatz wunschgemäß umgestellt werden. Hier die Ergebnisse für die Spannungen U1 und U2.

$$U_1 = \frac{U_{ges} \cdot R_1}{R_1 + R_2} \qquad U_2 = \frac{U_{ges} \cdot R_2}{R_1 + R_2}$$

Hierzu ein kurzes Rechenbeispiel, wobei die folgenden Werte gegeben sind und U2 zu ermitteln ist.

Uges = 12V, R1 = 100Ω, R2 = 200Ω

Werden diese Werte in die Gleichung eingesetzt, kommt folgende Lösung für U2 heraus.

$$U_2 = \frac{U_{ges} \cdot R_2}{R_1 + R_2} = \frac{12V \cdot 200\Omega}{100\Omega + 200\Omega} = 8V$$

So ein Spannungsteiler leistet sehr gute Dienste, wenn es darum geht, einen der beiden Widerstände zum Beispiel durch einen veränderlichen Widerstand wie ein sogenanntes Potentiometer zu ersetzen. Ein entsprechendes Experiment folgt in Kürze.

Ein variabler Spannungsteiler

Neben den Festwiderständen gibt es eine ganze Reihe veränderlicher Widerstände, wenn man zum Beispiel an den Lautstärkeregler eines Radios denkt. Dabei handelt es sich um einen Widerstand, der je nach Drehposition seinen Widerstandswert ändert. Sehen wir uns dazu die Funktion eines Potentiometers - kurz Poti - an. Mit Hilfe dieses Bauteils kann der Widerstandswert durch Drehung an der beweglichen Achse verändert werden. In den beiden folgenden Grafiken ist der schematische Aufbau zu sehen. Auf einem nichtleitenden Trägermaterial ist eine leitende Widerstandsschicht aufgebracht, an deren beiden Enden (A und B) Kontakte angebracht sind. Zwischen diesen beiden Kontakten herrscht immer der gleiche Widerstandswert. Damit der Widerstand jedoch veränderbar ist, wird ein dritter beweglicher Kontakt (C) angebracht, der sich auf der Widerstandsschicht in beide Richtungen bewegen kann. Man nennt ihn Schleifer; er dient als Abgriffkontakt für den variablen Widerstandswert.

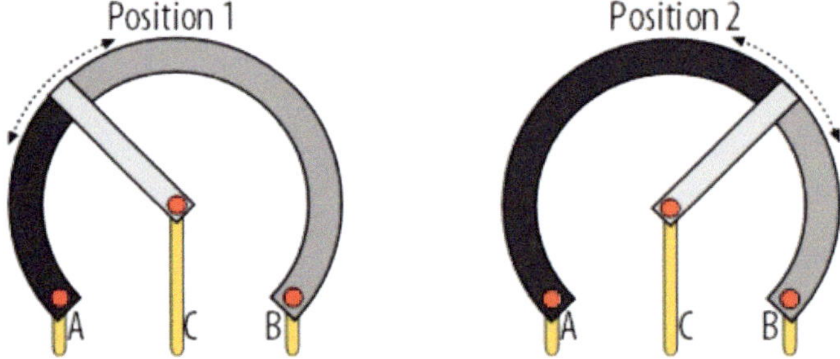

Abbildung 6: Schematischer Aufbau eines Potentiometers in zwei unterschiedlichen Positionen

Bei Position 1 besteht zwischen den Punkten A und C ein vergleichbar kleinerer Widerstand als zwischen den Punkten C und B. Im Gegensatz dazu wurde bei Position 2 der Schleifkontakt weiter nach rechts gedreht, wobei sich der Widerstandswert zwischen Punkt A und C vergrößert und gleichzeitig zwischen C und B verkleinert hat. Auf der folgenden Abbildung sind das Prinzip und die Funktion anhand des schon bekannten Spannungsteilers etwas besser zu verstehen. Der Schleifer des Potentiometers ist Pin C in der Schaltung. Wandert der Schleifer nach oben, wird der Widerstandswert zwischen Pin A und Pin C in dem Maße kleiner, wie er zwischen Pin C und Pin B größer wird. Man kann das Potentiometer als zwei sich ändernde Widerstände ansehen, wobei der Schleifer der Teiler ist, der die beiden Widerstände auftrennt. Die beiden folgenden Schaltungen zeigen das Verhalten des Potentiometers und die resultierenden Widerstände R1 und R2.

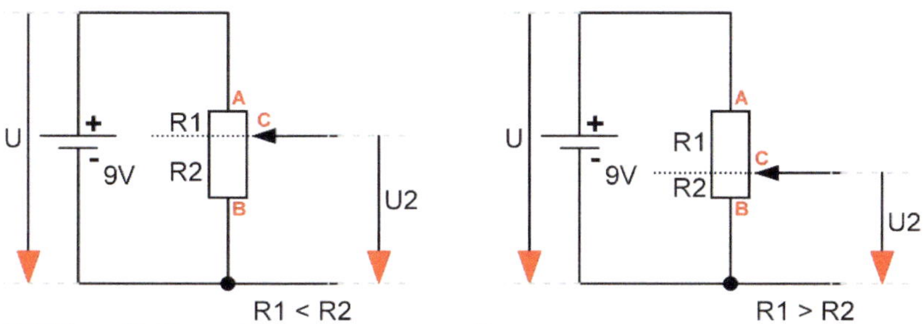

Abbildung 7: Ein variabler Spannungsteiler

In der linken Schaltung sieht man, dass der Widerstand R1 kleiner als R2 ist. Das bedeutet, dass an R2 die größere Spannung gemessen wird, die ja auch die Ausgangsspannung U2 ist. Das ist eigentlich ganz logisch, denn wenn der Schleifer des Potentiometers immer weiter nach oben wandert, kommt er irgendwann mit der Versorgungsspannung +9V in Berührung, die dann am Ausgang zur Verfügung steht. Umgekehrt wird die Ausgangsspannung immer kleiner, wenn der Schleifer des Potentiometers weiter nach unten in Richtung 0V beziehungsweise Masse wandert. Ist er dort angekommen, liegen am Ausgang 0V an. Wichtig ist hier wieder zu wissen, dass der maximale Spannungswert 3,3V für die einzelnen I/O-Pins des Boards nicht überschritten werden darf! Die hier gezeigte Spannung von 9V soll lediglich als Beispiel dienen.

Sehen wir uns also den Schaltplan zur Umsetzung unseres Vorhabens an. Ich wähle dabei zufällig einen der acht analogen Eingänge und habe mich für A7 entschieden.

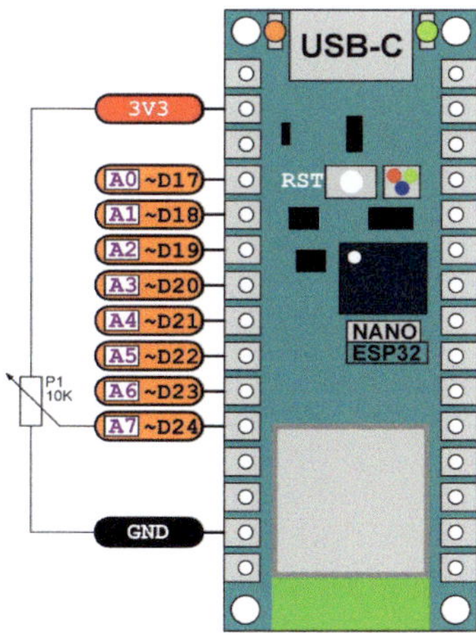

Abbildung 8: Der Schaltplan zur Abfrage eines analogen Eingangs

Der Schaltungsaufbau gestaltet sich ebenfalls recht einfach.

Abbildung 9: Der Schaltungsaufbau zur Messung des analogen Werts an A7

Über den folgenden Sketch kann der analoge Eingang A7 abgefragt und das Ergebnis über die serielle Schnittstelle im sogenannten Serial Monitor angezeigt werden.

Die Konfiguration eines analogen Pins

Soll ein analoger Pin über analogRead abgefragt werden, ist keine Konfiguration über pinMode erforderlich.

```
void setup(){
  Serial.begin(9600); // Init Serial
}

void loop() {
  int value = analogRead(A7); // Lesen von A7
  Serial.println(value);      // Ausgabe auf Konsole
  delay(50);                  // 50 ms Pause
}
```

Abbildung 10: Der Sketch zum Abfragen eines analogen Eingangs

Im Kapitel über die unterschiedlichen Bus-Systeme gehe ich im Detail auf die serielle Schnittstelle ein und deswegen möchte ich hier lediglich auf die Bedeutungen der einzelnen Befehle kurz vorstellen, was an dieser Stelle vollkommen ausreicht.

In Zeile 2 wird innerhalb der setup-Funktion die Übertragungsrate auf 9600 Baud gesetzt. Über das kontinuierliche Ausführen der loop-Funktion kommt es in Zeile 6 zu regelmäßigen Abfragen des analogen Eingangs über die readAnalog-Funktion mit angegebenem Eingang A7. Der Rückgabewert wird in der Variablen value gespeichert, um diesen dann in der nachfolgenden Zeile 7 über die serielle Schnittstelle im Serial Monitor anzuzeigen. Der Serial Monitor lässt sich über das entsprechende Symbol rechts oben in der Entwicklungsumgebung öffnen.

Ich habe ein wenig die Eingangsspannung an A7 über das Poti erhöht und das zeigt sich im Serial Monitor über die ansteigenden Werte.

Output   Serial Monitor ×

Message (Enter to send message to 'Arduino Nano ESP32' on 'COM42')

```
2
922
1958
2917
3899
4095
```

Abbildung 11: Die Anzeige der Messwerte im Serial Monitor

Der Wertebereich erstreckt sich aufgrund der 12-Bit-Auflösung von 0 bis 4095. Die Arduino-Entwicklungsumgebung besitzt jedoch nicht nur einen Serial Monitor zur Anzeige der nackten Messwerte, sondern auch einen Serial Plotter zur Anzeige eines Kurvenverlaufs der einzelnen Werte. Über die markierte Schaltfläche kann man ihn öffnen.

Wollen wir mal sehen, wie sich die Anzeige gestaltet, wenn ich wild am Poti drehe.

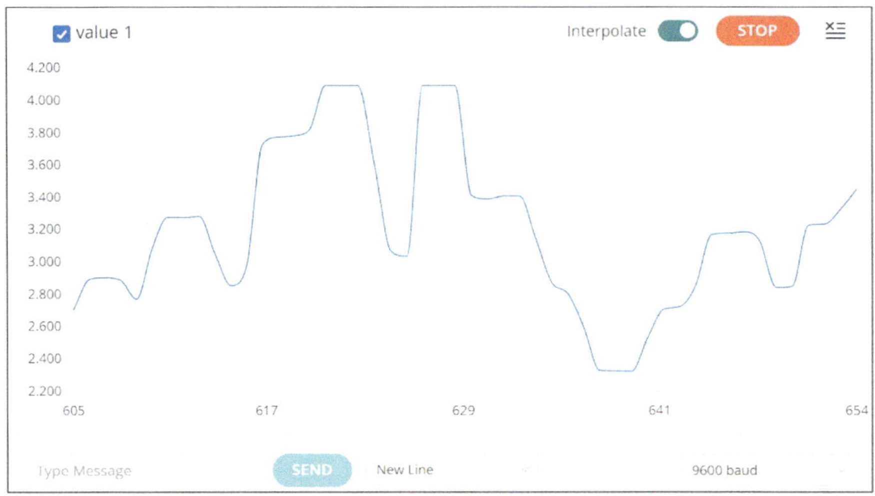

Abbildung 12: Die Anzeige der Messwerte im Serial Plotter

Die Generierung eines variablen PWM-Signals

Nun haben wir im vorangegangenen Kapitel über die digitalen Pins die PWM-Steuerung kennengelernt. Die Generierung ist zwar digitaler Natur und die Signale liegen an digitalen Pins an, doch die Ansteuerung erfolgt über einen analogen Befehl, der sich analogWrite nennt. Ich möchte den vorangegangenen Sketch dazu nutzen, über das Poti das PWM-Signal, das sich ja im Bereich von 0 bis 255 bewegen darf, zu generieren. Die User-LED soll sich dementsprechend dimmen lassen. Nun stehen wir aber vor einem kleinen Problem, denn zum einen haben wir Messwerte, die sich von 0 bis 4095 erstrecken können und zum anderen benötigte PWM-Ansteuerwerte, die sich nur im Bereich von 0 bis 255 bewegen dürfen. Es muss also eine Konvertierung eines Wertebereichs in einen anderen erfolgen.

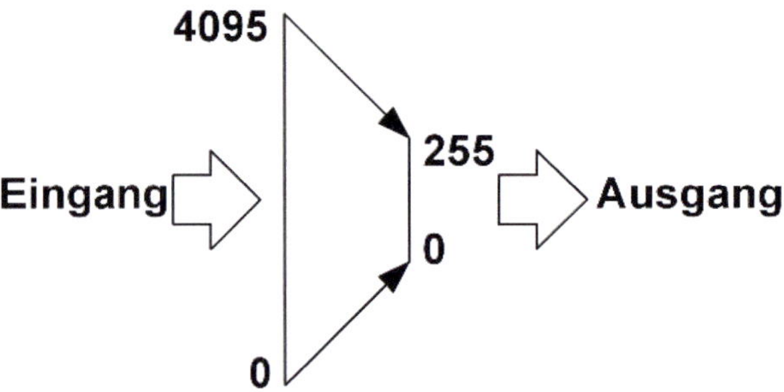

Abbildung 13: Das Mapping von Wertebereichen

Die Arduino-Entwicklungsumgebung bietet dazu eine spezielle Funktion mit Namen map an.

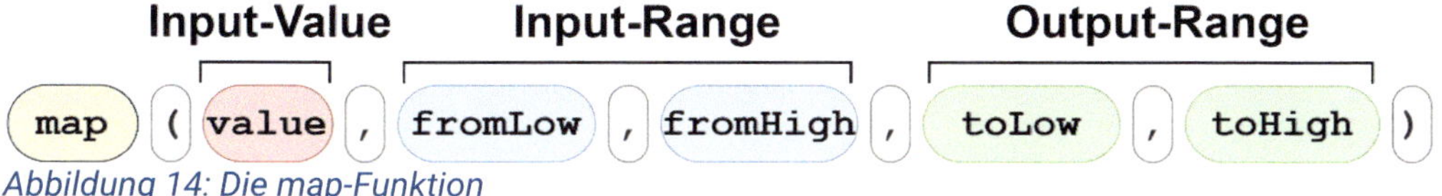

Abbildung 14: Die map-Funktion

Wir müssen also der Funktion die folgenden Werte übermitteln.

- value: analoger Messwert von A7
- fromLow: analoger Messwert mindestens 0
- fromHigh: analoger Messwert maximal 4095
- toLow: PWM mindestens 0
- toHigh: PWM maximal 255

Sehen wir uns dazu den Sketch an.

```
1   void setup() {
2     pinMode(LED_BUILTIN, OUTPUT); // LED als OUTPUT
3   }
4
5   void loop() {
6     int value = analogRead(A7);            // Lesen von A7
7     int pwm = map(value, 0, 4095, 0, 255); // Mappen von A7
8     analogWrite(LED_BUILTIN, pwm);         // PWM-Ansteuerung
9     delay(50);                             // 50ms Pause
10  }
```

Abbildung 15: Der Sketch zur PWM-Ansteuerung über das Poti

Wichtig hier ist unter anderem die kurze Pause von 50ms in Zeile 9, denn sonst kommt die PWM-Ansteuerung nicht hinterher! Wer es kürzer möchte, der kann auch den folgenden Sketch nutzen.

```
void setup() {
  pinMode(LED_BUILTIN, OUTPUT); // LED als OUTPUT
}

void loop() {
  int value = analogRead(A7);               // Lesen von A7
  analogWrite(LED_BUILTIN, value/16);       // PWM-Ansteuerung
  delay(50);                                // 50ms Pause
}
```

Abbildung 16: Der Sketch zur PWM-Ansteuerung über das Poti (Alternative)

Über das Teilen des Messwerts durch 16 erreicht man dasselbe, denn wenn die Anzahl der Messwerte von 4096 durch 8 dividiert werden, ergibt das 255.

Projekt 4: Der störrische Taster

Um einen Stromfluss zu unterbrechen oder wieder zu ermöglichen, werden auf mechanischer Seite Taster oder Schalter verwendet. Doch diese elektromechanischen Bauteile weisen einen gravieren Mangel auf. Auf der folgenden Abbildung ist der etwas vereinfachte innere Aufbau eines Tasters zu sehen, wobei der Kontakt auf der linken Seite im nicht gedrückten Zustand offen, auf der rechten Seite im gedrückten Zustand geschlossen ist.

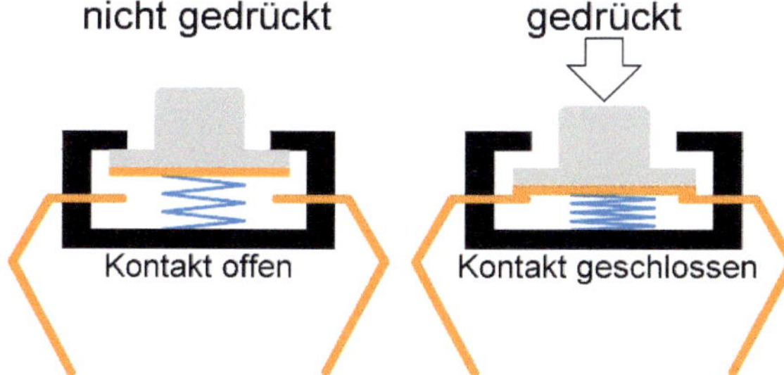

Abbildung 1: Ein Taster im Röntgenblick

Das sieht doch auf den ersten Blick verständlich aus. Wo sollte sich hier ein Problem oder versteckter Mangel befinden? Und doch es ist so, denn wir haben es mit einem mechanischen Bauteil zu tun, bei dem bei einem Druck auf den Knopf etwas bewegt wird. Diese Bewegung sorgt dafür, dass der Kontakt am Knopf beziehungsweise die Membran sich nach unten bewegen und die beiden unteren Kontakte im Gehäuse kurzschließen. Das erfolgt jedoch nicht unmittelbar, denn eine Membran ist ein biegsames Gebilde, das schwingt, wenn auch nur im Mikrometerbereich. Es kommt also zu sehr kurzen Augenblicken, in denen der Kontakt in schneller Folge geschlossen, geöffnet und wieder geschlossen wird. Bei einem Lichtschalter in der Wohnung passiert das auch, es wird jedoch aufgrund der Schnelligkeit und der Trägheit einer Glühbirne nicht als ein Flackern wahrgenommen. In einer elektronischen Schaltung, mit der zum Beispiel Impulse gezählt und ausgewertet werden müssen, ist dieses Verhalten äußerst störend und würde zu instabilen Schaltungen führen. Ein Mikrotaster besitzt einen bestimmten Druckpunkt und beim Erreichen wird der Kontakt so schnell wie möglich geschlossen, was eine Minimierung des Prellens bewirkt. Jedoch ist das Prellen oder Bouncing auch mit Mikrotastern nie ganz zu verhindern. Auf der folgenden Abbildung ist ein solcher Vorgang schematisch festgehalten.

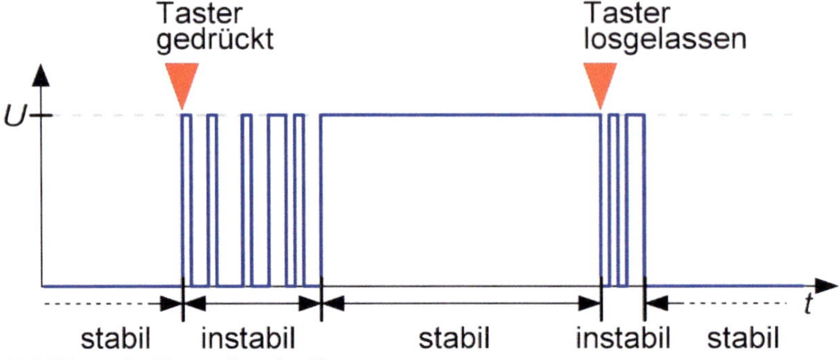

Abbildung 2: Ein prellender Taster

Wird der Taster gedrückt, erfolgt in kurzen Abständen das erwähnte Flattern der Kontakte, das Prellen genannt wird. Es handelt sich um einen instabilen Zustand, der erst nach einer Weile in einen stabilen Zustand übergeht. Beim Loslassen geschieht dasselbe, wobei wieder ein instabiler gefolgt von einem stabilen Zustand hervorgerufen wird. Wie kann aber ein Experiment durchgeführt werden, um das Prellen eines Tasters ohne Oszilloskop sichtbar zu machen? Mit dem Arduino-Board ist es recht einfach, die Impulse zu zählen, die ein Taster an einen digitalen Eingang leitet. Wird der Taster geschlossen, registriert die Software den Impuls einer ansteigenden Flanke und eine Variable wird um den Wert 1 erhöht. Der Inhalt des Zählers wird dann bei jeder Änderung im Serial Monitor angezeigt. Der Schaltplan ist denkbar einfach und beinhaltet lediglich einen normalen Mikrotaster, der aufgrund seiner Einfachheit garantiert zum Prellen neigt.

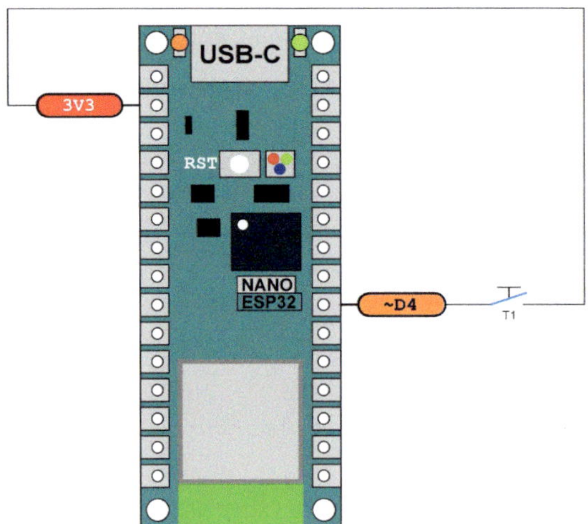

Abbildung 3: Der Schaltplan für das Zählen der Impulse

Kommen wir zum Sketch, der den Inhalt einer Variablen immer dann um den Wert 1 erhöhen (inkrementieren) soll, wenn der Taster gedrückt wird und einen HIGH-Pegel vorweist. Die Aussage stimmt nicht so ganz, denn wird der Taster längere Zeit gedrückt, sagen wir eine Sekunde, dann würde der Status für eine Sekunde einen HIGH-Pegel vorweisen und die Variable dann in dieser Zeit hochzählen. Das wäre unbrauchbar. Wir müssten aber lediglich dann reagieren, wenn der Taster einen Pegelwechsel von LOW nach HIGH vollzieht, wie es auf der folgenden Abbildung zu sehen ist.

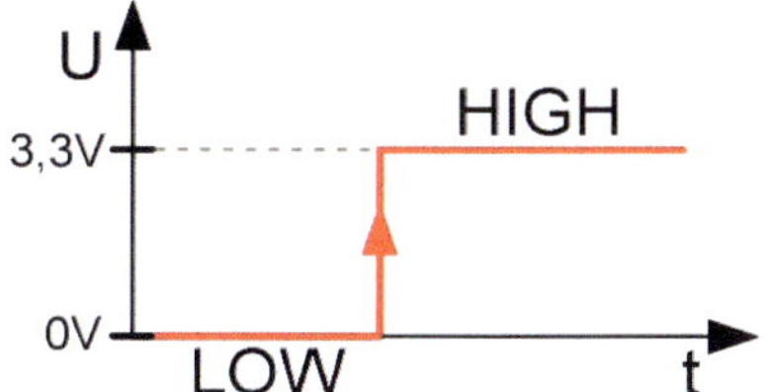

Abbildung 4: Ein Pegelwechsel von LOW nach HIGH

Im ersten Teil des Sketches wird in Zeile 1 der Pin definiert, an dem sich der Taster befindet. Die Zählervariable besitzt den Ganzzahl-Datentyp int und wird in Zeile 2 deklariert und mit dem Wert 0 initialisiert. Um die besagte Pegeländerung registrieren zu können, müssen wir eine Variable vom Datentyp int definieren, die den aktuellen Tasterzustand speichert, um ihn mit dem zeitlich darauffolgenden vergleichen zu können. Das erfolgt in Zeile 3 mit der Initialisierung durch einen LOW-Pegel.

```
1   int buttonPin = 4;              // Taster-Pin
2   int zaehler = 0;                // Zähler
3   int oldButtonState = LOW;       // für das Erkennen der Änderung
```

In der setup-Funktion wird der Taster-Pin in Zeile 6 als INPUT konfiguriert und der vorhandene Pulldown-Widerstand aktiviert, sodass wir keinen externen Widerstand benötigen. In Zeile 7 wird der Serial Monitor mit der angegebenen Baud-Rate initialisiert.

```
5   void setup() {
6     pinMode(buttonPin, INPUT_PULLDOWN);
7     Serial.begin(115200); // Init Serial-Monitor
8   }
```

Kommen wir zur loop-Funktion, in der der Tasterstatus kontinuierlich abgefragt und die Zählervariable bei einem Pegelwechsel von LOW nach HIGH um den Wert 1 erhöht wird. Zu Beginn wird in Zeile 11 der Tasterstatus über die digitalRead-Funktion abgefragt und der Variablen buttonState zugewiesen und enthält also immer den aktuellen Status. In Zeile 12 kommt es dann zur wichtigen Abfrage, ob der aktuelle Tasterstatus (buttonState) ungleich dem zuvor gespeicherten (oldButtonState) entspricht, was über != erreicht wird und NOT-EQUAL entspricht. Wird der Taster nicht gedrückt, sind beide gleich, denn über die Initialisierung des oldButtonState mit false und dem nicht gedrückten Taster buttonState ebenfalls false wird der Inhalt der if-Anweisung nicht ausgeführt. Drücke ich jetzt den Taster, sind beide Zustände ungleich und der Inhalt der if-Anweisung wird ausgeführt. In Zeile 14 wird aber zuerst der aktuelle Tasterpegel in die Variable oldButtonState gerettet. In der darauffolgenden if-Anweisung in Zeile 14 wird jetzt überprüft, ob ein HIGH-Pegel vorliegt. Dies entspricht dem zuvor genannten Pegelwechsel von LOW nach HIGH und erst wenn das erkannt wird, kommt es zur Erhöhung der Zählervariablen in Zeile 16 und der darauffolgenden Ausgabe des Werts im Serial Monitor.

```
10  void loop() {
11    bool buttonState = digitalRead(buttonPin);  // Taster-Status
12    if (buttonState != oldButtonState) {
13      // Ein Wechsel wurde erkannt
14      oldButtonState = buttonState;  // aktuellen Status sichern
15      if (buttonState == HIGH) {
16        zaehler++;                   // Zähler erhöhen
17        Serial.println(zaehler);     // Ausgabe im Serial-Monitor
18      }
19    }
20  }
```

Sehen wir nach, was der Serial Monitor an Informationen bei einem Tastendruck liefert. Man sieht, dass der Zähler bis 6 gezählt hat und demnach auch 6 Impulse erkannt wurden.

```
Output    Serial Monitor ×

Message (Enter to send message to 'Arduino Nano ESP32' on 'COM42')

1
2
3
4
5
6
```

Abbildung 5: Ein Tastendruck und sechs Impulse

Das können, je nach Umstand, auch mehr oder weniger Impulse sein. Um diesem Debouncing nun zu begegnen, gibt es unterschiedliche Ansätze. Sehen wir uns einige dazu an.

Das Entprellen (Debouncing) - Variante 1

Die erste und einfachste Lösung besteht im Hinzufügen einer mehr oder weniger langen Pause an einer bestimmten Stelle im Code. Während einer Zeit von ungefähr 100ms kann der Taster ruhig noch instabil sein, sollte sich danach jedoch auf einen stabilen Pegel eingeschwungen haben. Diese delay-Funktion habe ich in unserem Beispiel in Zeile 15 innerhalb der loop-Funktion platziert.

```
10  void loop() {
11    bool buttonState = digitalRead(buttonPin);  // Taster-Status
12    if (buttonState != oldButtonState) {
13      // Ein Wechsel wurde erkannt
14      oldButtonState = buttonState;  // aktuellen Status sichern
15      delay(100);                    // 100ms Pause
16      if (buttonState == HIGH) {
17        zaehler++;                // Zähler erhöhen
18        Serial.println(zaehler);  // Ausgabe im Serial-Monitor
19      }
20    }
21  }
```

Mit dem von mir verwendeten Wert von 100ms kann natürlich noch experimentiert werden. Ich würde versuchen, ihn so klein wie möglich zu machen und ihn schrittweise langsam absenken, bis das Prellen wieder bemerkbar wird und dann wieder etwas erhöhen, bis das Prellen wieder aufhört. Dieser Wert ist von Taster zu Taster verschieden und muss durch mehrere Versuche bestmöglich ermittelt werden. Der entscheidende Nachteil dieser Variante besteht in der Unterbrechung des Programmablaufs durch die delay-Funktion, weil in dieser Zeit einfach nichts passiert und möglichweise andere Programmabschnitte pausieren müssen. Besser ist die zweite Variante.

Das Entprellen (Debouncing) - Variante 2

Die nachfolgend gezeigte Variante geht einen etwas anderen Weg, denn es gibt keine direkte Wartezeit über die delay-Funktion, um das Prellen zu kompensieren. In den Zeilen 5 bis 7 sind weitere Variablen definiert worden. Die Erklärungen stehen hinter den entsprechenden Zeilen. Ich komme gleich auf die näheren Erläuterungen zu sprechen.

```
1    int buttonPin = 4;           // Taster-Pin
2    int zaehler = 0;             // Zähler
3    int buttonState;             // Speichert aktuellen Taster-Status
4    int oldButtonState;          // Speichert letzten Taster-Status
5    int debouncedTasterStatus; // Speichert debounced Taster-Status
6    int debounceInterval = 50; // 50ms Intervall
7    unsigned long lastDebounceTime = 0; // Zeit wann Status sich geändert hat
```

Die setup-Funktion ist unverändert geblieben und von Variante 1 übernommen worden.

```
9    void setup( ) {
10     pinMode(buttonPin, INPUT_PULLDOWN);
11     Serial.begin(115200);
12   }
```

Kommen wir zur loop-Funktion. Zu Beginn wird immer der gerade vorherrschende Tastenpegel in Zeile 15 in die Variable buttonState eingelesen. Der gerade vorherrschende Zeitstempel seit Sketch-Start wird über die millis-Funktion in die Variable currentTime in Zeile 16 eingelesen. Wenn sich der aktuelle Tasterstatus vom vorherigen unterscheidet, wird die Debounce-Zeit auf den neuesten Stand gebracht. Diese wird in der Abfrage in Zeile 18 benötigt, um darüber zu entscheiden, ob das vorgegebene Intervall abgelaufen ist. Ist das der Fall, wird der aktuelle Tasterstatus mit dem Debounced-Tasterstatus verglichen und erst wenn sie unterschiedlich sind, kommt es zur Abfrage in Zeile 22, ob ein HIGH-Pegel zur Statusänderung (LOW-HIGH-Pegelwechsel) vorliegt. Denn erst dann der Zähler um den Wert 1 erhöht werden und wird auf dem Serial Monitor angezeigt. Abschließend muss der aktuelle Tasterstatus in Zeile 28 wieder in den vorherigen Status gerettet werden. Das Spiel kann von vorne beginnen.

```
void loop() {
  buttonState = digitalRead(buttonPin); // Taster-Status lesen
  unsigned long currentTime = millis(); // Debounce-Zeit lesen
  if(buttonState != oldButtonState) lastDebounceTime = currentTime;
  if(currentTime - lastDebounceTime > debounceInterval){
    if(buttonState != debouncedTasterStatus){
      debouncedTasterStatus = buttonState;
      // Wenn Status gleich HIGH-Pegel
      if(debouncedTasterStatus == HIGH){
        zaehler++;
        Serial.println(zaehler);
      }
    }
  }
  oldButtonState = buttonState; // Letzten Taster-Status sichern
}
```

Das Entprellen (Debouncing) - Variante 3

Wir sind noch nicht am Ende unserer Möglichkeiten, um einen Taster zu entprellen. Es gibt zu diesem Zweck auch fertige Libraries. Die nachfolgende InputDebounce-Library wird natürlich wieder über den Library Manager installiert.

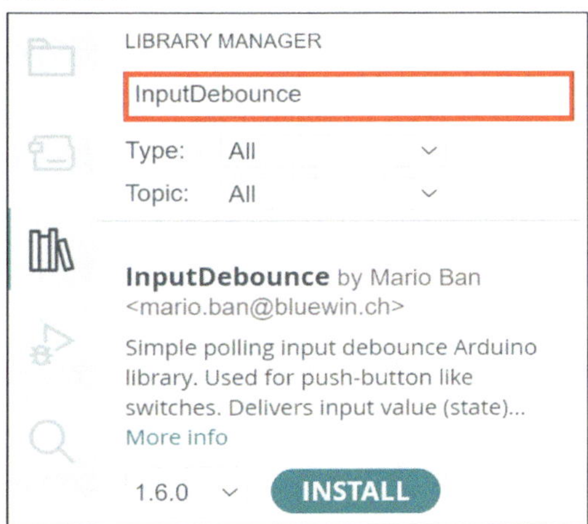

Abbildung 6: Die Installation von InputDebounce über den Library Manager

Auf weitere Details möchte ich nicht eingehen, denn es sind Beispiele zur Handhabung vorhanden.

Das Entprellen (Debouncing) - Variante 4

Für das Entprellen von Tastern oder Schaltern können auch spezielle passive Bauteile in Form von RC-Gliedern eingesetzt werden. Die folgende Schaltung zeigt ein RC-Glied mit einem Pullup-Widerstand.

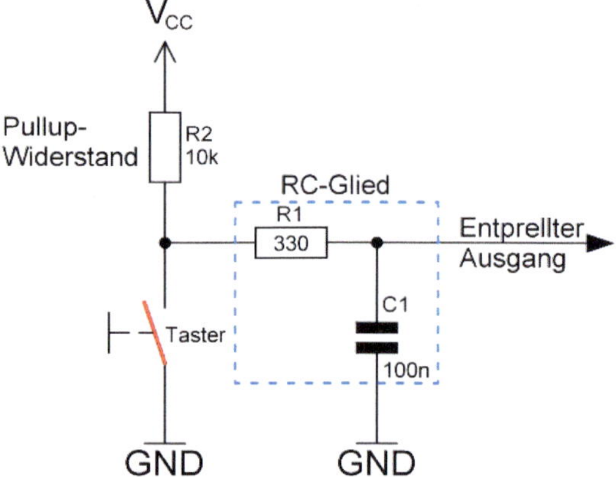

Abbildung 7: Das RC-Glied für das hardwaremäßige Entprellen

Das hier verwendete RC-Glied, das auch Tiefpass genannt wird, kann zur Reduzierung von sehr kurzen Impulsen eingesetzt werden.

Was ist ein Tiefpass?

Als Tiefpass werden in der Elektronik Filter bezeichnet, die Signalanteile mit Frequenzen unterhalb einer bestimmten Grenzfrequenz (Cut-Off-Frequenz) nahezu ungeschwächt passieren lassen. Dahingegen werden Frequenzanteile, die über der Grenzfrequenz liegen, gedämpft.

Ein Kondensator stellt für einen Gleichstrom nach dem Aufladen eine unüberwindbare Sperre dar. Für einen Wechselstrom stellt er jedoch keine allzu große Hürde dar und lässt ihn mehr oder weniger passieren. Diesen Umstand macht man sich hier zunutze. Der Kondensator ist so platziert, dass Signale mit hoher Frequenz, was auch Impulse in schneller Folge sein können, nach Masse abgeleitet werden und somit nicht zum Ausgang des RC-Glieds gelangen. Dieser Umstand ist namensgebend für den Tiefpass, denn er lässt nur tiefe Frequenzen passieren. Schnelle Spannungsschwankungen am Taster infolge des Prellens werden vom Kondensator abgesaugt. Ein Blick auf die folgende Abbildung macht das Verhalten der Amplitude (größter Ausschlag der Schwingung) bezüglich einer stetig steigenden Frequenz deutlich.

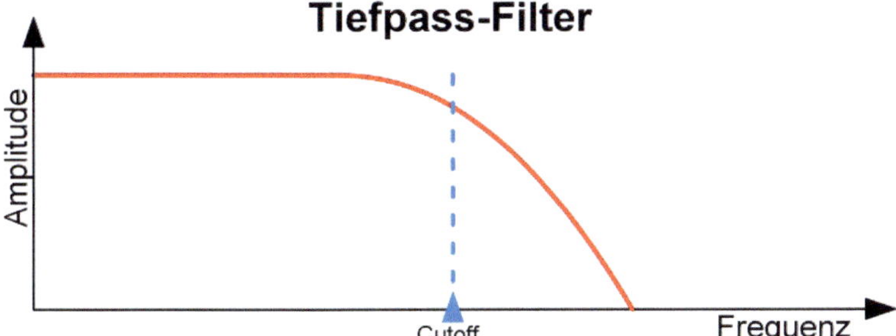

Abbildung 8: Das Frequenzverhalten eines Tiefpassfilters

Weitere Informationen sind unter der folgenden Internetadresse zu finden, und damit möchte ich das Kapitel auch beenden.

https://www.mikrocontroller.net/articles/Entprellung

Projekt 5: Bus-Systeme

Um Informationen mit anderen Geräten auszutauschen, nutzt ein Mikrocontroller verschiedene Bus-Systeme, die ihm standardmäßig zur Verfügung stehen. Das Arduino-Nano-ESP32-Board unterstützt dabei die folgenden Technologien beziehungsweise die dazugehörigen Protokolle.

- Serielle Schnittstelle - UART
- SPI
- I²C
- One Wire

In diesem Kapitel möchte ich genauer auf die Merkmale der einzelnen Technologien eingehen und wie sie auf dem Arduino-Board zu nutzen sind.

Die serielle Schnittstelle

Eine typische serielle Schnittstelle entspricht den Standards RS-232 (Recommended Standard) und V.24. Bei recht alten Computern wurden klassische Endgeräte wie Maus, Tastatur oder Modem angeschlossen. Der Anschluss erfolgte in der Regel über D-SUB-Stecker beziehungsweise Buchsen, die es in neun- oder 25-poliger Ausführung gab. Nachfolgend ist ein neunpoliger Stecker zu sehen.

Abbildung 1: Ein neunpoliger D-SUB-Stecker

Als die USB-Schnittstelle Einzug hielt, rückte die Bedeutung der seriellen Schnittstelle nach und nach in den Hintergrund. Dennoch wird das Protokoll weiterhin über USB übertragen, sodass derartige Geräte entsprechend angeschlossen und betrieben werden können.

Was ist ein Protokoll?

In der Informatik ist ein Protokoll eine definierte Menge von Regeln, die Geräte zur Kommunikation miteinander verwenden. Wenn es bei Computern oder bei Mikrocontrollern um den Austausch von Daten geht, dann muss die Kommunikation irgendwie geregelt sein. Wenn sich zwei Menschen unterhalten, sollten sie in derselben Sprache kommunizieren, damit sie einander verstehen. Ähnlich geht es auch hier zu. Wir treffen eine Vereinbarung beziehungsweise definieren einen Wortschatz, auf dessen Basis die Kommunikation abläuft. Darauf sind nahezu alle Protokolle aufgebaut.

Um entsprechende USB-Geräte für diverse Anwendungen trotzdem verwenden zu können, wird die serielle Schnittstelle im jeweiligen Betriebssystem durch einen speziellen Treiber simuliert. Das Arduino-Nano-ESP32-Board verfügt über zwei separate serielle Hardware-Ports. Ein Port ist über USB-C und der andere über die RX/TX-Pins zugänglich.

Abbildung 2: Die Möglichkeiten der seriellen Kommunikation über USB und RX/TX

Die Kommunikation über Native USB

Um serielle Daten zu empfangen und zu versenden, wird das Serial-Objekt verwendet. Zuerst muss die gewünschte Geschwindigkeit festgelegt werden, die innerhalb der setup-Funktion definiert wird. Im Detail komme ich im nächsten Kapitel darauf zu sprechen. Nachfolgend ist der sehr einfache Sketch zu sehen, der die Geschwindigkeit in Baud festlegt und dann eine Nachricht via USB versendet, die aber im Endeffekt an einem COM-Port ankommt. Um die Kommunikation über die serielle Schnittstelle zu ermöglichen, muss diese erst einmal initialisiert werden. Dazu wird die Serial-Klasse mit der begin-Methode verwendet.

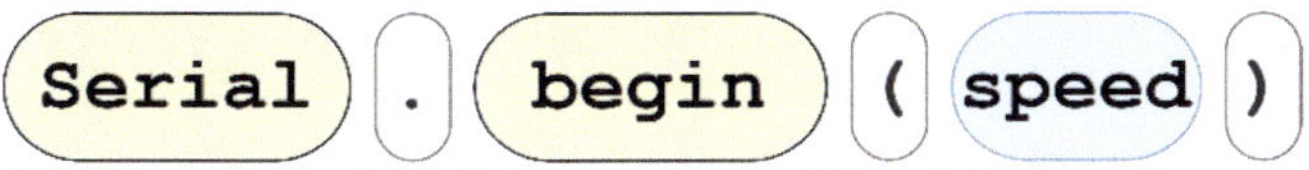

Abbildung 3: Die Initialisierung der seriellen Schnittstelle

Für diejenigen, die sich noch nicht mit der objektorientierten Programmierung auskennen, sei gesagt, dass eine Klasse ein benutzerdefinierter Typ ist, der dann über definierte Methoden ermöglicht, die innewohnenden Funktionen aufzurufen. Da haben wir wieder den Ausdruck Funktionen. Eine Methode kann in der objektorientierten Programmierung vereinfacht also als Funktion angesehen werden. Die Klasse und die Methode sind durch den Punktoperator miteinander verbunden. Nachfolgend sind die einzelnen Elemente der Befehlszeile beschrieben.

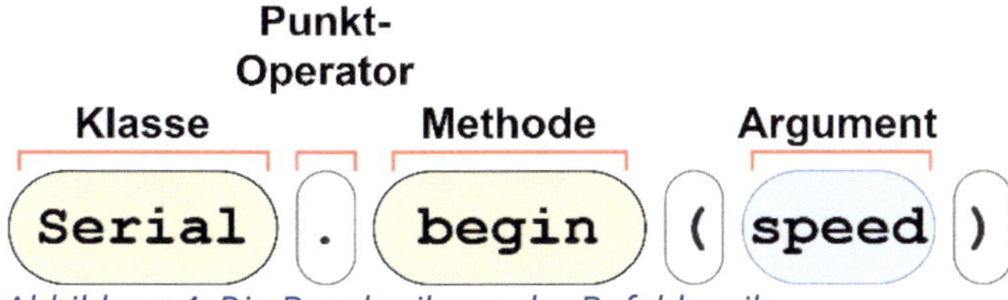

Abbildung 4: Die Beschreibung der Befehlszeile

Um etwas über die serielle Schnittstelle zu versenden, muss entweder die print- oder println-Methode ausgerufen werden. Die print-Methode bewirkt nach der Übertragung keinen Zeilenvorschub, wohingegen die println-Methode (print-linefeed) dies ermöglicht.

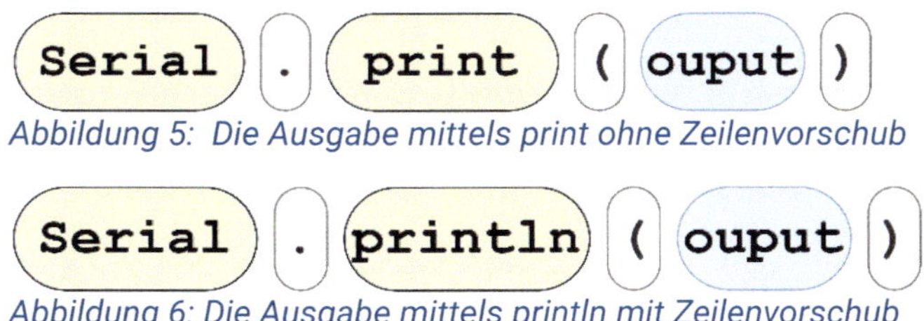

Abbildung 5: Die Ausgabe mittels print ohne Zeilenvorschub

Abbildung 6: Die Ausgabe mittels println mit Zeilenvorschub

Doch nun zum Sketch. Die serielle Schnittstelle wird hier in Zeile 2 mit dem Wert 9600 zu Beginn auf eine Übertragungsrate von 9600 Baud eingestellt. Die genaue Bedeutung von Baud wird weiter hinten in diesem Kapitel erläutert.

```
1  void setup() {
2    Serial.begin(9600); // Geschwindigkeit
3  }
4
5  void loop() {
6    Serial.println("Hallo, hier ist dein Nano-ESP32-Board!");
7    delay(2000);
8  }
```

Abbildung 7: Der Serial-Sketch für Native USB

Wird der Serial Monitor über das entsprechende Symbol geöffnet, so kann man die versendete Nachricht sehen.

Ich habe zudem die Anzeige des Zeitstempels jeder Nachricht aktiviert, die links in jeder Zeile erscheint.

Output Serial Monitor ×

Message (Enter to send message to 'Arduino Nano ESP32' on 'COM42')

```
14:50:28.614 -> Hallo, hier ist dein Nano-ESP32-Board!
14:50:30.600 -> Hallo, hier ist dein Nano-ESP32-Board!
14:50:32.600 -> Hallo, hier ist dein Nano-ESP32-Board!
14:50:34.605 -> Hallo, hier ist dein Nano-ESP32-Board!
14:50:36.612 -> Hallo, hier ist dein Nano-ESP32-Board!
```

Abbildung 8: Die versendete Nachricht im Serial Monitor

Diese Nachricht ist nicht nur innerhalb der Arduino-IDE zu empfangen, denn es geht ja in Richtung COM-Port, der bei mir COM42 ist. Mit jedem anderen Terminal-Programm kann diese Nachricht empfangen werden. Ich rate zu Tera Term.

https://ttssh2.osdn.jp/index.html.en

Zuvor muss jedoch der von Arduino blockierte COM-Port freigegeben werden, denn es darf sich immer nur ein Gerät mit einem COM-Port verbinden. Nachfolgend sind die erforderlichen Konfigurationen hinsichtlich COM-Port und Baud-Rate zu sehen. Aufzurufen ist dies unter dem Menüpunkt Einstellungen>Serieller Port.

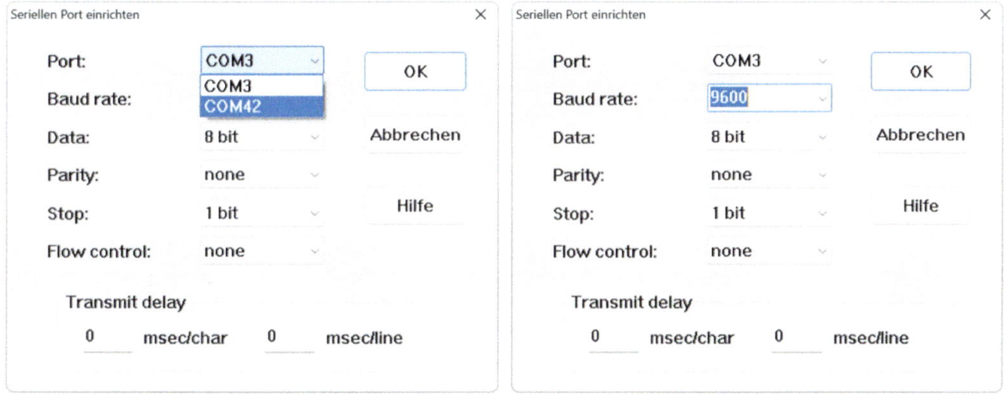

Abbildung 9: Die Konfiguration von Tera Term

Die empfangene Nachricht wird im Anschluss unmittelbar angezeigt.

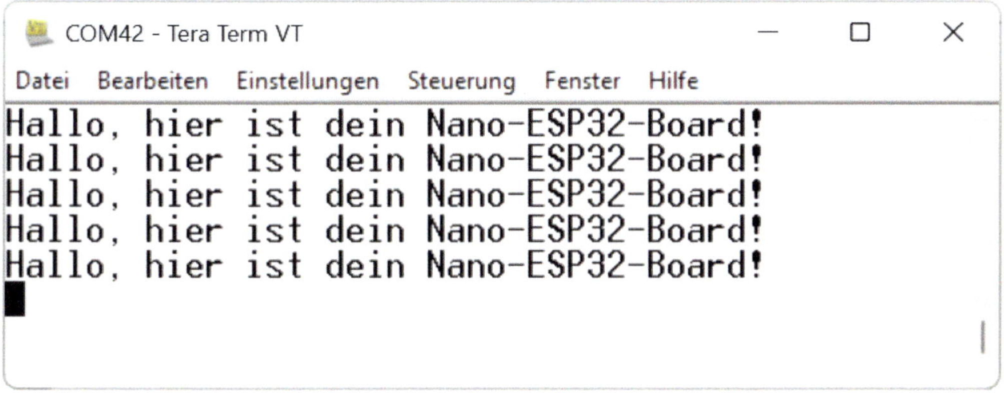

```
COM42 - Tera Term VT
Datei  Bearbeiten  Einstellungen  Steuerung  Fenster  Hilfe
Hallo, hier ist dein Nano-ESP32-Board!
Hallo, hier ist dein Nano-ESP32-Board!
Hallo, hier ist dein Nano-ESP32-Board!
Hallo, hier ist dein Nano-ESP32-Board!
Hallo, hier ist dein Nano-ESP32-Board!
```

Abbildung 10: Die empfangene Nachricht innerhalb von Tera Term

Der USB-to-Serial-Adapter

Kommen wir jetzt zur Nutzung der beiden Pins RX und TX, die sich auf dem Arduino-Board befinden. Für die Hardwareseite gibt es spezielle USB-to-Serial-Adapter.

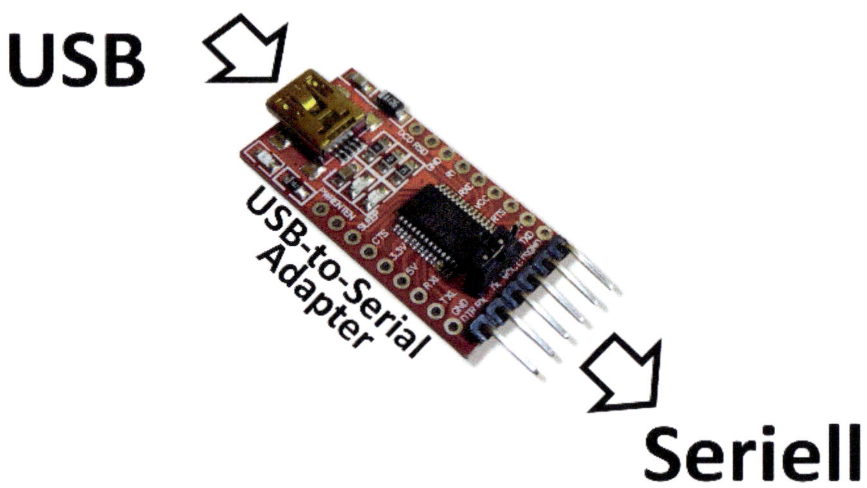

Abbildung 11: Der FTDI-Adapter

Die Bezeichnung FTDI kommt von der Firma Future Technology Devices International, die mit ihrem Kürzel die von ihnen hergestellten UART-Interface-Chips bezeichnete und darüber bekannt wurde. UART steht für Universal Asynchronous Receiver Transmitter. Übersetzt bedeutet das Universal-Asynchron-Empfänger-Sender. Es handelt sich um die Umsetzung einer Schaltung oder eines Protokolls zur Realisierung einer seriellen Schnittstelle. Ein UART-Baustein kann nur im Asynchron-Modus arbeiten.

Okay, da wird also etwas empfangen und auch gesendet, was ja schon mal gut ist, denn eine richtige Kommunikation besteht immer aus dem Austausch von Informationen, was einem Informationsfluss in beide Richtungen entspricht. Das vorangesetzte Asynchron gibt an, in welcher Weise diese Kommunikation erfolgt. Asynchron stammt aus dem Griechischen, wobei Asyn- nicht mit bedeutet und chronos für Zeit steht. Unter einer asynchronen Datenübertragung versteht man in diesem Zusammenhang eine zeichenweise Übertragung, wobei der zeitliche Abstand zwischen den Datenpaketen keine Rolle spielt, da die Pakete per Start- und Stopp-Bit gekennzeichnet sind. Im Gegensatz dazu muss bei einer synchronen Übertragung ein Taktgeber vorhanden sein. Eine synchrone Übertragung ohne einen auf beiden Seiten synchronisierten Takt funktioniert nicht. Im einfachsten Fall der beidseitigen Kommunikation werden von einer seriellen Schnittstelle lediglich drei Anschlüsse benötigt.

- *TX* (Transmit: Sendeleitung)
- *RX* (Receive: Empfangsleitung)
- *GND* (Ground: Masse)

Eine UART-Schnittstelle besitzt die gerade genannten Anschlüsse, wobei zwischen den Kommunikationspartnern ein gemeinsamer Masseanschluss wichtig ist! Findet die Kommunikation ohne Pegelwandlung auf TTL oder CMOS-Pegel statt, wird von einem TTL-UART gesprochen. Auf der folgenden Abbildung sind die Verbindungen der Sende- und Empfangsleitungen zu sehen, die über Kreuz miteinander verbunden sind.

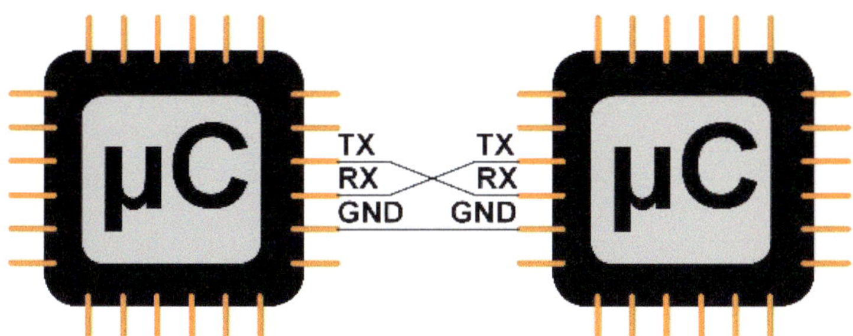

Abbildung 12: Die Interface-Verbindung von TTL-UART

Wir werfen nun einen genaueren Blick auf das Signal einer seriellen Schnittstelle und beginnen mit einer grundsätzlichen Darstellung. Eine serielle Datenverbindung verwendet lediglich eine einzige Leitung, über die alle Daten-Bits nacheinander gesendet werden. Die beim Computer verwendete asynchrone Datenübertragung kommt wie gesagt ohne Taktleitung aus. Da nur eine einzige Leitung zur Verfügung steht und kein zusätzliches Taktsignal gesendet wird, ist es für den Empfänger wichtig zu wissen, wann die Übertragung eines einzelnen Zeichens beginnt und wie viel Zeit für die Übertragung eines einzelnen Bits benötigt wird.

Ein UART-Frame

Die einzelnen Daten-Bits werden in Blöcken von zum Beispiel acht Daten-Bits, also einem Byte, in einem genau definierten Zeitraster übertragen, was im Zusammenhang mit der gewühlten Übertragungsrate in Baud steht. Bevor es mit der eigentlichen Datenübertragung losgeht, muss ein Start-Bit (LOW-Pegel) gesendet werden, was den Beginn der nachfolgenden Daten kennzeichnet. Im Anschluss erfolgen gemäß der Konfiguration die einzelnen Daten-Bits und ein abschließendes Stopp-Bit (HIGH-Pegel) kennzeichnet das Ende. Auf der folgenden Abbildung ist ein sogenannter UART-Frame zu sehen, der eine Konfiguration 8N1 besitzt, was acht Daten-Bits, keine Parität und ein Stopp-Bit bedeutet. Das niedrigste Bit 0 wird LSB (Least Significant Bit) und das höchste Bit 7 MSB (Most Significant Bit) genannt. Man beachte, dass die Zählung der Bits immer mit 0 beginnt!

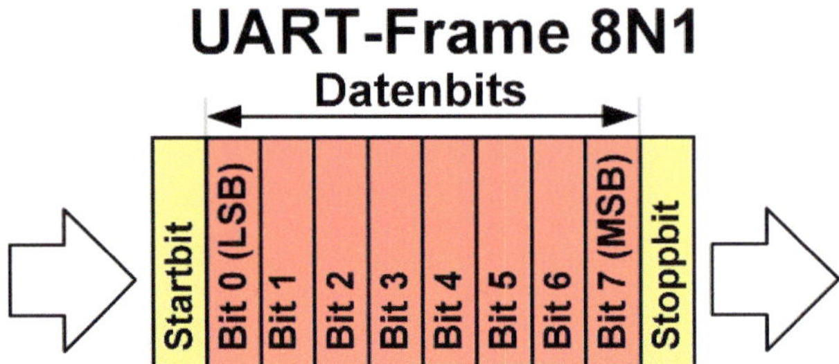

Abbildung 13: Die 10 Bits einer Übertragung

Hier noch die Eckdaten eines UART-Frames, der beiden Kommunikationspartnern bekannt sein muss.

- 1 Start-Bit
- 5 bis 9 Daten-Bits
- 1 optionales Paritäts-Bit
- 1 oder 2 Stopp-Bits

Das Start-Bit

Das Start-Bit in einem UART-Protokoll wird zur Synchronisation zwischen den Kommunikationspartnern benötigt. Im Idle-Zustand befindet sich die jeweilige Übertragungsleitung auf einem HIGH-Pegel. Das Start-Bit, das einen LOW-Pegel besitzt, signalisiert den Start eines UART-Frames.

Die Daten-Bits

Dem Start-Bit folgen fünf bis neun Daten-Bits, die im Little-Endian-Format (LSB-First: niedrigstes Bit zuerst) versendet werden.

Das Paritäts-Bit

Das Paritäts-Bit ist optional und dient der Fehlererkennung einer Übertragung. Es wird zwischen drei Arten der Parität unterschieden:

- **Even Parity (*E*)**: Es wird die Anzahl der in der Bit-Folge auftretenden 1-Bits durch das Paritäts-Bit zu einer geraden Anzahl 1-Bits ergänzt.
- **Odd Parity (O)**: Es wird entsprechend eine ungerade Anzahl 1-Bits durch das Paritäts-Bit hergestellt.
- **No Parity (N)**: Das Paritätsbit wird nicht benutzt.

Stopp-Bit

Der UART-Frame wird entweder durch ein oder zwei Stopp-Bits abgeschlossen. Zeitweise wird auch ein verlängertes Stopp-Bit (1,5 Stopp-Bits) verwendet. Stopp-Bits besitzen einen HIGH-Pegel.

Die Kurzschreibweise der Frame-Konfiguration

Für das Format eines UART-Frames existiert eine verkürzte Schreibweise: 8N1 bedeutet acht Datenbits, keine Parität, ein Stopp-Bit. Bei der seriellen Kommunikation beim Arduino wird diese Konfiguration verwendet.

Sehen wir uns ein Beispiel dazu an. Es wird bei einer Übertragungsrate von 9600 Baud der Großbuchstabe H versendet. Bevor wir uns das mithilfe eines Logik-Analyzers anschauen, hier kurz einen Blick auf die Theorie.

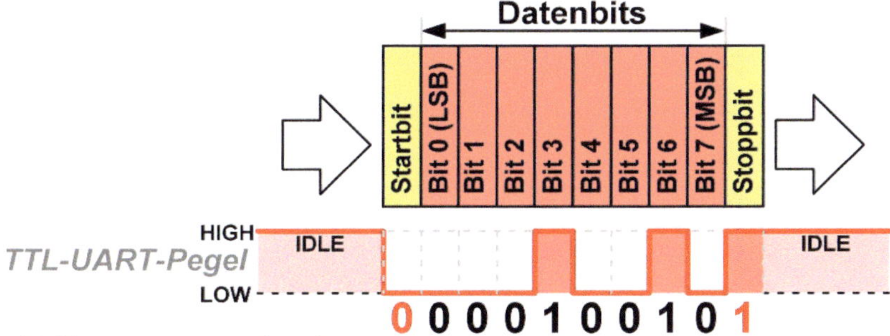

Abbildung 14: Der Buchstabe H

Wie komme ich aber zu genau diesem Bit-Muster von links nach rechts? Zunächst einmal liegt bei einem Leerlaufzustand (Idle), bei dem keine Daten übertragen werden, ein HIGH-Pegel auf der entsprechenden Leitung vor.

Lassen wir die beiden Start- und Stopp-Bits außen vor und sehen uns nur die Daten-Bits an. Ein Zeichen wird in Form des ASCII-Codes übertragen. ASCII ist die Abkürzung für American Standard Code for Information Interchange und ist eine 7-Bit-Zeichenkodierung. Nähere Informationen sind unter der folgenden Internetadresse zu finden.

https://de.wikipedia.org/wiki/American_Standard_Code_for_Information_Interchange

Wenn wir in der Zeichentabelle nachsehen, dann ist dort Folgendes für den Großbuchstaben H zu sehen.

Zeichen	Dezimalwert	HEX-Wert	Binär
H	72	48	01001000

Tabelle 1: Das ASCII-Zeichen H

Uns interessiert lediglich die letzte Spalte mit dem Binärwert. Diese Kombination entspricht aber nicht dem oben gezeigten Daten-Bit-Muster, das 00010010 lautet. Das ist dennoch korrekt so, denn Bit 0 (LSB) befindet sich an der linken Position und zeitlich gesehen ist es das Bit, das zuerst empfangen wird. In der Tabelle befindet sich Bit 0 jedoch auf der linken Seite. Es ist also genau umgekehrt dargestellt. Kommen wir zu einer realen Messung mit einem Logic-Analyzer. Ich verwende dazu den folgenden sehr einfachen Code, der im Abstand von einer Sekunde kontinuierlich den Großbuchstaben H an den TX-Ausgang (D1) des Arduino-Nano-ESP32-Boards versendet. Es muss dazu die Serial0-Klasse genutzt werden.

```
void setup() {
  Serial0.begin(9600); // Geschwindigkeit
}

void loop() {
  Serial0.println("H");
  delay(500);
}
```

Abbildung 15: Sketch zum Versenden eines Zeichens über serielle Schnittstelle mit 9600 Baud

Nun kann man diese Nachricht, die lediglich aus einem einzigen Buchstaben und einem Steuerzeichen für den Zeilenumbruch besteht, wiederum mit Tera Term empfangen. Der Schaltplan dazu sieht wie folgt aus.

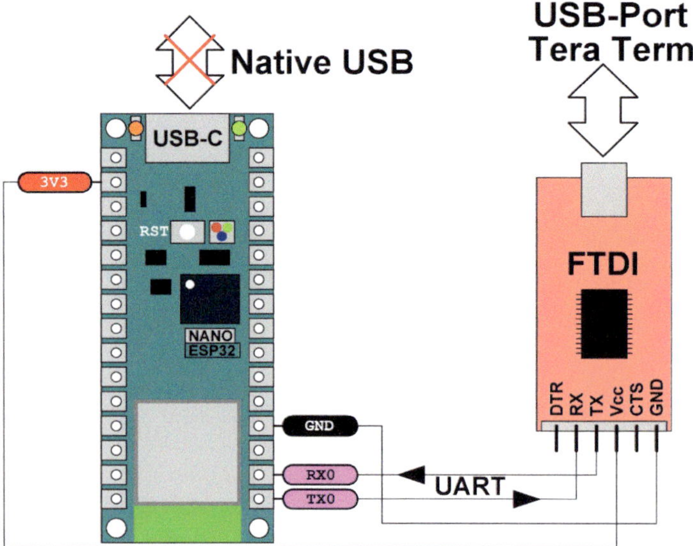

Abbildung 16: Der Schaltplan von Arduino Uno ESP32 mit einem FTDI-Adapter

Man sieht, dass der FTDI-Adapter über einen Jumper konfigurierbar ist und zwischen 3,3V und 5V geschaltet werden kann. Der Jumper muss auf 3,3V gesetzt werden! Nach dem Öffnen von Tera Term muss der COM-Port auf den FTDI-Adapter weisen, der in meinem Fall jetzt COM25 ist. Die Anzeige sieht so aus.

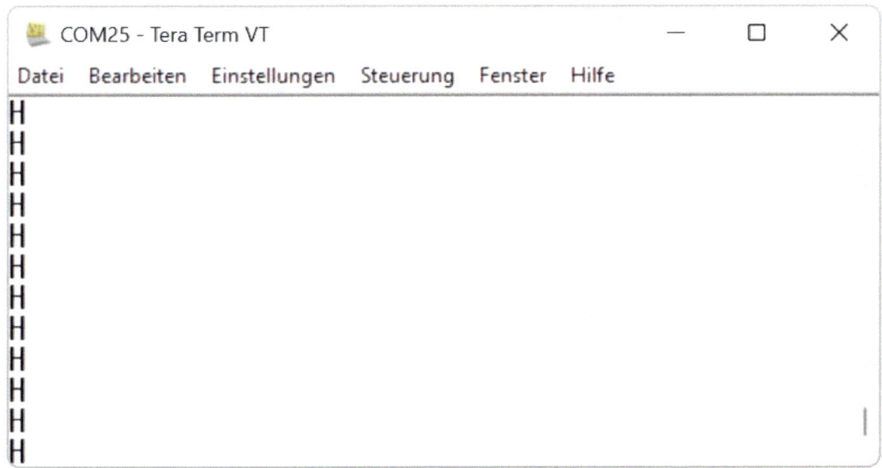

Abbildung 17: Die Anzeige des Buchstaben H in Tera Term

Jetzt möchte ich aber diese Nachricht mit einem Logic-Analyzer anzeigen lassen, denn dann wird es erst richtig spannend. Auf der ersten Aufnahme sind zwei Spitzen zu erkennen, die im Abstand von knapp 500ms auftreten und kontinuierlich vorhanden sind. Es ist ebenfalls gut zu sehen, dass sich der Pegel im Idle-Zustand auf H (HIGH) befindet.

Abbildung 18: Der zeitliche Verlauf des UART-Signals im Logic-Analyzer

Doch was bedeutet das genau und wie kann man den übertragenen UART-Frame überhaupt erkennen? Dazu muss die Zoom-Funktion der Software genau an der Stelle genutzt werden, an der ein Peak in Richtung L (LOW) erfolgt. Genau das ist auf der folgenden Abbildung zu sehen. Im Grunde genommen sind hier drei Frames zu sehen, denn die println-Funktion versendet am Ende des Zeichens noch zwei Steuerzeichen mittels Escape-Sequenzen, die mit \r und \n zu Buche schlagen. Diese Sequenzen stehen für CR und LF, was Carriage Return und Linefeed bedeutet.

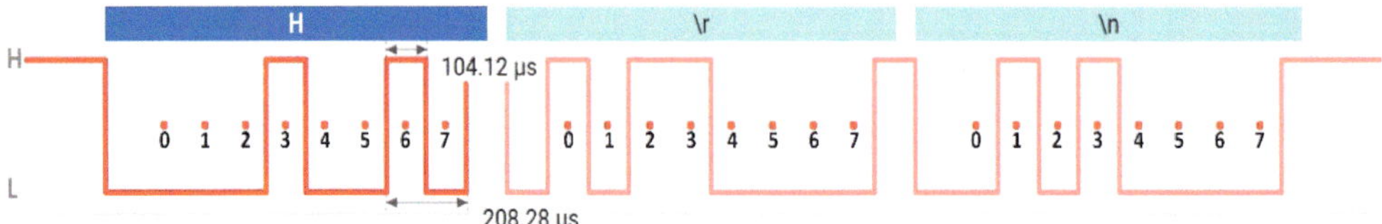

Abbildung 19: Die drei UART-Frames der seriellen Übertragung

Jeder einzelne Punkt im Diagramm steht für ein einzelnes Bit, was ich zusätzlich noch nummeriert habe. Aus der zuvor gezeigten Abbildung „Der Buchstabe H" ist zu erkennen, dass beim Großbuchstaben H die Bits 3 und 6 einen HIGH-Pegel vorweisen, was auch hier im Pegeldiagramm des Logic-Analyzers zu sehen ist. Wie sieht es mit den Zeitangaben hier im Diagramm aus? Für die Breite eines einzelnen Bits werden zeitlich gesehen 104,12µs aufgewendet. Diese Breite hängt mit der Konfiguration der Baud-Rate zusammen, die im gezeigten Code 9600 ist. Was aber bedeutet die Angabe Baud?

Was bedeutet Baud?

Die Baud-Rate ist die Häufigkeit pro Sekunde, mit der ein serielles Kommunikationssignal seine Zustände ändert. Baud ist die Einheit für die Symbolrate, die auch Schrittgeschwindigkeit genannt wird.

Es gibt diesbezüglich einige Unstimmigkeiten, denn die Baud-Rate wird sehr oft mit der Datenübertragungsrate verwechselt. Diese gibt die Menge der übertragenen Daten pro Zeitspanne in Bit je Sekunde als Bit-Rate an. Die Baud-Rate hingegen gibt die Anzahl der Zeichen beziehungsweise Symbole pro Zeitspanne an. Wie sieht das bei unseren 9600 Baud aus? Wie groß ist hier die Übertragungsdauer eines einzelnen Symbols? Der Lösungsweg ist sehr einfach. Es muss lediglich der Kehrwert der Baud-Rate genommen werden.

$$\text{Übertragungsdauer je Symbol} = \frac{1}{Baudrate} = \frac{1}{9600} = 104{,}17\mu s$$

Der errechnete Wert entspricht nahezu der angezeigten Impulsbreite (104,12µs) eines einzelnen Bits. Das ist also korrekt!

Der Serial Monitor

Der sogenannte Serial Monitor stellt bei der Programmierung ein unverzichtbares Werkzeug dar. Er kann sowohl als Debugging-Tool Verwendung finden, um zum Beispiel Algorithmen zu testen, als auch zur direkten Kommunikation mit dem Arduino-Board genutzt werden. In der Arduino IDE ist dieser Monitor direkt mit implementiert.

Senden und empfangen

Kommen wir nun zu einem Beispiel, bei dem über die serielle Schnittstelle sowohl gesendet als auch empfangen wird. Wir haben bereits gesehen, dass es eine TX- und eine RX-Leitung gibt. Bisher wurde lediglich die TX-Leitung genutzt. Schauen wir nach, was es mit der RX-Leitung auf sich hat. Ich werde das wieder an einem konkreten Beispiel erläutern. Ziel ist es, über die serielle Schnittstelle unter anderem ein paar LEDs anzusteuern, die an den I/O-Pins des Arduino-Boards angeschlossen sind. Damit das alles funktioniert, habe ich mir ein kleines Protokoll ausgedacht, was die folgenden Steuerungsmöglichkeiten bieten soll.

- Digitaler Pin: Pegel manipulieren
- Digitaler Pin: Pegel abrufen
- Digitaler Pin: Ansteuerung über PWM (Puls-Weiten-Modulation)
- Analoger Pin: Wert abrufen

Wir müssen dem Mikrocontroller mitteilen, welche der festgelegten Aktionen er umsetzen soll und das in absolut klarer und verständlicher Form. Genau das wird in einem Protokoll festgehalten. Sehen wir uns das an zwei Beispielen kurz an. Nachfolgend ist das allgemeine Protokoll mit ein paar Beispielen zu sehen, die auch im Programm über die Hilfe abgerufen werden können.

```
 Supported commands:
-- DIGITAL --
   dw3=1    : digital write pin 3 to HIGH
   dw6=0    : digital write pin 6 to LOW
   dr2      : digital read pin 2 -> Response is LOW or HIGH
   dr8      : digital read pin 8 -> Response is LOW or HIGH
-- ANALOG --
   aw5=20    : analog write digital pin 5 to PWM-Level 20
   aw6=230   : analog write digital pin 6 to PWM-Level 230
             : allowed Pins are 0 to 7
             : allowed PWM range from 0 to 255
   ar0       : analog read of pin A0
   ar3       : analog read of pin A3
             : allowed Pins are 0 to 7
-- OTHER --
   ?   - print this help message
```

Sehen wir uns den Sketch im Detail an. Ich habe dabei einige Kontrollmechanismen eingebaut, die vor Fehleingaben schützen und entsprechende Meldungen ausgeben, wobei ich das nicht übertreiben wollte. Wer möchte, der kann das natürlich exzessiv weiterführen, sodass auf jegliche Fehleingabe korrekt reagiert wird.

Die setup- und loop-Funktion

In der setup-Funktion wird die serielle Schnittstelle initialisiert und in der loop-Funktion die kontinuierliche Abfrage der seriellen Schnittstelle vorgenommen.

```
void setup() {
  Serial.begin(9600); // Init Serial
}

void loop() {
  readSerial(); // Read Serial-Data
}
```

Abbildung 20: Die setup- und loop-Funktion

Die readSerial-Funktion

Innerhalb der readSerial-Funktion wird nachgeschaut, ob auf der seriellen Schnittstelle Daten zum Abruf bereitstehen. In Zeile 13 wird das eingegebene Kommando zur Anzeige auf der seriellen Schnittstelle ausgegeben. Diese Zeile kann auskommentiert werden und ist nicht unbedingt erforderlich.

```
 9  void readSerial() {
10    while(Serial.available() == 0) {} // Wait for data
11    String cmd = Serial.readString(); // Read line
12    cmd.trim();                       // Remove \r, \n and whitespace
13    Serial.println(cmd);
14    parseReceivedText(cmd);
15  }
```

Abbildung 21: Die readSerial-Funktion

In dieser readSerial-Funktion, die wir selbst erstellt haben, sind einige Befehle enthalten, die der Erklärung bedürfen. Zuerst gibt es da das Schlüsselwort while, was Schleife bedeutet. Diese Schleife läuft so lange durch, bis die Bedingung in den runden Klammern den Wahrheitswert false bekommt, also falsch wird.

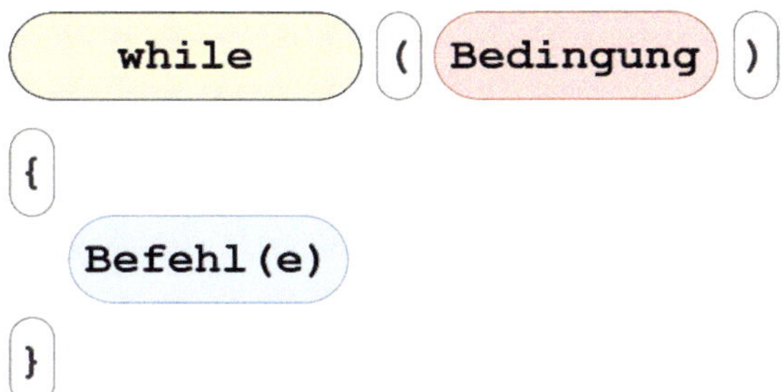

Abbildung 22: Die while-Schleife

Am besten sieht man sich die Arbeitsweise einer while-Schleife anhand eines Flussdiagramms an.

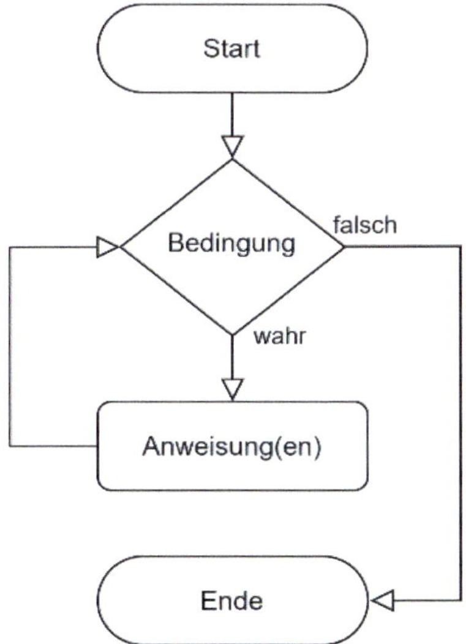

Abbildung 23: Das Flussdiagramm einer while-Schleife

Kommen wir zur Bedingung in der while-Schleife.

```
while(Serial.available() == 0) {}
```

Die Serial-Klasse nutzt die available-Methode, um zu bewerten, ob verfügbare Daten vorhanden sind.

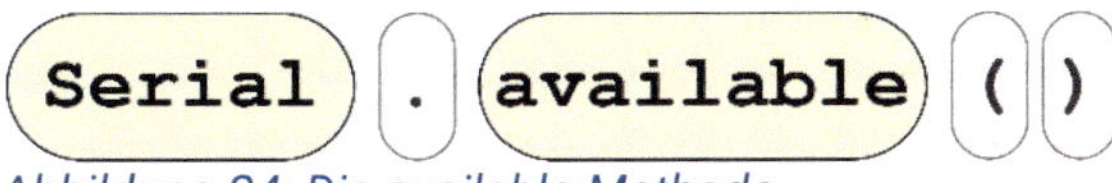

Abbildung 24: Die available-Methode

Falls dem nicht so ist, der Rückgabewert also 0 beträgt, ist die while-Schleife so lange mit Nichtstun (leeres geschweiftes Klammerpaar) beschäftigt, bis Daten eintreffen. Über die trim-Funktion des String-Objekts werden sowohl führende also auch nachgestellte Leerzeichen aus der Zeichenkette entfernt.

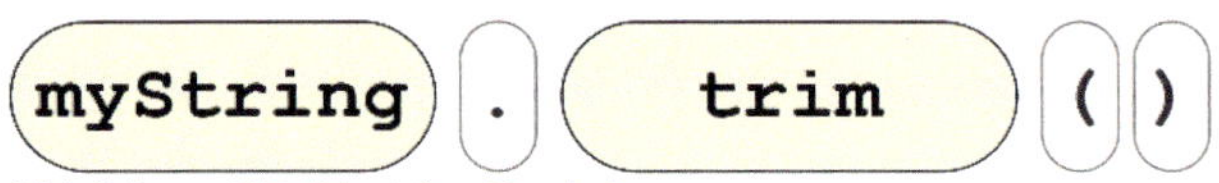

Abbildung 25: Die trim-Funktion

Die parseReceivedText-Funktion

Wurde ein Text als Kommando eingegeben, wird er an die parseReceivedText-Funktion zur Bewertung weitergeleitet.

```
17  // Parse Received text
18  void parseReceivedText(String cmd){
19    switch(cmd[0]){
20      case 'd' : executeDigital(cmd); break;
21      case 'a' : executeAnalog(cmd);  break;
22      case '?' : printHelp();         break;
23      default  : printErrorMessage(); break;
24    }
25  }
```

Abbildung 26: Die parseReceivedText-Funktion

Hier wird ermittelt, ob es sich um ein digitales oder ein analoges Kommando handelt. Zudem kann die Hilfeseite angezeigt werden. Das neue Sketch-Konstrukt ist hier die switch-case-Anweisung. Es handelt sich um eine sogenannte Kontrollstruktur.

Was ist eine Kontrollstruktur?

Kontrollstrukturen sind Anweisungen in imperativen Programmiersprachen. Sie kommen zum Einsatz, um den Ablauf eines Programms zu steuern und in eine bestimmte Richtung zu lenken. Dabei kann eine Kontrollstruktur entweder eine Verzweigung oder eine Schleife sein. Zumeist wird ihre Ausführung über logische (boolesche) Ausdrücke gesteuert.

Das neue Konstrukt ist hier die Aufführung einer eckigen Klammer in Zeile 19 hinter einer Zeichenkette. Darüber kann auf einzelne Zeichen zugegriffen werden, wobei der angegebene Wert als Index arbeitet und mit 0 links beginnt. Über die 0 wird also das erste Zeichen der cmd-Zeichenkette zurückgeliefert. Dieser Wert wird bei der nachfolgenden Ausführung des switch-case-Konstrukts benötigt.

Die switch-case-Anweisung ab Zeile 19 erlaubt es, dass abhängig von der Bedingung in verschiedenen Situationen unterschiedlicher Code ausgeführt wird. Die break-Anweisung beendet die switch-case-Anweisung und wird üblicherweise am Ende jedes case-Schlüsselworts verwendet. Falls kein break-Schlüsselwort vorhanden ist, führt switch-case alle Befehle aus, bis ein break-Schlüsselwort erkannt wird oder das switch-case-Konstrukt beendet wurde.

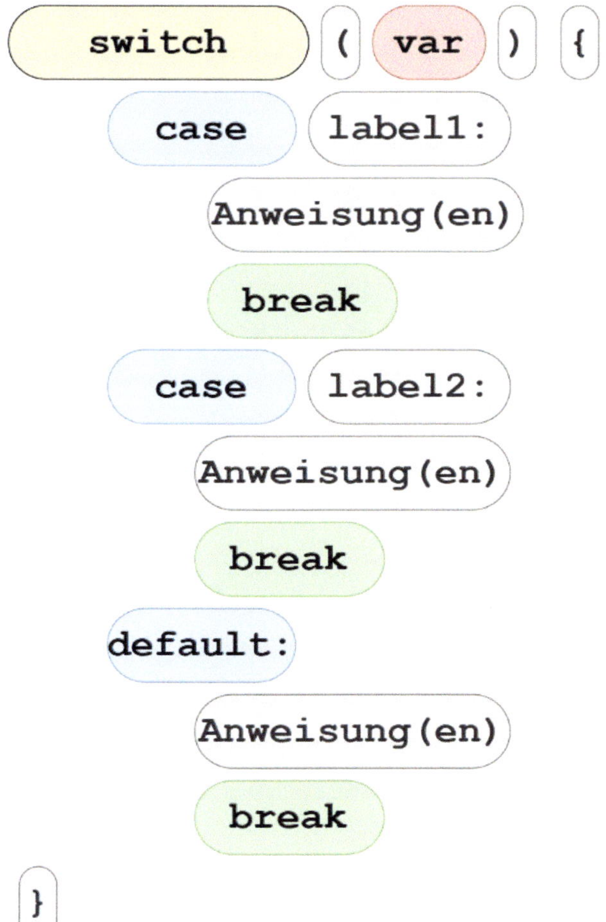

Abbildung 27: Die switch-case-Anweisung

Die letzte break-Anweisung im default-Zweig wird nicht benötigt, wenn Anweisungen vorhanden sind. Die Arbeitsweise wird am besten wieder anhand des Flussdiagramms deutlich.

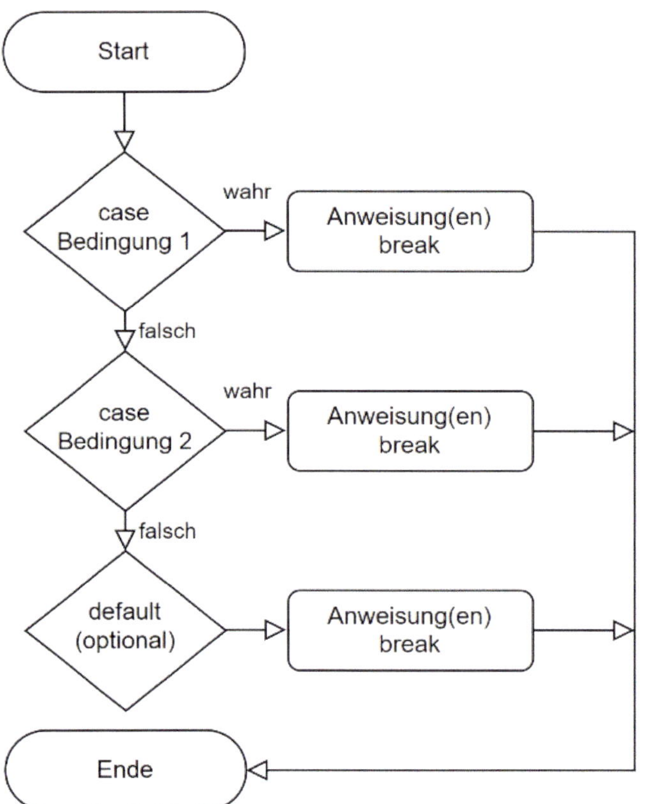

Abbildung 28: Das Flussdiagramm für eine switch-case-Anweisung

Folgende Parameter sind hierbei erlaubt.

- *var*: eine Variable mit den erlaubte Datentypen *int* und *char*
- *label1, label2*: Konstanten mit den erlaubten Datentypen *int* und *char*

Man sollte unbedingt darauf achten, dass nach der Ausführung einer Anweisung der Schleifendurchlauf mit break unterbrochen wird, da sonst die nachfolgenden Sprungmarken ebenfalls geprüft und die dort aufgeführten Anweisungen vielleicht ausgeführt werden.

Die executeDigital-Funktion

Über die executeDigital-Funktion wird das digitale Kommando ausgeführt und ermittelt, ob es sich um das Lesen (r=read) oder Schreiben (w=write) eines Pegels handelt.

```
// Execute digital command
void executeDigital(String cmd){
  switch(cmd[1]){
    case 'r' : readDigital(cmd);    break;
    case 'w' : setDigital(cmd);     break;
    default  : printErrorMessage(); break;
  }
}
```

Abbildung 29: Die executeDigital-Funktion

Die executeAnalog-Funktion

Über die executeAnalog-Funktion wird das analoge Kommando ausgeführt und ermittelt, ob es sich um das Lesen (r=read) oder Schreiben (w=write) eines Pegels handelt.

```
// Execute analog command
void executeAnalog(String cmd){
  switch(cmd[1]){
    case 'r' : readAnalog(cmd);     break;
    case 'w' : setAnalog(cmd);      break;
    default  : printErrorMessage(); break;
  }
}
```

Abbildung 30: Die executeAnalog-Funktion

Die readDigital-Funktion

Über die readDigital-Funktion wird der Pegel des gewünschten Pins ermittelt. Zulässig sind Pins im Bereich von 0 bis 24.

```
// Read digital pin
void readDigital(String cmd){
  int digitalValue = 0;
  int pin = cmd.substring(2).toInt();
  if(cmd.length()<3){
    Serial.println("INCOMPLETE: Which pin?");
    return;
  }
  if((pin<0)||(pin>24)){
    Serial.println("ERROR: Allowed Pin# 0 to 24");
    return;
  }
  pinMode(pin, INPUT); // Set pin to INPUT
  digitalValue = digitalRead(pin);
  Serial.print("SUCCESS: Read pin "); Serial.print(pin); Serial.print(" is ");
  Serial.println(digitalValue == 0 ? "LOW" : "HIGH");
}
```

Abbildung 31: Die readDigital-Funktion

In der readDigital-Funktion sind wieder einige neue Konstrukte aufgeführt. Wenn es darum geht, aus einer Zeichenkette bestimmte Bereiche (Teilzeichenfolge) zu extrahieren, dann kann die substring-Funktion des String-Objekts genutzt werden, die in Zeile 48 verwendet wird. Es gibt hier zwei Varianten.

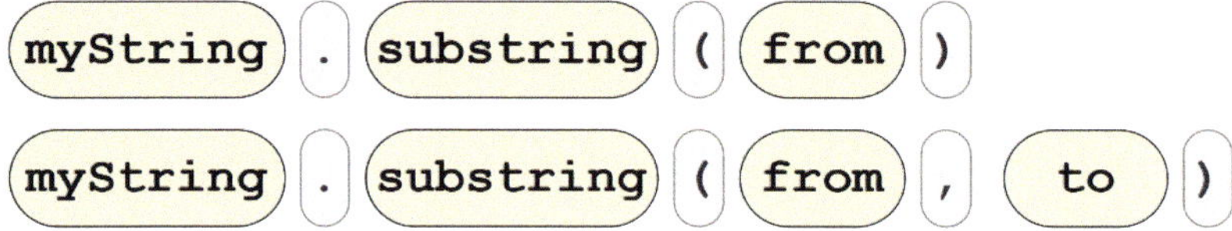

Abbildung 32: Die zwei Varianten der substring-Funktion

Der Startindex (from) ist inklusive und das entsprechende Zeichen ist in der Teilzeichenfolge enthalten. Der optionale Endindex (to) ist jedoch exklusiv und das entsprechende Zeichen ist nicht in der Teilzeichenfolge enthalten. Wird der Endindex weggelassen, so wird der Teilstring bis zum Ende der Zeichenkette fortgesetzt.

Ebenfalls in Zeile 48 kommt die toInt-Funktion des String-Objekts zum Einsatz, die eine Zeichenkette in den Datentyp int konvertiert. Die zu konvertierende Zeichenfolge sollte mit einer ganzen Zahl beginnen. Wenn die Zeichenkette nicht ganzzahlige Werte enthält, bricht die Funktion die Umwandlung ab.

```
myString . toInt ( )
```

Abbildung 33: Die toInt-Funktion

In Zeile 49 haben wir es wieder mit zwei neuen Konstrukten zu tun. Zum einen ist dort die if-Anweisung zu finden und zum anderen die length-Anweisung. Starten wir mit der if-Anweisung, die in die schon erwähnte Kategorie von Kontrollstrukturen fällt. Es handelt sich um eine Wenn-dann-Entscheidung.

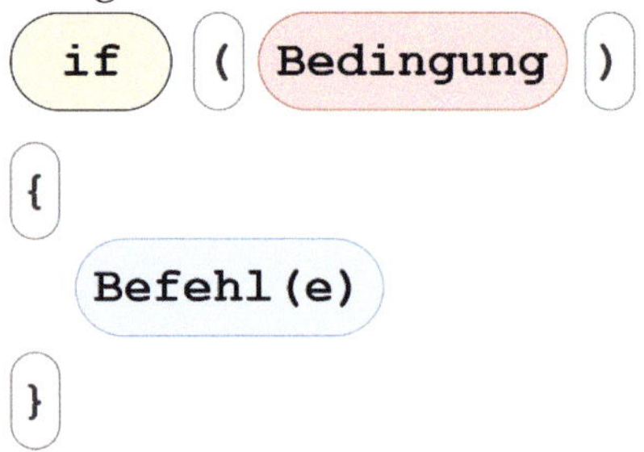

Abbildung 34: Die if-Anweisung

Die Funktionsweise wird wiederum anhand des entsprechenden Flussdiagramms deutlich.

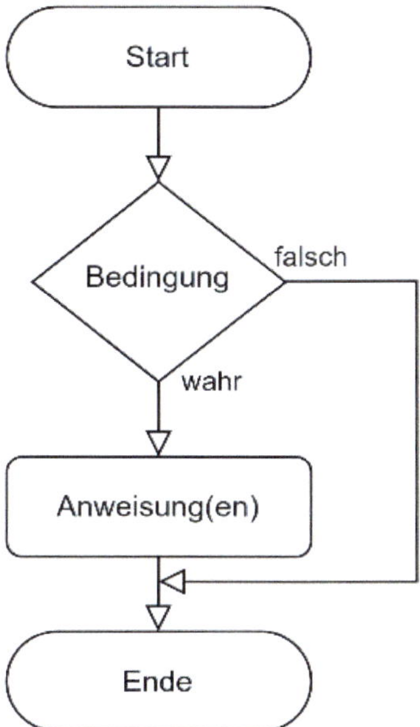

Abbildung 35: Das Flussdiagramm der if-Anweisung

Die Bedingung unserer if-Anweisung wird durch die length-Funktion gestellt. Wenn mit Zeichenketten, also Strings gearbeitet wird, dann muss man sehr oft die Länge der Zeichenkette, also die Anzahl der einzelnen Zeichen ermitteln. Dies wird über besagte Funktion, die Teil des String-Objekts ist, erreicht.

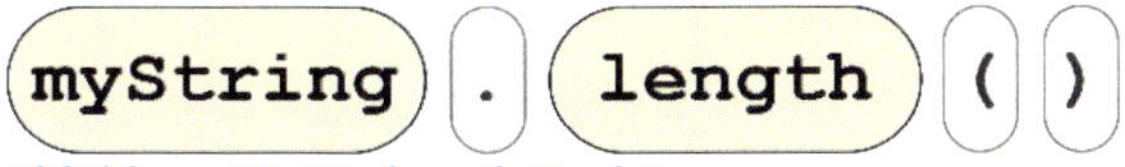

Abbildung 36: Die length-Funktion

In unserem Fall wird also überprüft, ob die Zeichenkette cmd weniger als drei Zeichen enthält. Wenn das der Fall ist, kommt es zu einer entsprechenden Fehlermeldung. Im Anschluss wird die Funktion über die return-Anweisung vorzeitig verlassen.

In Zeile 53 kommt es erneut zur Ausführung der if-Anweisung. Diesmal ist die Bedingung jedoch etwas komplexer geworden. Es soll überprüft werden, ob sich der angegebene Pin innerhalb der erlaubten Grenze von 0 bis 24 befindet. Ist das nicht der Fall, soll es zu einer entsprechenden Fehlermeldung kommen.

```
53    if((pin<0)||(pin>24)){
54      Serial.println("ERROR: Allowed Pin# 0 to 24");
55      return;
56    }
```

Abbildung 37: Eine zusammengesetzte if-Anweisung

Die beiden Bedingungen pin<0 beziehungsweise pin>24 sind dabei über einen logischen Oder-Operator miteinander verbunden, der durch zwei senkrechte Striche (Doppel-Pipe) erreicht wird. Wenn also entweder die erste oder die zweite Bedingung zutrifft, soll die Fehlermeldung ausgegeben werden. Nachfolgend ist eine Tabelle der logischen Operatoren zu sehen.

Operator	**Funktion**	**Erklärung**
||	OR-Operator	logische ODER-Verknüpfung
&&	AND-Operator	logische UND-Verknüpfung
!	NOT-Operator	logische NICHT-Verknüpfung

Tabelle 2: Logische Operatoren (Boolesche Operatoren)

In Zeile 58 wird die digitalRead-Funktion aufgerufen. Sie liefert den Pegel des betreffenden Pins als Rückgabewert zurück, der entweder LOW oder HIGH sein kann.

Abbildung 38: Die digitalRead-Funktion

In Zeile 60 kommt ein sehr interessantes Konstrukt zum Einsatz.

```
60    Serial.println(digitalValue == 0 ? "LOW" : "HIGH");
```

Es handelt sich um den sogenannten Fragezeichen- oder besser Bedingungs-Operator. Zuerst wird der Vergleich beziehungsweise die Bedingung aufgeführt. Darauf folgt das Fragezeichen ? und dann der Teil, der ausgeführt werden soll, wenn die Bedingung wahr ist. Hinter dem Doppelpunkt : wird der alternative Ausführungsteil genannt, der bei unwahrer Bewertung ausgeführt wird.

Abbildung 39: Der Bedingungsoperator

Bezogen auf unser konkretes Beispiel bedeutet es, dass wenn der Wert von digitalValue gleich 0 ist (die Bewertung ist wahr), "LOW" als Ergebnis zurückgegeben wird. Andernfalls ist "HIGH" der Rückgabewert.

Die setDigital-Funktion

Über die setDigital-Funktion wird der gewünschte Pin mit einem angegebenen Pegel versehen. Nachfolgend ist Teil 1 zu sehen.

```
// Set digital pin
void setDigital(String cmd){
  if(cmd.length()<3){
    Serial.println("INCOMPLETE: Which pin?");
    return;
  }
  int pos = cmd.indexOf("=");
  int pin = cmd.substring(2, pos).toInt();
  String level = cmd.substring(pos + 1, pos + 2);
  if(pos==-1){
    printErrorMessage(); return;
  }
  if(level !="0" && level !="1"){
    Serial.println("ERROR: Level must be 0 or 1");
    return;
  }
```

Abbildung 40: Die setDigital-Funktion - Teil 1

Nachfolgend ist Teil 2 zu sehen.

```
  pinMode(pin, OUTPUT); // Set pin to OUTPUT
  if(level == "0"){ // Set pin to LOW-Level
    digitalWrite(pin, LOW);
    Serial.print("SUCCESS: Set pin "); Serial.print(pin);
    Serial.println(" to LOW");
  } else if(level == "1"){ // Set pin to HIGH-Level
    digitalWrite(pin, HIGH);
    Serial.print("SUCCESS: Set pin "); Serial.print(pin);
    Serial.println(" to HIGH");
  } else printErrorMessage();
}
```

Abbildung 41: Die setDigital-Funktion - Teil 2

In Zeile 69 wird die indexOf-Funktion ausgerufen. Sie ist Teil des String-Objekts und dient dazu, ein Zeichen oder eine Zeichenfolge innerhalb einer anderen zu suchen. Sie sucht standardmäßig vom Anfang der Zeichenkette. Die Suche kann aber auch von einem bestimmten Index aus beginnen. Der zurückgegebene Wert zeigt auf die Anfangsposition in der zu durchsuchenden Zeichenkette. Ist die Suche nicht erfolgreich, so lautet der Rückgabewert -1.

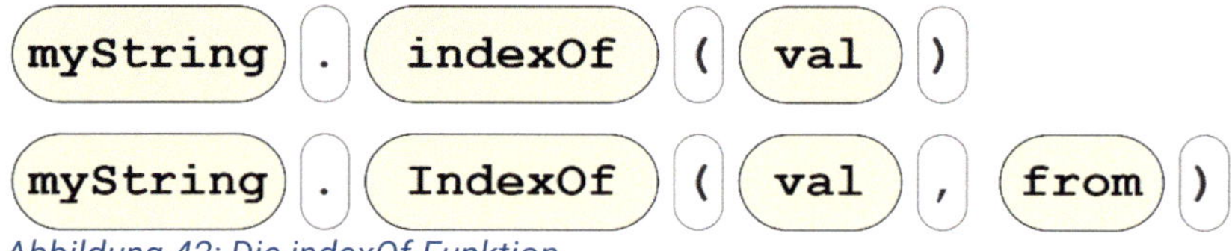

Abbildung 42: Die indexOf-Funktion

In den Zeilen 81 und 85 kommt der schon bekannte digitalWrite-Befehl zum Einsatz, der am betreffenden Pin den logischen Pegel LOW oder HIGH anlegt. Hier noch einmal die Übersicht zu diesem Befehl.

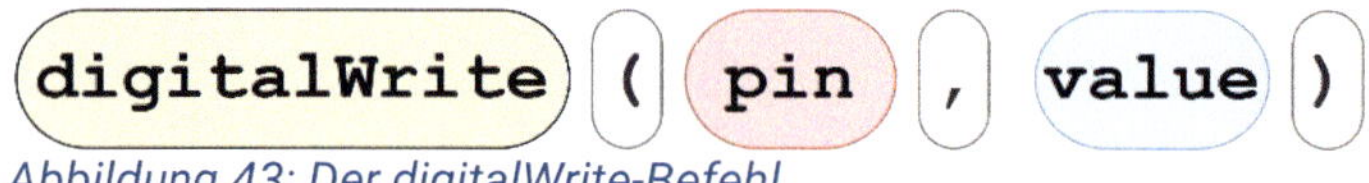

Abbildung 43: Der digitalWrite-Befehl

Ab Zeile 80 kommt eine Erweiterung der if-Anweisung zum Einsatz. Es gibt nicht nur die Bedingung Falls-Dann, sondern auch eine Erweiterung in Form von Falls-Dann-Sonst. In unserem Fall haben wir es in Zeile 84 sogar mit einer weiteren else-if-Anweisung zu tun, die in Zeile 88 mit der else-Anweisung endet.

Abbildung 44: Die if-else-Anweisung

Abschließend noch das entsprechende Flussdiagramm.

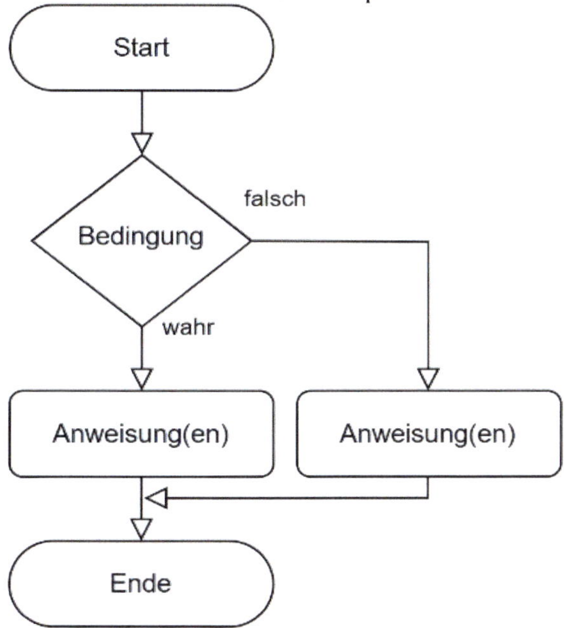

Abbildung 45: Das Flussdiagramm für die if-else-Anweisung

Die readAnalog-Funktion

Über die readAnalog-Funktion wird der analoge Wert des angegebenen Eingangs ausgelesen. Die erlaubten Werte erstrecken sich von A0 bis A7. Der Offset-Wert 17 in Zeile 103 ist dafür da, um den korrekten Wert für den betreffenden analogen Eingang bereitzustellen.

```
91   // Read analog pin
92   void readAnalog(String cmd){
93     if(cmd.length()<3){
94       Serial.println("INCOMPLETE: Which pin?");
95       return;
96     }
97     int pin = cmd.substring(2).toInt();
98     if(pin > 7){
99       Serial.println("ERROR: Allowed pins are 0 to 7");
100      return;
101    }
102    int analogValue = 0;
103    analogValue = analogRead(pin + 17);
104    Serial.print("SUCCESS: Read pin A"); Serial.print(pin); Serial.print(" is ");
105    Serial.println(analogValue);
106
107  }
```

Abbildung 46: Die readAnalog-Funktion

In Zeile 103 kommt der analogRead-Befehl zum Einsatz, der die am betreffenden Pin anliegende Spannung ermittelt und diesen als Wert zwischen 0 und 4095 an den Aufrufer zurückliefert.

Abbildung 47: Der analogRead-Befehl

Wie kann man von dem ermittelten Rückgabewert eigentlich auf die anliegende Spannung schließen? Dazu kann die folgende Formel verwendet werden.

$$Spannung = \frac{U_{Ref}}{Auflösung} \cdot Messwert$$

Wie groß sind jetzt aber die Referenzspannung und die Auflösung eines analogen Eingangs? Die Referenzspannung entspricht der Versorgungsspannung von 3,3V und die Auflösung beträgt 12 Bit, was einem Wert von 4096 entspricht. Die Versorgungsspannung muss also durch diesen Wert dividiert werden, um die kleinstmögliche Spannung zu ermitteln, die registriert werden kann. Sie entspricht 805,67 µV (µ bedeutet Millionstel) uns ist schon sehr klein.

$$Spannung = \frac{3{,}3V}{2^{12}} \cdot Messwert = \frac{3{,}3V}{4096} \cdot Messwert$$

Setzen wir doch jetzt einmal den Messwert von 2048 ein, der der Hälfte von 4096 entspricht. Demnach müsste auch die Hälfte von 3,3V als Ergebnis herauskommen, was natürlich stimmt!

$$Spannung = \frac{3{,}3V}{4096} \cdot 2048 = 1{,}65V$$

Wie komme ich bei der Angabe des Pins in besagter Zeile 103 gerade auf den Wert 17, der zum Pin addiert wird? Nun, wenn man sich den Quellcode ansieht und zum Beispiel den analogRead-Befehl mit dem Pin A0 versieht und dann mit dem Mauszeiger über A0 fährt, so zeigt sich der folgende Tooltip. A0 besitzt den Ganzzahlwert 17.

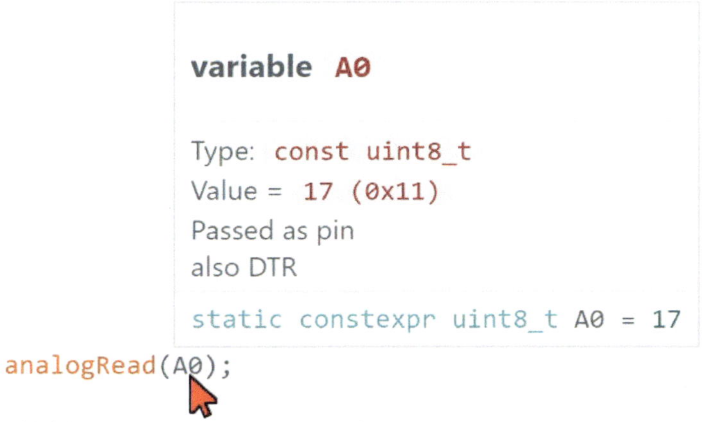

```
variable A0

Type: const uint8_t
Value = 17 (0x11)
Passed as pin
also DTR

static constexpr uint8_t A0 = 17
analogRead(A0);
```

Abbildung 48: Der Ganzzahlwert des analogen Eingangs A0

Für jeden weiteren analogen Eingang A1, A2, A3 und so weiter wird dieser Wert immer um 1 erhöht.

Die setAnalog-Funktion

Über die setAnalog-Funktion wird der vermeintlich analoge Wert eines digitalen Pins mit dem PWM-Signal gesteuert. Der Arduino Nano ESP32 verfügt über keine analogen Ausgangs-Pins, sodass hier die Puls-Weiten-Modulation verwendet wird.

```
109   // Set digital pin (PWM)
110   void setAnalog(String cmd){
111     if(cmd.length()<3){
112       Serial.println("INCOMPLETE: Which pin?");
113       return;
114     }
115     int pos = cmd.indexOf("=");
116     int pin = cmd.substring(2, pos).toInt();
117     int level = cmd.substring(pos + 1).toInt();
118     if(pos==-1){
119       printErrorMessage(); return;
120     }
121     pinMode(pin, OUTPUT); // Set pin to OUTPUT
122     if((level>=0) && (level<256) && ((pin>=0) && (pin<=24))){
123       analogWrite(pin, level);
124       Serial.print("SUCCESS: Set pin "); Serial.print(pin);
125       Serial.print(" to PWM "); Serial.println(level);
126     } else{
127       Serial.println("ERROR: Allowed PWM pins are 0 to 24");
128       Serial.println("       Allowed PWM level 0 to 255");
129     }
130   }
```
Abbildung 49: Die setAnalog-Funktion

In Zeile 123 kommt der analogWrite-Befehl zum Einsatz, der den betreffenden Pin mit einem PWM-Signal versorgt.

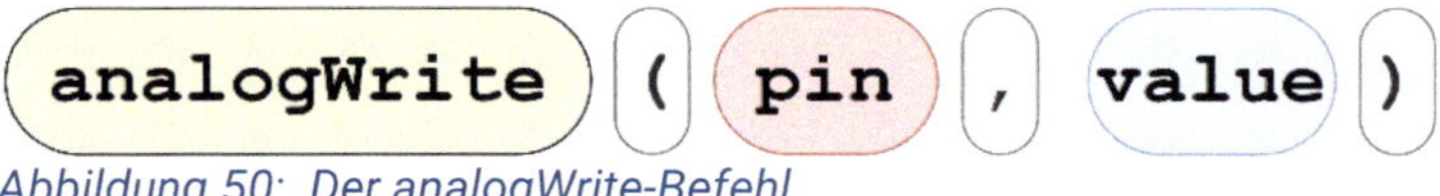

Abbildung 50: Der analogWrite-Befehl

Der zulässige Wert für das PWM-Signal darf von 0 bis 255 reichen. Die Grundlagen zu PWM wurden im Kapitel über digitale Pins erläutert.

Die printHelp-Funktion

Mittels der printHelp-Funktion wird ein Hilfetext angezeigt, der die Nutzung der einzelnen Befehle erläutert.

```
// Print Help-Information
void printHelp(){
  Serial.println("\nSupported commands:\n");
  Serial.println("-- DIGITAL --");
  Serial.println("  dw3=1    : digital write pin 3 to HIGH");
  Serial.println("  dw6=0    : digital write pin 6 to LOW");
  Serial.println("  dr2      : digital read pin 2 -> Response is LOW or HIGH");
  Serial.println("  dr8      : digital read pin 8 -> Response is LOW or HIGH");
  Serial.println("-- ANALOG --");
  Serial.println("  aw5=20    : analog write digital pin 5 to PWM-Level 20");
  Serial.println("  aw6=230   : analog write digital pin 6 to PWM-Level 230");
  Serial.println("            : allowed Pins are 0 to 7");
  Serial.println("            : allowed PWM range from 0 to 255");
  Serial.println("  ar0       : analog read of pin A0");
  Serial.println("  ar3       : analog read of pin A3");
  Serial.println("            : allowed Pins are 0 to 7");
  Serial.println("-- OTHER --");
  Serial.println("  ?    - print this help message");
}
```

Abbildung 51: Die printHelp-Funktion

Die printErrorMessage-Funktion

Über die printErrorMessage-Funktion wird signalisiert, dass ein Fehler bei der Eingabe eines Kommandos erkannt wurde.

```
void printErrorMessage()
{
  Serial.println("ERROR. Type '?' for help!");
}
```

Abbildung 52: Die printErrorMessage-Funktion

Bevor wir zu einigen konkreten Beispielen kommen, sehen wir uns zuerst einmal einen Schaltplan an.

Der Schaltplan

Der folgende Schaltplan gibt uns die Möglichkeit, alle Manipulationen des Sketches zu überprüfen. Dazu sind drei LEDs (LED1, LED2, LED3), ein Potentiometer (P1) und ein Schalter (S1) vorhanden. Hinsichtlich des Schalters S1 habe ich einen Pulldown-Widerstand eingesetzt, was auch über die Aktivierung des internen Pullup-Widerstands und die Umkehrung der Logik geht.

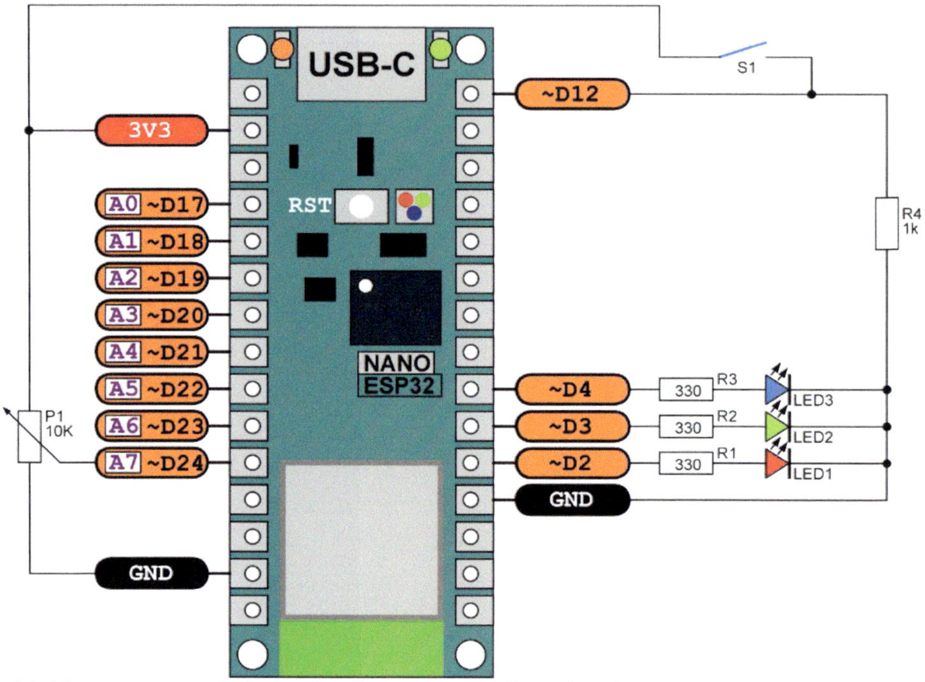

Abbildung 53: Der Schaltplan für den Arduino-Talker-Sketch

Der Arduino Talker - Digital Write

Der erste Test soll die LED1 an D2 zum Leuchten bringen. Wir müssen also nach dem Hochladen des Sketches im Serial Monitor das Folgende eingeben, was hier rot umrandet ist.

Abbildung 54: Das Arduino-Talker-Kommando zum Anschalten der LED an D2

Als Ergebnis wird folgende Meldung zurückgeliefert.

Abbildung 55: Die Rückmeldung des Arduino Talkers

Auf dem Schaltungsaufbau gestaltet sich das dann wie folgt.

Abbildung 56: Der Schaltungsaufbau für den Arduino Talker - die LED an D2 leuchtet

Der Arduino Talker - Digital Read

Der zweite Test soll den Status an Pin D12 abfragen. Ich habe hier der Einfachheit halber eine Drahtbrücke der Versorgungsspannung direkt mit dem Pin D12 verbunden, was einem HIGH-Pegel entspricht.

Abbildung 57: Die Drahtbrücke von Vcc zu D12

Die Eingabe in den Serial Monitor lautet

Abbildung 58: Das Arduino-Talker-Kommando zum Abfragen des Pegels an D12

Als Ergebnis wird folgende Meldung zurückgeliefert.

Abbildung 59: Die Rückmeldung des Arduino Talkers

Der Arduino Talker - Analog Read

Kommen wir zum analogen Teil und der Abfrage des analogen Werts am Eingang A7. Ich sollte vorausschicken, dass die Auflösung der analogen Eingänge 12-Bit betragen, was eine Abstufung von 4096 Werten ermöglicht. Der Wertebereich erstreckt sich demnach von 0 bis 4095. Ich habe das Potentiometer ganz nach links gedreht und dann das folgende Kommando angesetzt.

Abbildung 60: Das Arduino-Talker-Kommando zum Abfragen des analogen Pegels an A7

Als Ergebnis wird folgende Meldung zurückgeliefert. Es ist der Wert 0 zu sehen.

Abbildung 61: Die Rückmeldung des Arduino Talkers

Nun drehe ich das Potentiometer ganz nach rechts und setzte das Kommando noch einmal ab. Die Rückmeldung schaut dann wie folgt aus. Es ist der Maximalwert 4095 zu sehen.

Abbildung 62: Die Rückmeldung des Arduino Talkers

Bei allen anderen Potentiometerstellungen werden entsprechende Werte zwischen 0 und 4095 angezeigt.

Der Arduino Talker - Analog Write

Letztendlich sehen wir uns nun die PWM-Ansteuerung an. Ich möchte das PWM-Signal an Pin 3 auf 20 setzen. Dazu wird das folgende Kommando abgesetzt.

Abbildung 63: Das Arduino-Talker-Kommando zum Setzen des PWM-Pegels am digitalen Pin 3

Die Rückmeldung schaut dann wie folgt aus.

Abbildung 64: Die Rückmeldung des Arduino Talkers

Die rote LED an Pin 3 leuchtet schwach auf. Je höher dieser Wert wird (maximal 255), desto heller leuchtet die LED.

Die Handshake-Leitungen

Ich möchte es nicht versäumen, der Vollständigkeit halber noch auf weitere Leitungen der seriellen Schnittstelle einzugehen. Diese werden, wie wir gesehen haben, bei der Arduino-Kommunikation nicht benötigt. Derartige Verbindungen werden Handshake-Leitungen (Handshake = Handschlag) genannt und kommen in den Bereichen der Kommunikations- und Netzwerksicherheit zum Einsatz. Im Grunde genommen bestätigen sich durch dieses Verfahren Sender und Empfänger gegenseitig eine vertrauenswürdige Verbindung. Es gibt unterschiedliche Handshake-Verfahren, die zu nennen etwas den Rahmen sprengen würden. Kurz gesagt ist der Zweck eines Handshakes die Sicherstellung der Informationsübertragung ohne Datenverlust oder Kompromittierung (mögliche Manipulierung der Daten). Beim erstmaligen Verbindungsaufbau quittieren sich Sender und Empfänger zunächst die gesendeten Daten und diese Quittierung ist für beide ein Zeichen der Bereitschaft zur Kommunikation. Auf einem FTDI-Adapter sind neben den bekannten RX- und TX-Leitungen noch zwei weitere vorhanden, die sich CTS (Clear to Send) und DTR (Data Terminal Ready) nennen, für uns aber keine Rolle spielen.

Der SPI-Bus - noch eine serielle Schnittstelle

Kommen wir nun zu einer weiteren seriellen Schnittstelle, die sich SPI nennt. SPI ist die Abkürzung für Serial Peripheral Interface und ist ein synchroner serieller Bus, der von der Firma Motorola entwickelt wurde, um zwischen integrierten Schaltkreisen mit möglichst wenigen Leitungen Daten auszutauschen. SPI bezeichnet nicht nur den Bus, sondern auch das Protokoll. Wir erinnern uns, dass die zuvor vorgestellte serielle Schnittstelle ein asynchrones Verhalten vorweist, also ohne einen zusätzlichen Takt auskommt. Der SPI-Bus arbeitet synchron, was zur Folge hat, dass ein Takt eine entscheidende Rolle spielt. Mit diesem Bus können digitale Schaltungen nach dem Master-Slave-Prinzip miteinander verbunden werden.

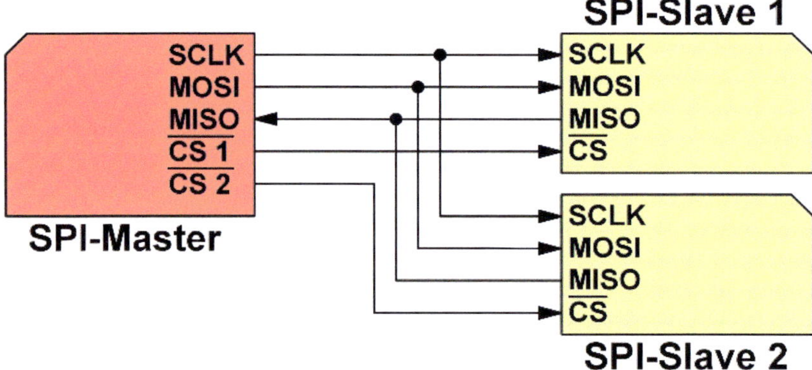

Abbildung 65: Das Master-Slave-Prinzip des SPI-Busses

Es existieren vier Leitungen, die vom Master zum Slave oder auch zu mehreren Slaves führen. Wie aber funktioniert SPI? Damit eine Kommunikation zustande kommt, müssen Daten in beide Richtungen fließen, also vom Master zum Slave und umgekehrt. Das alles erfolgt über zwei getrennte Leitungen.

- *MOSI* (Master-Out-Slave-In)
- *MISO* (Master-In-Slave-Out)

Für jede Richtung wird eine einzige Leitung benötigt. Die Datenübertragung erfolgt zwischen den beiden Bus-Teilnehmern synchron und seriell. Da der Master der Hauptverantwortliche bei dieser Kommunikation ist, wird die MOSI-Signalleitung auch als Serial-Data-Out, kurz DO bezeichnet, wobei die MISO-Signalleitung im Gegensatz dazu als Serial-Data-In, kurz DI arbeitet. Nun können diese Signale nicht einfach auf den Bus gelegt werden. Es fehlt eine Synchronisationsinstanz, damit alle wissen, wann welche Signale kommen, wann sie zeitlich beginnen beziehungsweise enden. Aus diesem Grund gibt es die SCLK-Leitung (Serial Clock), die quasi den Schiebetakt vom Master zum Slave und umgekehrt vorgibt, vergleichbar mit dem Paukenschlag auf einer Galeere. Mit jedem Clock-Impuls wird ein Daten-Bit über die MOSI-Leitung vom Master zum Slave beziehungsweise auf der MISO-Leitung vom Slave zum Master übertragen. Zu guter Letzt müssen noch die am Bus angeschlossenen Teilnehmer (Slave) ausgewählt werden, damit klar ist, zu wem eine Kommunikation aufgebaut werden soll. Dafür ist die CS-Leitung (Chip Select), die auch in manchen Fällen SS-Leitung (Slave Select) genannt wird, verantwortlich. Auf der letzten Abbildung sind zwei Slaves vorhanden, die über den Master mittels CS1 und CS2 ausgewählt werden.

Die SPI-Schnittstelle wird am besten an einem konkreten Beispiel erläutert und ich habe mich dazu entschieden, einen sogenannten A/D-Converter zu verwenden. Es handelt sich um einen integrierten Baustein, der analoge Spannungen in digitale Signale wandelt, die dann später zu weiteren Berechnungen genutzt werden können. Diese Werte müssen in irgendeiner Form an den Mikrocontroller übermittelt werden. In vergangenen Tagen wurde das über eine Umwandlung in ein entsprechendes Binärformat beziehungsweise eine Bit-Kombination gemacht. Eine höhere Auflösung war mit einer größeren Anzahl von Bits verbunden, was auf Kosten der zur Verfügung stehenden Pins an einem Baustein ging. Später hat man die Daten seriell, also hintereinander, übertragen, was ein Schritt in die richtige Richtung bedeutete. Dieses Verfahren wird auch heute noch verwendet, und ich möchte gleich ein serielles Verfahren zeigen, über das die analogen Daten vom Sensor zum Mikrocontroller übertragen werden. Doch zuerst komme ich zu dem integrierten Baustein, der die ganze Arbeit der Messwerterfassung für uns übernimmt. Seine Bezeichnung lautet MCP3208 mit einer 12-Bit-Auflösung und sieht wie folgt aus.

Abbildung 66: Der A/D-Wandler MCP3208

Es handelt sich um besagten Baustein, der in einem DIL-Gehäuse (Dual In Line) untergebracht ist und sechzehn Beinchen besitzt. Er übermittelt seine Messwerte über die SPI-Schnittstelle. Aha, die SPI-Schnittstelle, was für ein Zufall! Nachfolgend ist die Internetadresse zu sehen, unter der das Datenblatt eingesehen werden kann.

http://ww1.microchip.com/downloads/en/devicedoc/21298e.pdf

Der Vollständigkeit halber passend zum gezeigten IC hier schon mal die Pin-Belegung.

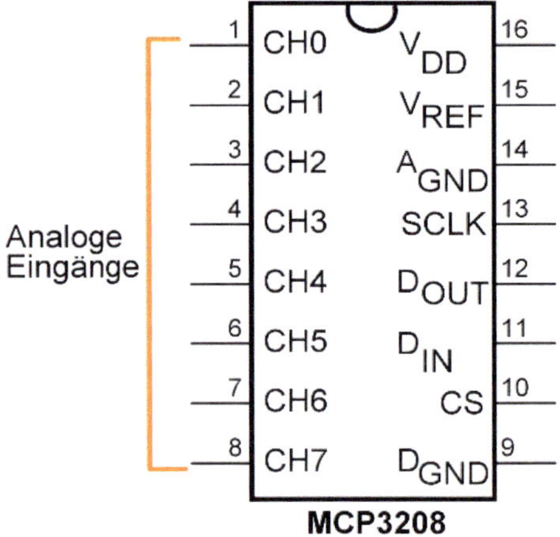

Abbildung 67: Die Pin-Belegung des Analog/Digital-Wandlers MCP3208

Der integrierte Schaltkreis ist schön symmetrisch aufgebaut, sodass sich die analogen Eingänge aus dieser Sicht allesamt auf der linken Seite befinden. Auf der rechten Seite müssen wir die Spannungsversorgung und die Steuerleitungen anschließen. Das ist aber absolut kein Hexenwerk. Schauen wir uns die Leitungen auf der rechten Seite des Bausteins an.

- V_{DD}- Spannungsversorgung: 3,3V
- V_{REF}- Referenzspannung: 3,3V
- A_{GND}- Analoge Masse
- SCLK- Clock
- D_{OUT}- Data-Out vom MCP3208
- D_{IN}- Data-In vom XIAO-Board
- CS- Chip-Select, LOW-Aktiv
- D_{GND}- Digitale Masse

Die eigentliche Kommunikation findet über die beiden Leitungen DOUT und DIN statt. Die analogen Eingänge befinden sich auf der linken Seite des Bausteins, wobei die einzelnen Pins die Bezeichnung CH0 bis CH7 besitzen. Es handelt sich um die acht Kanäle des A/D-Wandlers. Wie die Kanäle anzusteuern sind, wird im Schaltplan zu sehen sein, der gleich folgt. Der Pin VREF wurde bei uns mit 3,3V versehen, sodass die Eingangsspannung von 0V bis 3,3V schwanken darf. Die Frage, die sich uns an dieser Stelle aufdrängt, ist die folgende: Wenn wir eine 12-Bit-Auflösung haben, wie groß beziehungsweise klein ist die Spannung pro Bit? Schauen wir zuerst einmal, wie viele unterschiedliche Bit-Kombinationen wir mit zwölf Bits erreichen können. Dies wird über die folgende Formel berechnet.

$$Anzahl\ der\ Bitkombinationen = 2^{Anzahl\ der\ Bits}$$

$$Anzahl\ der\ Bitkombinationen = 2^{12} = 4096$$

Wenn wir die Referenzspannung von 3,3V durch diesen Wert dividieren, erhalten wir den Spannungswert pro Bit-Sprung.

$$U = \frac{U_{REF}}{4096} = \frac{3{,}3V}{4096} = 805{,}66\mu V$$

Der MCP3208 kann mit einer Versorgungsspannung zwischen 2,7V und 5,5 V betrieben werden. Zur Festlegung des Messbereichs muss zusätzlich eine Referenzspannung angelegt werden, wobei eine kleine Referenzspannung eine genauere Messung für kleine analoge Eingangssignale ermöglicht und deshalb auch sinnvoll ist. Doch bevor es weitergeht, sollten wir uns zuerst etwas mit dem SPI-Protokoll auseinandersetzen. Der CS-Pin (Chip Select) ist LOW-aktiv und auf der folgenden Abbildung ist ein Auszug aus dem Datenblatt Seite 21 des Herstellers zu sehen.

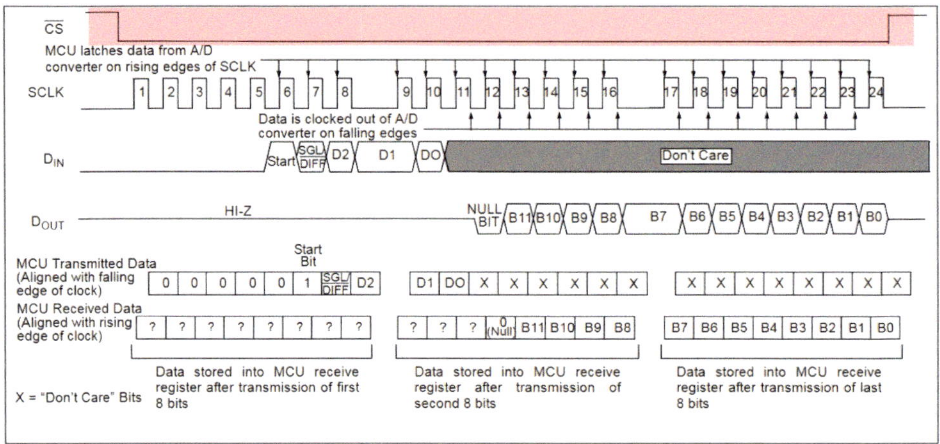

Abbildung 68: SPI-Kommunikation mit dem MCP3208 (Quelle: Datenblatt d. Herstellers) - Teil 1

Es ist wunderbar zu erkennen, dass das CS-Signal einen HIGH-LOW-Pegelwechsel erfahren muss, damit die weitere Kommunikation fortgeführt werden kann. In der Zeile darunter sehen wir das Clock-Signal, das als Vorbereitung auf LOW-Pegel gesetzt wird. Genau diese beiden notwendigen Zustände müssen vorliegen, bevor es weitergehen kann. Im nächsten Schritt muss der Mikrocontroller eine Abfrage an den MCP3208 versenden, um welchen analogen Eingang es sich denn handelt, von dem die Daten gelesen werden sollen. Die Anfrage wird vom Mikrocontroller vom MOSI-Pin an DI des MCP3208 versendet.

Abbildung 69: SPI-Kommunikation mit dem MCP3208 (Quelle: Datenblatt d. Herstellers) - Teil 2

Der rot markierte Bereich wird als Befehl an den MCP3208 verschickt und setzt sich aus unterschiedlichen Informationen zusammen.

- Start-Bit
- SGL/DIFF (Single/Difference)
- AD-Kanal (D2, D1 und D0)

Das Start-Bit kennzeichnet den Anfang der Übertragung, gefolgt vom Bit, das Aufschluss darüber gibt, ob ein einzelner Kanal (Single) ausgewählt oder ein Differenzwert zu einem anderen Kanal gebildet werden soll. Wir nutzen den Single-Mode für einen einzelnen Kanal. Am Ende wird der angeforderte AD-Kanal angefügt. Die Antwort des MCP3208 erfolgt vom DO-Pin an den MISO-

Pin des Mikrocontrollers. Es sind die besagten 12 Bits zu sehen, die den gemessenen analogen Wert repräsentieren.

Abbildung 70: SPI-Kommunikation mit dem MCP3208 (Quelle: Datenblatt d. Herstellers) - Teil 3

Ich habe einen entsprechenden Code genutzt, um ein analoges Signal an Kanal 3 zu versenden. So weit nun die Theorie. Jetzt werden wir konkret und einiges ist noch zu erledigen, bevor es endlich losgehen kann.

Der MCP3208-Schaltplan

Um eine ungefähre Vorstellung zu bekommen, wie das XIAO-Board und der MCP3208 zusammenarbeiten, werfen wir einen kurzen Blick auf den Schaltplan.

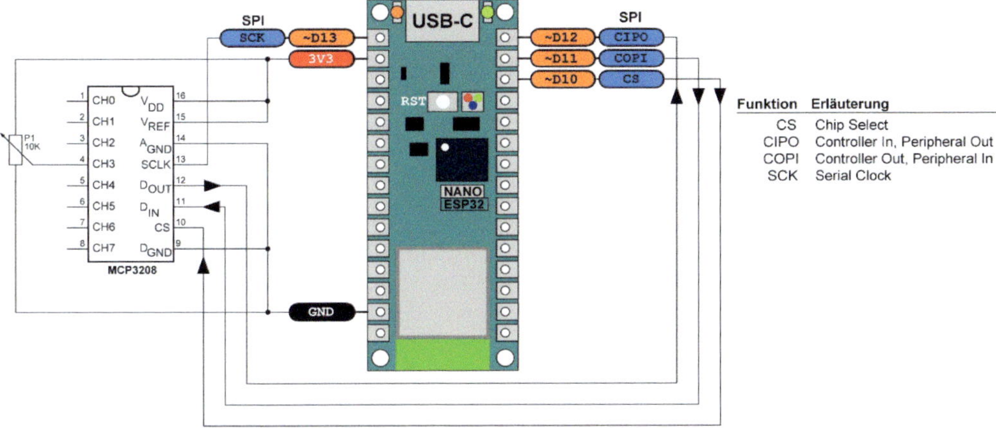

Abbildung 71: Der Schaltplan zur Abfrage des MCP3208

Mal wieder wird ein eigenes Süppchen hinsichtlich der eigentlich genormten Bezeichnungen für die SPI-Signale gekocht. Die Signale CIPO und COPI entsprechen den bisher verwendeten Signalen MISO beziehungsweise MOSI.

Der Schaltungsaufbau mit dem MCP3208

Auf der folgenden Abbildung ist der Schaltungsaufbau mit dem MCP3208 zu sehen.

Abbildung 72: Der Schaltungsaufbau mit dem MCP3208

Die Nutzung einer fertigen SPI-Bibliothek für den MCP3208

Damit die Programmierung und Abfrage des MCP3208 auch wirklich so einfach wie möglich erfolgen kann, gibt es fertige Bibliotheken, auch Libraries genannt. Im ersten Schritt werden wir die entsprechende Library hinzufügen. Ich habe mich für die MCP3208-Unterstützung von Patrick Rogalla entschieden und einen entsprechenden Suchbegriff eingegeben.

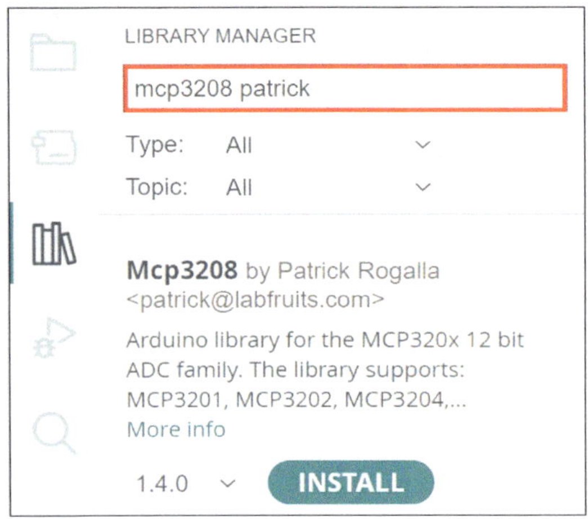

Abbildung 73: Nach einer MCP3208-Library suchen

Nach dem Click auf die INSTALL-Schaltfläche wird die Library installiert.

Der AD-Wandler-Code

Ich nutze für das Experiment aus dem Menü Files>Examples>MCP3208 den Beispiel-Sketch adc_sample.ino, den ich hinsichtlich des CS-Pins modifiziert habe. Der CS-Pin ist nicht fest vorgegeben und kann auf jeden beliebigen GPIO-Pin gelegt werden. Zusätzlich habe ich den AD-Kanal von 0 auf 3 angepasst. Sehen wir uns den Sketch in Teilen an. In den Zeilen 1 bis 5 werden erforderliche Libraries eingebunden und Konstanten definiert. Das CS-Signal wird von Pin 10 geliefert. Die Referenzspannung wird mit 3300 auf den Spannungswert von 3,3V gesetzt und die Frequenz des Takts mit 1,6 MHz vorgegeben.

```
1   #include <SPI.h>
2   #include <Mcp320x.h>
3   #define SPI_CS      10        // SPI slave select
4   #define ADC_VREF    3300      // 3.3V Vref
5   #define ADC_CLK     1600000   // SPI clock 1.6MHz
```

In den Zeilen 1 und 2 wird die sogenannte Preprozessor-Direktive #include verwendet. Ähnlich wie bei #define wird auch hier am Ende einer Zeile kein Semikolon gesetzt. Die in spitzen Klammern aufgeführten Header-Dateien (Dateiendung .h) beziehen sich auf Systemdateien und es werden die Bibliothekspfade nach der angegebenen Datei durchsucht. Ist der Dateiname in doppelte Anführungszeichen eingeschlossen, wird die Header-Datei zuerst im lokalen Sketch-Ordner gesucht. Wird dieser nicht gefunden, erweitert sich die Suche auf die Bibliothekspfade.

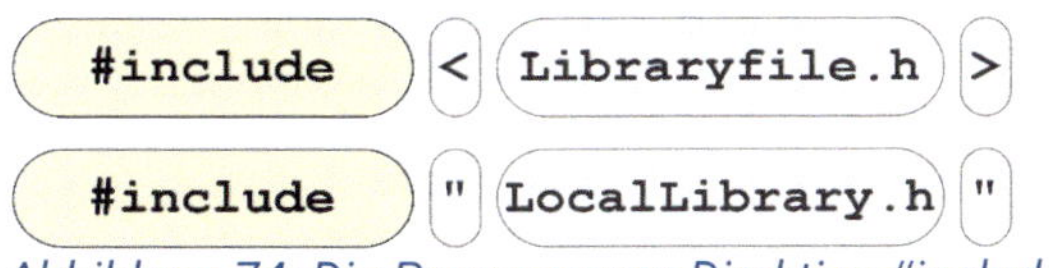

Abbildung 74: Die Preprozessor-Direktive #include

#include wird verwendet, um externe Bibliotheken in den Sketch mit aufzunehmen. Dadurch wird der Zugriff auf eine große Gruppe von Standard-C-Bibliotheken (Gruppen vorgefertigter Funktionen) ermöglicht. Zudem sind speziell für Arduino geschriebene Bibliotheken verfügbar. In Zeile 1 wird die SPI-Unterstützung eingebunden und in Zeile 2 die des MCP3208-Bausteins.

In Zeile 7 wird eine Instanz der Klasse MCP3208 gebildet und mit den Werten der Referenzspannung und des CS-Signals initialisiert. Innerhalb der setup-

Funktion werden benötige Signale initialisiert, auf die ich mit Verweis auf die Kommentare nicht detailliert eingehe.

```
7   MCP3208 adc(ADC_VREF, SPI_CS);
8
9   void setup() {
10    // configure PIN mode
11    pinMode(SPI_CS, OUTPUT);
12    // set initial PIN state
13    digitalWrite(SPI_CS, HIGH);
14    // initialize serial
15    Serial.begin(115200);
16    // initialize SPI interface for MCP3208
17    SPISettings settings(ADC_CLK, MSBFIRST, SPI_MODE0);
18    SPI.begin();
19    SPI.beginTransaction(settings);
20  }
```

Über die kontinuierlich ausgeführte loop-Funktion wird der analoge Kanal abgefragt und entsprechende Meldungen an die serielle Schnittstelle weitergeleitet. Der gewünschte Kanal ist in Zeile 28 mit der Angabe von SINGLE_3 festgelegt worden. Ansonsten sind keine Modifikationen für einen ersten Test erforderlich.

```
22  void loop() {
23    uint32_t t1;
24    uint32_t t2;
25    // start sampling
26    Serial.println("Reading...");
27    t1 = micros();
28    uint16_t raw = adc.read(MCP3208::Channel::SINGLE_3);
29    t2 = micros();
30    // get analog value
31    uint16_t val = adc.toAnalog(raw);
32    // readed value
33    Serial.print("value: ");
34    Serial.print(raw);
35    Serial.print(" (");
36    Serial.print(val);
37    Serial.println(" mV)");
38    // sampling time
39    Serial.print("Sampling time: ");
40    Serial.print(static_cast<double>(t2 - t1) / 1000, 4);
41    Serial.println("ms");
42    delay(2000);
43  }
```

Nach dem Aufruf des Serial Monitors werden die gemessenen Werte dort angezeigt, wobei ich natürlich etwas am Potentiometer gedreht habe, um unterschiedliche Messwerte zu erreichen.

```
Output    Serial Monitor ×

Message (Enter to send message to 'Arduino Nano ESP32' on 'COM42')

value: 1807 (1456 mV)
Sampling time: 0.0230ms
Reading...
value: 3525 (2840 mV)
Sampling time: 0.0230ms
Reading...
value: 3683 (2967 mV)
Sampling time: 0.0230ms
```

Abbildung 75: Die Ausgabe der Messwerte im Serial Monitor

Doch wie sehen eigentlich die Kommunikation beziehungsweise die Signale auf dem SPI-Bus aus? Ich habe zu diesem Zweck das Potentiometer auf einen festen Wert von 3354 eingestellt.

```
Reading...
value: 3354 (2702 mV)
Sampling time: 0.0230ms
```

Der Logic-Analyzer meldet dazu Folgendes zurück.

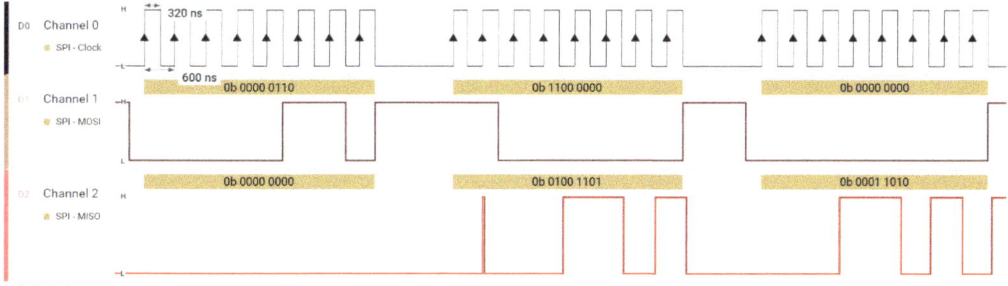

Abbildung 76: Die Signale des SPI-Busses

Wie um Himmels Willen können wir hier etwas Sinnvolles entdecken, was auch nur annähernd in die Richtung von 3354 weist und das auch noch für Kanal 3? Stimmt denn die im Code vorgegebene Taktrate von 1,6 MHz? Es wird eine Impulsdauer von 600ns (1ns = 10-9s) angezeigt. Bildet man den Kehrwert aus der Impulsdauer zur Berechnung der Frequenz, dann ergibt sich 1,6 MHz, was passt! Beschäftigen wir uns jetzt mit der Versendung des MOSI-Signals vom Mikrocontroller zum MCP3208, was ja in irgendeiner Weise auf den Kanal 3 hindeuten muss. Im oberen Bereich habe ich dazu noch einmal den Auszug des offiziellen Datenblattes abgebildet und darunter die aufgezeichneten Werte des Logic-Analyzers. Während des Takts 6, 7 und 8 werden für die benötigte Information die letzten drei Bits genutzt und von Takt 9 und 10 die ersten beiden, um darüber eine gültige Bit-Kombination zu erhalten, wie das auf der folgenden Abbildung zu erkennen ist.

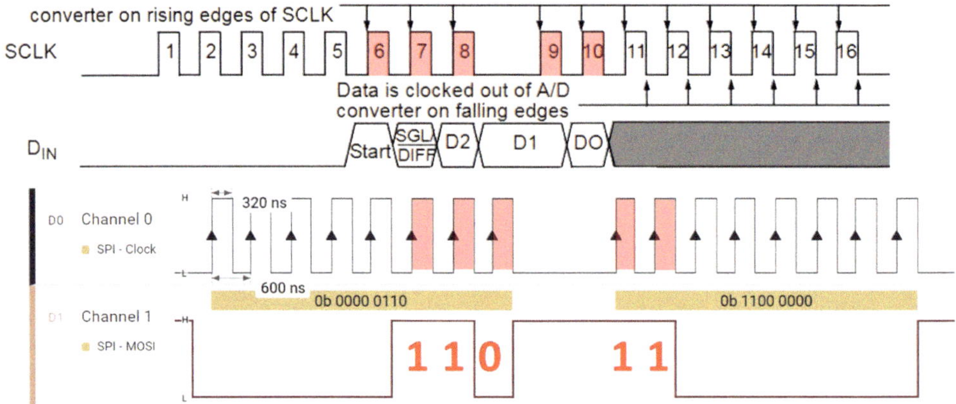

Abbildung 77: Die Zusammenstellung der Bits für Modus und Kanal

Als Ergebnis erhält man folgende Bit-Kombination, die ich auch schon in der unteren Zeile von Channel 1 für MOSI rot markiert habe und die - bis auf das Start-Bit – Kontroll-Bits bilden.

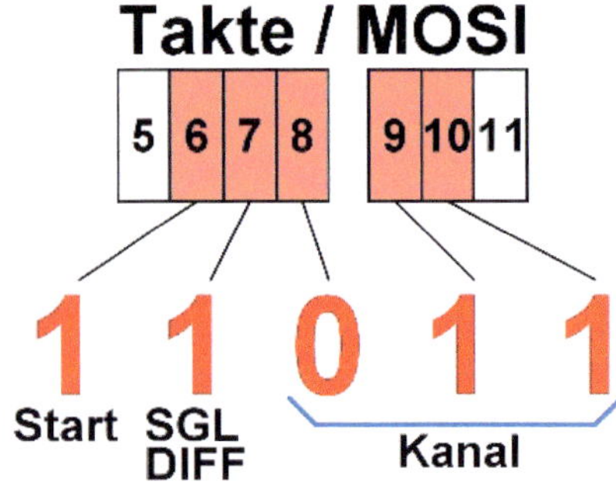

Ganz links bei Takt 6 ist das Start-Bit zu sehen, gefolgt vom Modus und den drei nachfolgenden Kanal-Bits (binär: 011 = dezimal: 3). Besitzt das Modus-Bit den Wert 1, arbeitet der MCP3208 im Single-Modus, bei dem nur ein einziger Kanal berücksichtigt wird. Sehen wir uns diesbezüglich eine Tabelle aus dem Datenblatt Seite 19 an.

TABLE 5-2: CONFIGURATION BITS FOR THE MCP3208

Control Bit Selections				Input Configuration	Channel Selection
Single /Diff	D2	D1	D0		
1	0	0	0	single-ended	CH0
1	0	0	1	single-ended	CH1
1	0	1	0	single-ended	CH2
1	0	1	1	single-ended	CH3
1	1	0	0	single-ended	CH4
1	1	0	1	single-ended	CH5
1	1	1	0	single-ended	CH6
1	1	1	1	single-ended	CH7

Abbildung 78: Configuration-Bits für den MCP3208 (Quelle: Datenblatt des Herstellers)

Kommen wir jetzt zur Rückmeldung vom MCP3208 an den Mikrocontroller über die MISO-Leitung.

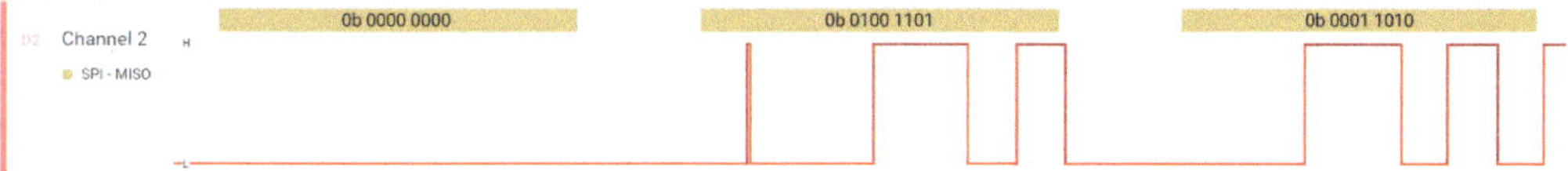

Abbildung 79: Die Messwert-Informationen

Es liegen auf der MISO-Leitung die in der Abbildung zu sehenden Informationen vor. Konzentrieren wir uns auf die beiden Binärkombinationen und erinnern uns, dass der MCP3208 eine 12-Bit-Auflösung bietet. Nun müssen wir bedenken, dass man mit 8 Bits, also einem Byte lediglich Werte von 0 bis 255 darstellen kann. Da es aber mit 12 Bits möglich ist, einen Wertebereich von 0 bis 4095 abzudecken, klappt das nicht mit einem einzigen Byte. Es muss ein zusätzliches Byte her, das das sogenannte MSB (Most-Significant-Byte) bildet und im Zusammenspiel mit dem anderen Byte, das LSB (Least-Significant-Byte) genannt wird, den eigentlichen Messwert speichert. Sehen wir uns die Übertragung des MISO-Signals genauer an. Zuerst wird das MSB und dann das LSB übertragen. Es ist zu bedenken, dass vom MSB lediglich die untersten 4 Bits eine Berücksichtigung finden. Über die gezeigte Formel wird der Messwert berechnet.

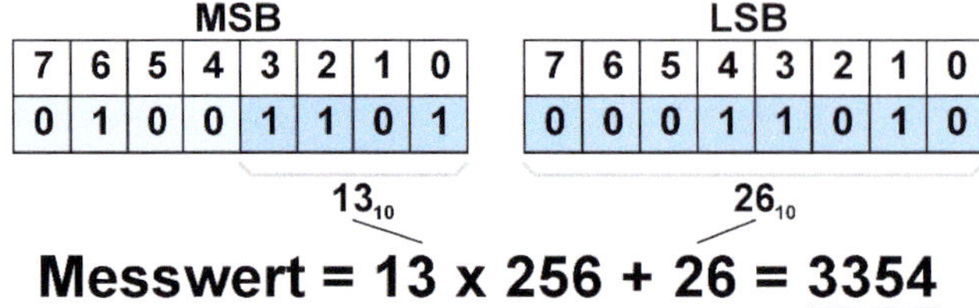

Abbildung 80: Die Berechnung des Messwertes aus 2 Bytes des MISO-Signals

Der I²C-Bus

In diesem Kapitel möchte ich ein weiteres Bus-System vorstellen, das zur Kommunikation zwischen elektronischen Komponenten verwendet wird. Wir haben den A/D-Wandler MCP3208 mit dem SPI-Bus kennengelernt. Dieses Bus-System verwendet zur Kommunikation 4 Leitungen (MOSI, MISO, CS und SCLK). Es gibt jedoch noch ein weiteres System, das in die Kategorie Zwei-Draht-Bus-Systeme fällt, obwohl der SPI-Bus genau genommen ein Vier-Draht-Bus-System ist. Der Name lautet I²C und es handelt sich ebenfalls um einen seriellen und synchronen Bus, der im Jahre 1979 von Philips Semiconductors entwickelt wurde. I²C steht für Inter-Integrated Circuit und wird I-Quadrat-C ausgesprochen. Für dieses Bus-System kursiert noch ein weiterer Name, der durch andere Firmen etabliert wurde. Aufgrund der zwei Leitungen hat sich der Name Two-Wire-Interface – kurz TWI – durchgesetzt. Der I²C-Bus folgt ebenfalls dem Master-Slave-Prinzip. Auf dem Bus gibt es einen Master, der die Kommunikation steuert, was bedeutet, dass er für die Generierung des Clock-Signals auf der SCL-Leitung verantwortlich ist. Der Slave oder die Slaves empfangen dieses Signal und reagieren entsprechend darauf. Sehen wir uns dazu das folgende Diagramm an.

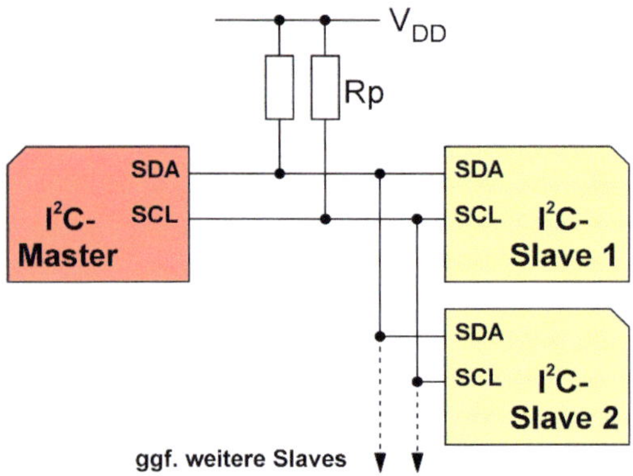

Abbildung 81: Das Master-Slave-Prinzip beim I²C-Bus (hier mit zwei Slaves)

Auf der linken Seite befindet sich der Master, dessen Funktion in der Regel von der Steuereinheit, also zum Beispiel einem Mikrocontroller wahrgenommen wird. Weiter rechts befinden sich ein oder mehrere Slaves, die allesamt über die beiden Leitungen SDA (Serial Data) und SCL (Serial Clock) mit dem Master verbunden sind. Zusätzlich sind zwei Pullup-Widerstände erforderlich, über die beide Leitungen mit der Spannungsversorgung verbunden sind. Würden sie fehlen, befände sich der Bus in einem ständigen LOW-Pegelzustand. Da aber die aktive Kommunikation über diesen Zustand (LOW-aktiv) gesteuert wird, ist der Bus blockiert, und kein Gerät könnte die Kommunikation starten. Diese Pullup-Widerstände besitzen meistens einen Wert von 10KΩ, was auch etwas frequenzabhängig ist. Aber mit diesem Wert kann man nichts falsch machen. Mit einem passenden Beispiel möchte ich auch diesen Bus etwas durchleuchten und nutze dazu einen Port-Expander mit der Bezeichnung MCP23017. Das Arduino-Nano-ESP32-Board besitzt zwar schon eine recht annehmbare Anzahl von I/O-Pins, aber dennoch möchte ich einen Baustein vorstellen, der wirklich gut dazu geeignet ist, denn wir erhalten sechzehn zusätzliche Ein- beziehungsweise Ausgänge, um Sensoren anzuschließen, Taster abzufragen oder LEDs anzusteuern. Dafür müssen wir vom Arduino-Nano-ESP32-Board im Gegenzug lediglich zwei Pins opfern, die als I²C-Anschlüsse genutzt werden. Der MCP23017 sieht wie folgt aus.

Abbildung 82: Der Port-Expander MCP23017

Der Baustein, der in einem DIL-Gehäuse (Dual In Line) untergebracht ist, besitzt 28 Beinchen. Werfen wir direkt einen Blick auf die Pin-Belegung des Port-Expanders.

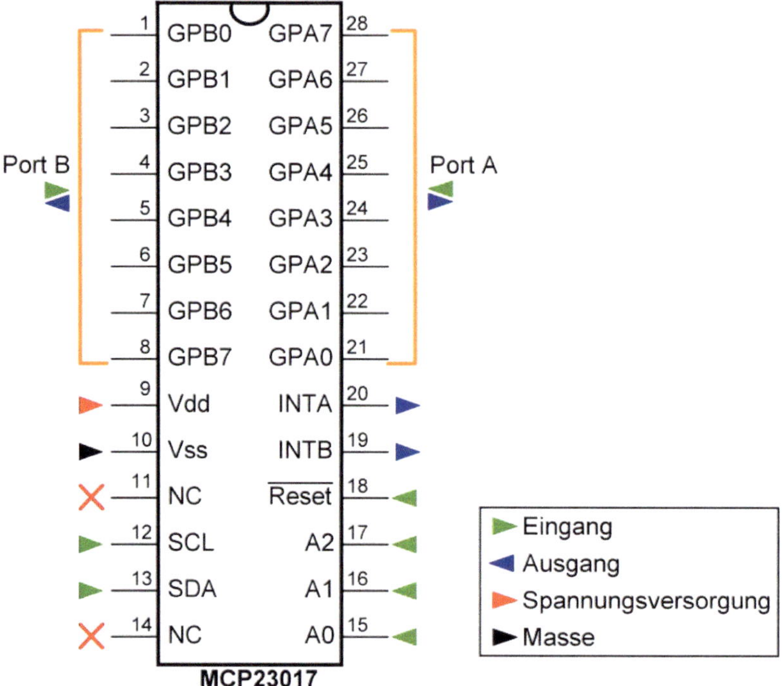

Abbildung 83: Die Pin-Belegung des Port-Expanders MCP23017

Auch dieser integrierte Schaltkreis ist mehr oder weniger schön symmetrisch aufgebaut, sodass sich die beiden I/O-Pin-Gruppen links und rechts befinden. Anstelle der vier Drähte bei der SPI-Ansteuerung haben wir es nun lediglich mit zwei Drähten zu tun. Die zwei überflüssigen und nicht beschalteten Pins tragen die Bezeichnung NC, was für Not Connected, also nicht verbunden steht. Dieser Baustein besitzt zwei Ports beziehungsweise Bänke mit jeweils acht Bits, die PORT-A und PORT-B genannt werden. Schauen wir uns die Leitungen des Bausteins an.

- V_{DD}- Spannungsversorgung: 3,3V
- V_{SS}- Masse
- SCL- Serial Clock Line
- SDA- Serial Data Line
- GPA- Pins von PORT-A
- GPB- Pins von PORT-B
- INTA- Interrupt A
- INTB- Interrupt B
- RESET- Reset (LOW-Aktiv)
- A0, A1, A2 - Adressleitungen (3 Bit)

Unter der folgenden Internetadresse ist das Datenblatt für den MCP23017 zu finden.

https://ww1.microchip.com/downloads/en/devicedoc/20001952c.pdf

Sehen wir uns zuvor einmal die Informationen des Datenblatts an, die für uns relevant sind. Der Port-Expander kann ja sowohl Daten senden als auch empfangen. Eine entsprechende Konfiguration ist also zwingend erforderlich. Zu diesem Zweck sind verschiedene Register vorhanden, die mit passenden Werten befüllt werden müssen. Fangen wir doch einmal mit der Ansteuerung von den I/O-Pins an, wobei zwei Dinge zu erledigen sind.

- Festlegen der Datenflussrichtung
- Manipulation der Ausgangs-Pins

Diesbezüglich gibt es auch zwei Register.

- IODIRx: (IO-Direction-Register) für PORT-A und PORT-B, wobei das x durch die PORT-Bezeichnung ersetzt werden muss (IODIRA mit Adresse 0x00 und IODIRB mit Adresse 0x01).
  - **1**: Konfiguration des Pins als INPUT (default)
  - **0**: Konfiguration des Pins als OUTPUT
- GPIOx: (General-Purpose I/O-Port) für PORT-A und PORT-B, wobei das x durch die PORT-Bezeichnung ersetzt werden muss (GPIOA mit Adresse 0x12 und GPIOB mit Adresse 0x13).
  - **1**: *HIGH*-Pegel am Pin
  - **0**: *LOW*-Pegel am Pin (default)

Zu guter Letzt muss noch die I²C-Bus-Adresse, die über die entsprechenden Pins mit der Bezeichnung A0, A1 und A2 vergeben wird. Für unser Experiment verbinden wir die drei Anschlüsse einfach mit Masse. Ich komme gleich noch darauf zu sprechen, warum wir das machen. Für das kommende Experiment möchte ich acht LEDs mit PORT-A verbinden und ihn komplett aus Ausgang programmieren.

Der MCP23017-Schaltplan - nur Ausgänge

Um auch hier eine ungefähre Vorstellung zu bekommen, wie das XIAO-Board und der MCP23017 zusammenarbeiten, werfen wir einen kurzen Blick auf den entsprechenden Schaltplan.

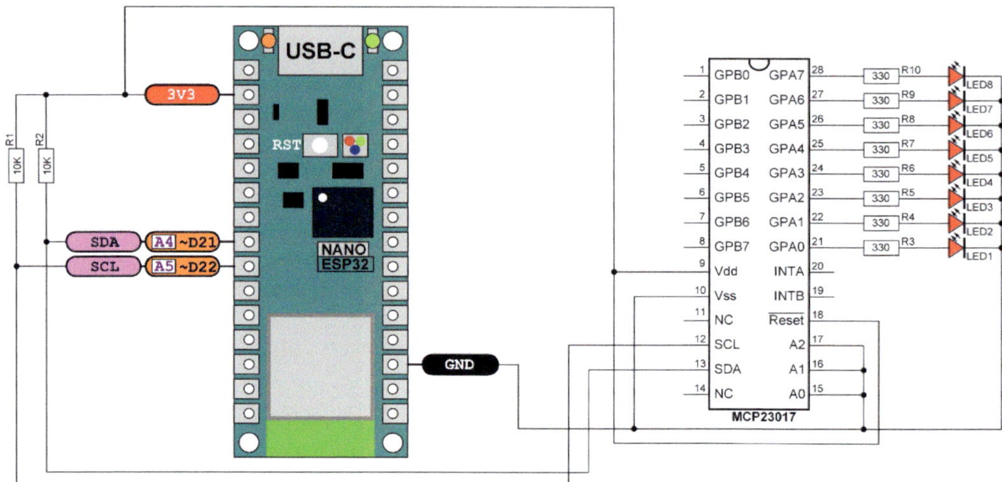

Abbildung 84: Der Schaltplan zur Ansteuerung des MCP23017 mit angeschlossenen LEDs

Bevor ich den nachfolgenden Code zeige, weise ich darauf hin, dass es fertige MCP23017-Libraries gibt, die die Nutzung recht einfach machen. Doch ich möchte diesmal den etwas schwierigeren Weg beschreiten und alles „zu Fuß“ programmieren. Wer fertige Libraries nutzen möchte, wird unter anderem bei Adafruit fündig.

https://github.com/adafruit/Adafruit-MCP23017-Arduino-Library

Der MCP23017-Code - nur Ausgänge

Beginnen wir mit der Einbindung der erforderlichen Bibliotheken, worunter auch in Zeile 2 wire.h fällt, die für die Kommunikation zu I²C-Geräten erforderlich ist. Des Weiteren werden die schon erwähnten Registeradressen für den späteren Gebrauch definiert. Hier kommen auch Adressen vor, die später im Code keine Verwendung finden, doch ich finde es sinnvoll, sie einmal komplett zu sehen.

```
1   #include <Wire.h>
2   #define address  0x20 // I2C Address MCP23017
3   #define GPIOA    0x12 // Register Address Port A
4   #define GPIOB    0x13 // Register Address Port B
5   #define IODIRA   0x00 // I/O-Register Address Port A
6   #define IODIRB   0x01 // I/O-Register Address Port B
```

Um die acht LEDs nach einem bestimmten Muster aufleuchten zu lassen, habe ich diese Informationen in ein Array gepackt.

```
char bitArray[] = {0B10101010, 0B01010101,
                   0B00001111, 0B11110000,
                   0B11001100, 0B00110011};
```

Ein Array ist eine Variable mit einer Sammlung von Werten gleichen Datentyps, auf die mit einer Indexnummer zugegriffen wird. Innerhalb der eckigen Klammern wird normalerweise die Größe des Arrays (die Anzahl der Elemente) angegeben, doch diese Angabe entfällt, wenn eine unmittelbare Initialisierung über nachfolgend aufgeführte Werte erfolgt. Der Compiler erkennt dann automatisch die Größe. Die hier angegebenen Werte besitzen den Buchstaben B als Präfix, was bewirkt, dass der nachfolgende Wert in binärer Form erkannt wird.

Wenn wir jetzt das GOPIA-Register mit den entsprechenden Werten versorgen, reagieren die Pins an PORT-A mit einem LOW- beziehungsweise HIGH-Pegel. Ich habe dafür eine passende Funktion geschrieben, die über einen Parameter die Pins ansteuert.

```
12  void setBits(char bits) {
13      Wire.beginTransmission(address);
14      Wire.write(GPIOA); // GPIOA
15      Wire.write(bits);  // Set bits
16      Wire.endTransmission();
17  }
```

Hier die neuen Konstrukte und ihre Bedeutungen. Um über den I^{2}C-Bus kommunizieren zu können, ist die Wire-Klasse erforderlich, die in Zeile 1 eingebunden wurde. Die setBits-Funktion wird immer dann aufgerufen, wenn auf den I^{2}C-Bus zugegriffen werden soll. Die Initialisierung des Busses erfolgt innerhalb der setup-Funktion, die gleich folgt, wobei die Reihenfolge der Funktionsdefinitionen keine Rolle spielt. Diese beginTransmission-Methode in Zeile 13 beginnt eine Übertragung an das I^{2}C-Peripheriegerät über die angegebene Adresse, damit sich der entsprechende Baustein angesprochen fühlt.

Abbildung 85: Die beginTransmission-Methode

Anschließend werden die zu übertragenden Bytes mit der write-Methode in den Zeilen 14 und 15 in eine Warteschlange gestellt.

Wire . write (value)

Abbildung 86: Die write-Methode

Erst durch Aufruf der endTransmission-Methode in Zeile 16 werden die Daten schließlich übertragen.

Wire . endTransmission (address)

Abbildung 87: Die endTransmission-Methode

Damit der MCP23017 Vorstellungen gemäß funktioniert, müssen wir ihn initialisieren, was innerhalb der setup-Funktion passiert. In Zeile 20 erfolgt der Aufruf der begin-Methode, worüber die Wire-Bibliothek initialisiert und die Verbindung über den I²C-Bus als Controller oder Peripheriegerät hergestellt wird.

```
19  void setup() {
20    Wire.begin(); // Init I2C bus
21    Wire.beginTransmission(address);
22    Wire.write(IODIRA); // IODIRA register
23    Wire.write(0x00);   // All pins to output
24    Wire.endTransmission();
25  }
```

Dieser Aufruf sollte nur einmal erfolgen, weshalb er in der setup-Funktion in Zeile 20 zu finden ist.

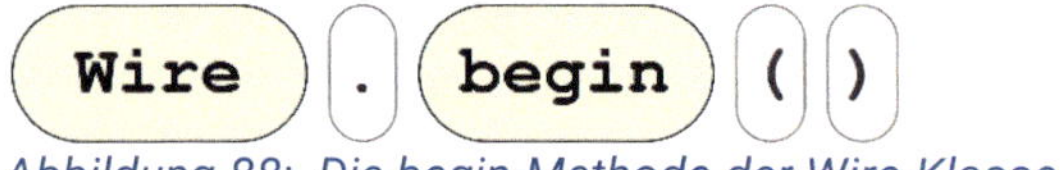

Abbildung 88: Die begin-Methode der Wire-Klasse

Zu Beginn wird der I²C-Bus in Zeile 21 mit der entsprechenden Adresse versorgt, sodass sich der Baustein angesprochen fühlt. Wir hatten die beginTransmission-Methode schon in der setBits-Funktion angesprochen.

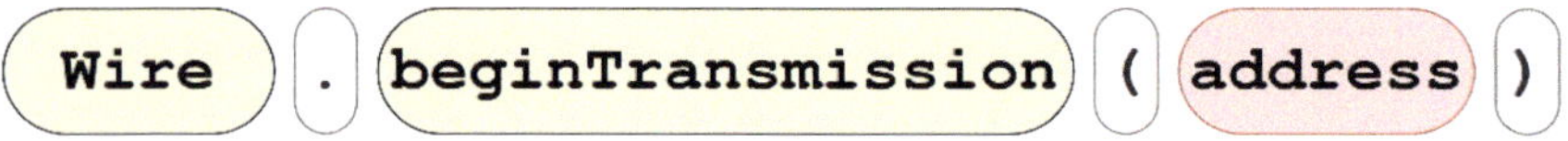

Ich halte es für sinnvoll, ein wenig mehr über die Adressierung zu erfahren und was es mit den Adress-Pins auf sich hat, die allesamt mit Masse verbunden sind. Wie wir wissen, können am I²C-Bus mehrere Slaves angeschlossen werden, die über unterschiedliche Adressen verfügen müssen. Die Startadresse des MCP23017 lautet 0x20 (Hex-Format). Da alle Adress-Pins mit Masse verbunden sind, lautet die Adresse 0x00. Sie fungiert quasi als Offset-Adresse und wird zur Startadresse hinzugefügt. Über das auf die I^{2}C-Adresse folgende write wird das IODIRA-Register angesprochen, denn PORT-A muss so konfiguriert werden, dass alle Pins, also GPBA0 bis GPB7, als Ausgänge arbeiten. Das machen wir mit einem weiteren write-Kommando, das den Wert 0x00 versendet. Am Ende wird die Transmission abgeschlossen. Nun haben wir den Baustein vorbereitet, um die einzelnen Pins des GPIOA-Registers anzusteuern.

Innerhalb der loop-Funktion erfolgt die fortlaufende Abarbeitung des Codes beziehungsweise der Aufruf der setBits-Funktion zur Ansteuerung der einzelnen LEDs mithilfe des Arrays, die die Funktion mit den Bit-Mustern versorgt.

```
void loop() {
  for(int i = 0; i < 6; i++) {
    setBits(bitArray[i]);
    delay(500);
  }
}
```

Auch hier ist wieder ein neues Konstrukt zu finden, das ähnlich wie while eine weitere Form einer Schleife darstellt. Es geht um die for-Schleife. Sie besitzt von Anfang an schon einen festen Start- und Endwert. In der Schleife kommt eine Variable mit der Bezeichnung Laufvariable zum Einsatz. Sie wird in der Bedingung einer Bewertung unterzogen, die darüber entscheidet, ob und wie oft die Schleife durchlaufen wird. Der Wert dieser Variablen wird in der Regel im Schleifenkopf bei jedem neuen Durchlauf modifiziert, sodass die Abbruchbedingung irgendwann erreicht sein sollte, wenn kein Denkfehler gemacht wurde.

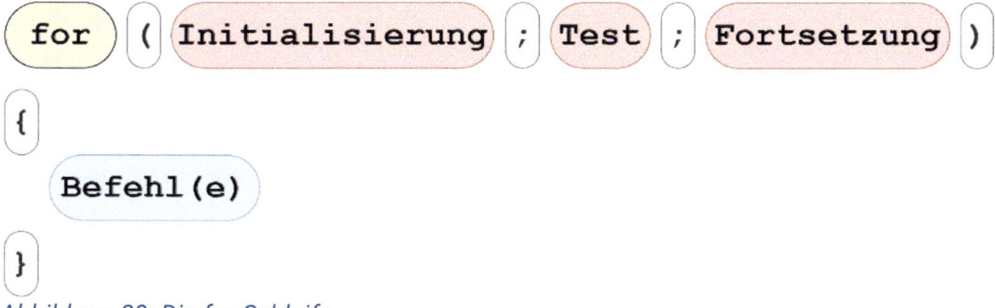

Abbildung 89: Die for-Schleife

Das folgende Flussdiagramm veranschaulicht die Arbeitsweise der for-Schleife.

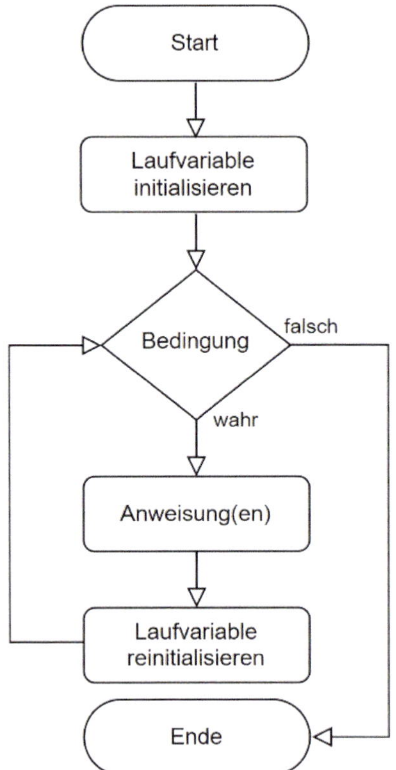

Abbildung 90: Das Flussdiagramm für eine for-Schleife

Das ist schon alles. Nach dem Upload des Codes sollten die LEDs anfangen zu blinken. Sehen wir auch diesmal nach, wie derartige Befehle auf dem I²C-Bus aussehen, und werfen dazu wieder einen Blick auf die Signale im Logic-Analyzer, wobei ich den zufälligen Wert 0x55 ausgewählt habe. Zu Beginn wird der Code innerhalb der setup-Funktion ausgeführt, der sich auf dem Bus wie folgt gestaltet.

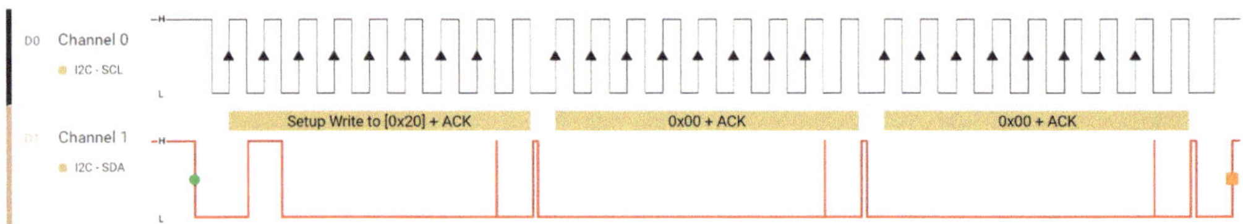

Abbildung 91: Die I²C-Bus-Analyse (Initialisierung)

Nachfolgend ist der entsprechende Code zu sehen, der während der setup-Funktion abgearbeitet wird.

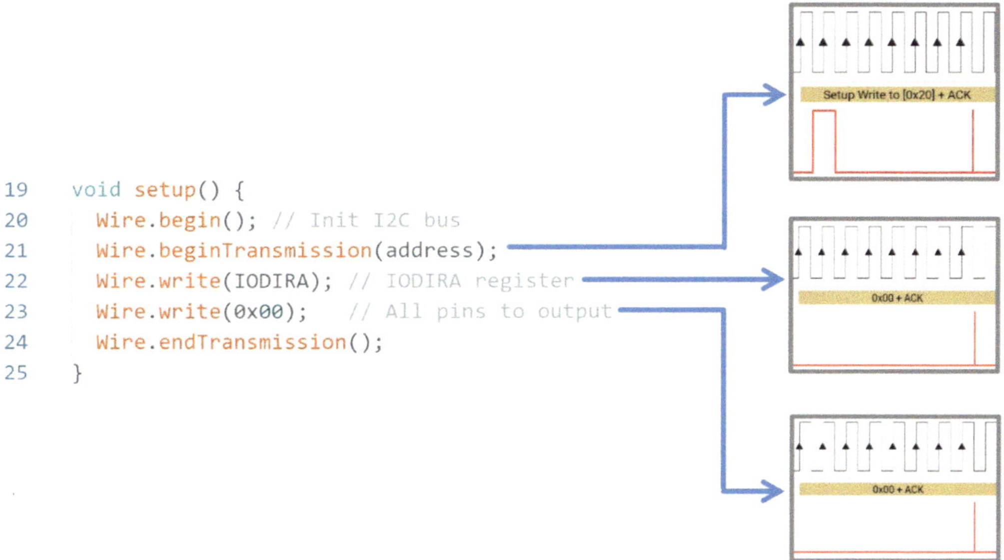

Abbildung 92: I²C-Bus-Analyse beim setup-Funktionsaufruf

Und nun die Versendung des Werts 0x55, der die Ausgänge an PORT-A ansteuert und die LEDs gemäß des vorgegebenen Musters zum Leuchten bringt.

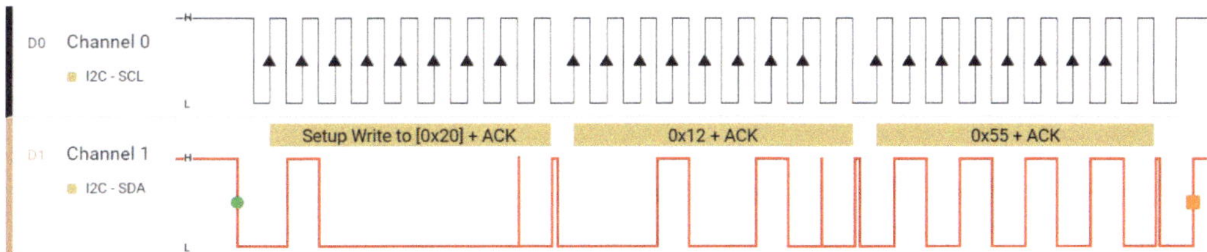

Abbildung 93: Die I²C-Bus-Analyse (Versendung von 0x55)

Es sind die beiden Kanäle SCL und SDA untereinander angeordnet zu sehen. Die Werte 0x20, 0x12 und 0x55 sind einwandfrei identifiziert worden. Was bedeuten sie? Hier noch mal eine kleine Auffrischung.

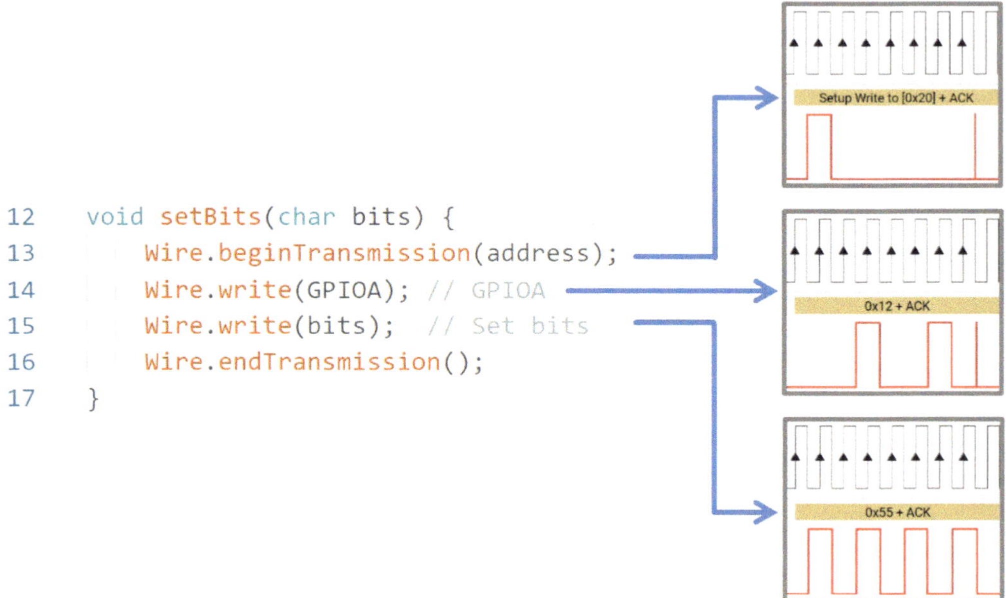

Abbildung 94: 1 I²C-Bus-Analyse beim setBits-Funktionsaufruf

Wenn ich den hier gezeigten Wert 0x55 an den PORT-A versenden würde, wie sähe die Ansteuerung der LEDs wohl aus?

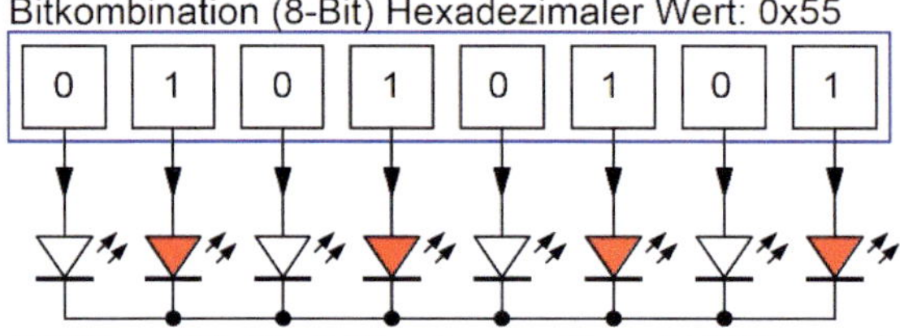

Abbildung 95: Die 8 Bits steuern die acht LEDs von PORT-A an

Diese Bit-Kombination haben wir schon verwendet, als sie in binärer Form 0B01010101 (siehe bitArray) versendet wurden. Auf der folgenden Abbildung ist der Schaltungsaufbau auf einem Breadboard zu sehen. Welches Muster wird hier angezeigt und welchem Ansteuerungswert würde dies entsprechen?

Abbildung 96: Der Schaltungsaufbau mit MCP23017 und acht LEDs

Wer Spaß am Frickeln hat, der kann sich auch eine entsprechende I/O-Platine herstellen und das Ganze auf einer Lochrasterplatine unterbringen wie auf der folgenden Abbildung.

Abbildung 97: Der Schaltungsaufbau mit einem I/O-Board für den MCP23017

Der MCP23017-Schaltplan - Eingänge und Ausgänge

Kommen wir jetzt zu einem weiteren Beispiel, denn der MCP23017 besitzt ja nicht nur Ausgänge, sondern diese sind ja individuell konfigurierbar. Ich möchte zu diesem Zweck PORT-B komplett als Eingänge konfigurieren. Der Schaltungsaufbau mit der entsprechenden Verkabelung auf dem I/O-Board ist auf der folgenden Abbildung zu sehen.

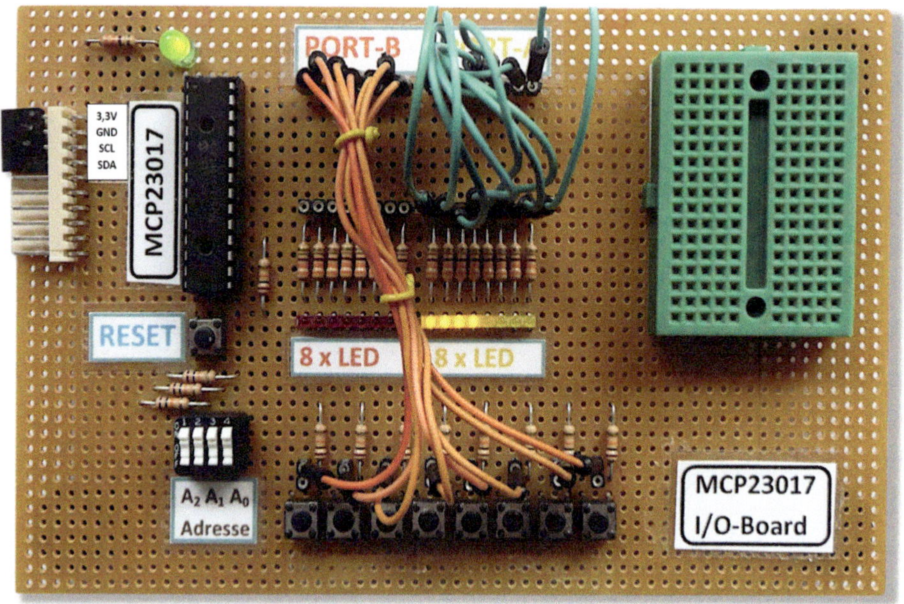

Abbildung 98: Der Schaltungsaufbau des MCP23017-I/O-Boards für PORT-A und PORT-B

Sehen wir uns dazu zuerst einmal den dazugehörigen Schaltplan an, bei dem eine Besonderheit herrscht. Das entsprechende Thema lautet Pullup-Widerstände. Dazu gleich mehr.

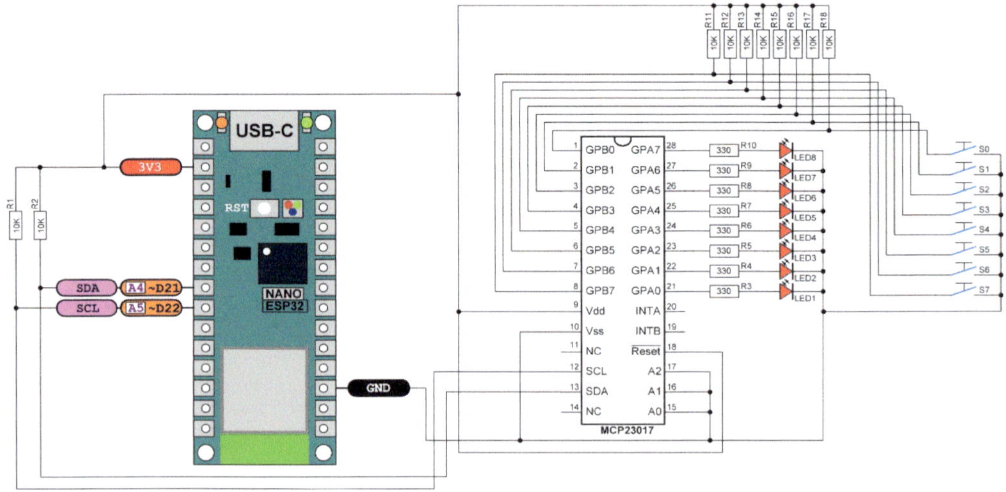

Abbildung 99: Der Schaltplan zur Ansteuerung des MCP23017 mit angeschlossenen LEDs und Tastern

Als Erweiterung zum vorangegangenen Schaltplan befinden sich jetzt acht Taster an PORT-B, die dort die als Eingänge konfigurierten Pins mit entsprechenden Pegeln zu versehen. Jeder Eingang ist jedoch mit einem sogenannten Pullup-Widerstand versehen, was bedeutet, dass bei einem nicht gedrückten Taster dort ein HIGH-Pegel anliegt. Wird ein Taster betätigt, erfolgt das Anlegen von Masse am betreffenden Pin, sodass ein LOW-Pegel vorliegt. Wir haben es also mit einer umgekehrten Logik zu tun, die später in der Programmierung berücksichtigt werden muss.

Der MCP23017-Code - Eingänge und Ausgänge

In der globalen Definition hat sich im Vergleich zum ersten Beispiel nicht viel geändert. Es werden die Adressen zur Ansteuerung des MCP23017 definiert. Doch statt des Arrays zur Ansteuerung der einzelnen LEDs haben wir es jetzt mit der Variablen inputState zu tun, die den Status der gedrückten Taster aufnehmen soll.

```
#include <Wire.h>
#define address  0x20   // I2C Address MCP23017
#define GPIOA    0x12   // Register Address Port A
#define GPIOB    0x13   // Register Address Port B
#define IODIRA   0x00   // I/O-Register Address Port A
#define IODIRB   0x01   // I/O-Register Address Port B
byte inputState = 0x00; // Button-State
```

Das GOPIA-Register, an der sich die einzelnen LEDs befinden, wird durch die setBits-Funktion angesteuert und ist eins zu eins übernommen worden. Doch es gibt einen kleinen, aber entscheidenden Unterschied beim Aufruf dieser Funktion beziehungsweise des übergebenen Arguments. Ich sage nur: Pullup-Widerstände.

```
void setBits(char bits) {
    Wire.beginTransmission(address);
    Wire.write(GPIOA);  // GPIOA
    Wire.write(bits);   // Set bits
    Wire.endTransmission();
}
```

Damit beim MCP23017 jetzt PORT-A und PORT-B angesprochen werden können, müssen auch beide initialisiert werden, was in der setup-Funktion passiert.

```
void setup() {
  Wire.begin(); // Init I2C bus
  Wire.beginTransmission(address);
  Wire.write(IODIRA); // IODIRA register
  Wire.write(0x00);   // All pins to output
  Wire.endTransmission();
  Wire.beginTransmission(address);
  Wire.write(IODIRB); // IODIRB register
  Wire.write(0xFF);   // All pins to input
  Wire.endTransmission();
  Serial.begin(9600);  // Init Serial-Monitor
}
```

Wir erinnern uns, dass eine einzelne 0 im IODIR besagt, dass der betreffende Pin als Ausgang arbeiten soll. Für IODIRA hat sich hier also nichts geändert, denn die LEDs befinden sich weiterhin an PORT-A. Da jedoch PORT-B komplett als Eingang zur Tasterabfrage arbeiten soll, muss jeder einzelne Pin des IODIRB mit einer 1 versehen werden, was 0xFF bedeutet. Zusätzlich habe ich zur Überprüfung bezeihungsweise Kontrolle der Tasterwerte die serielle Schnittstelle initialisiert, sodass man dort ebenfalls einen Hinweis über die übertragenen Bits erhält. Dazu gleich mehr. Wie wirkt sich die setup-Funktion auf den I²C-Bus aus? Im Grunde genommen haben wir es mit zwei Übertragungsblöcken zu tun. Der erste ist für IODIRA (alle Pins Ausgänge, Wert: 0x00) zuständig und der zweite für IODIRB (alle Pins Eingänge, Wert: 0xFF). Die folgende Abbildung zeigt ein Blockschaltbild, in dem die Abfolge der beiden Konfigurationen je Port zu sehen sind.

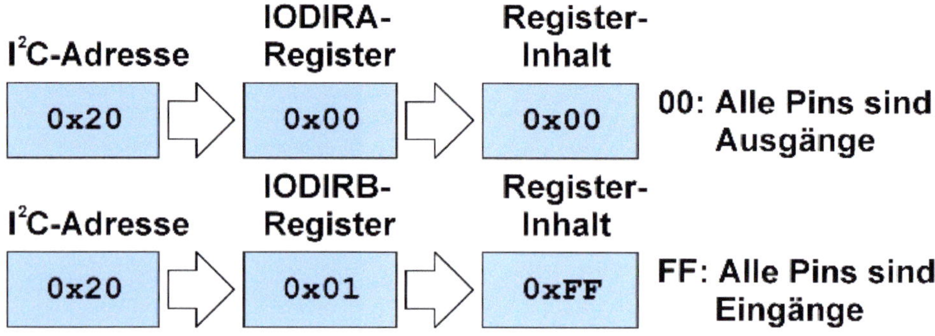

Abbildung 100: Die Konfigurationen der beiden Ports

Auf dem nachfolgenden Impulsdiagramm des I²C-Busses sind diese Konfigurationen zu sehen.

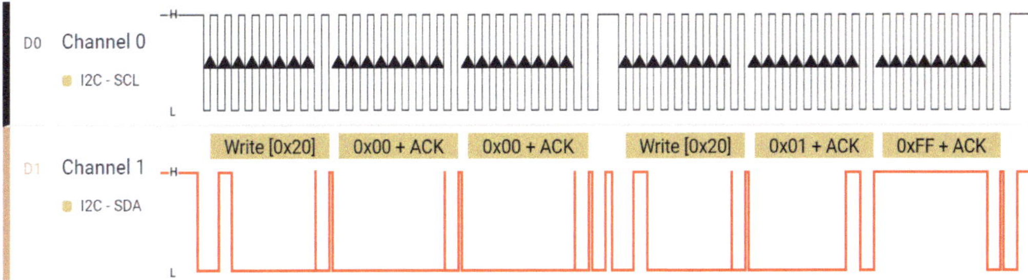

Abbildung 101: Die Konfigurationen der beiden Ports (auf dem I²C-Bus)

Kommen wir schließlich einerseits zur Abfrage der Eingänge an PORT-B und andererseits zur Ansteuerung der LEDs an PORT-A.

```
void loop() {
  Wire.beginTransmission(address);
  Wire.write(GPIOB);                 // GPIOB pointer
  Wire.endTransmission();
  Wire.requestFrom(address, 1);      // Request 1 byte
  inputState = Wire.read();          // Store the byte
  setBits(~inputState);              // Set LEDs (inverted)
  Serial.println(inputState, BIN);   // Print result
  delay(50);
}
```

Die write-Methode versendet die Adresse von PORT-B an den MCP23017, wobei diese Adresse quasi als Zeiger arbeitet, von der wir gleich die Daten abrufen wollen. Über die requestFrom-Methode fragen wir den Status des Ports GPIOB ab, in dem wir genau 1 Byte anfordern und es über die read-Methode in die Variable inputState speichern. Die requestFrom-Methode wird von der Steuereinheit verwendet, um Bytes von einem Peripheriegerät anzufordern. Die einzelnen Bytes können dann über available und read abgerufen werden.

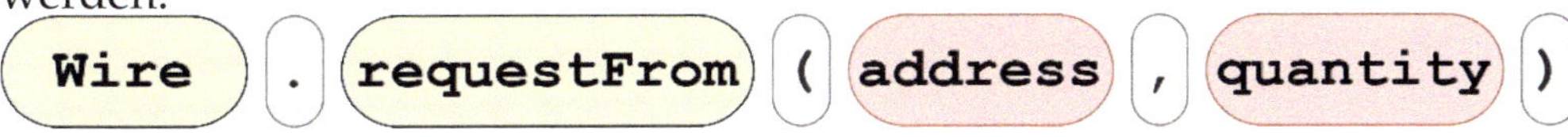

Abbildung 102: Die requestFrom-Methode

Diese read-Methode liest ein Byte, das nach einem Aufruf der requestFrom-Methode von einem Peripheriegerät an ein Controller-Gerät oder von einem Controller-Gerät an ein Peripheriegerät übertragen wurde.

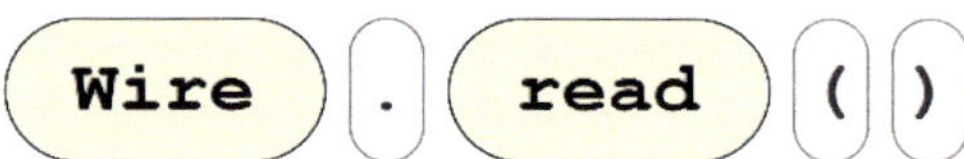

Abbildung 103: Die read-Methode

Den Inhalt nutzen wir sowohl zur Ansteuerung der LEDs über die Funktion setBits als auch zur Anzeige im Serial Monitor. Abschließend legen wir eine kleine Pause von 50ms ein. Beim Aufruf der setBits-Funktion habe ich vor dem Argument das ~-Zeichen (die Tilde) gesetzt.

Die folgende Zeile besagt, dass der Wert in der Variablen inputState invertiert wird.

```
setBits(~inputState);
```

Es wird also jedes einzelne Bit umgedreht. Aus einer 1 wird eine 0 und aus einer 1 eine 0. Diese Operation wird bitwise not genannt. Nähere Informationen sind unter der folgenden Internetadresse zu finden.

https://www.arduino.cc/en/Reference/BitwiseXorNot

Wir müssen diese Operation durchführen, da ja bei nicht gedrücktem Taster durch den Pullup-Widerstand je Pin eine 1 am betreffenden Eingang anliegt. Den eigentlichen, also noch nicht veränderten Wert kann man sich im Serial Monitor anschauen.

```
Output    Serial Monitor ×
Message (Enter to send message to 'Arduino Nano ESP32' on 'COM42')
11111111
11111110
11111101
11111011
11110111
```

Abbildung 104: Ausgabe des Werts inputState

Wenn kein Taster gedrückt wurde, wie in der ersten Zeile zu erkennen ist, erhält man überall eine 1 zurück. Drückt man jedoch einen oder mehrere Taster, liefert das an den betreffenden Stellen eine 0 zurück. Auch hier möchte ich die I²C-Signale über den Logic-Analyzer zeigen, wobei das erste Diagramm den Zustand zeigt, bei dem kein einziger Taster gedrückt wurde, was bedeutet, dass alle Bits über die Pullup-Widerstände gesetzt sind und demnach der Wert 0xFF zurückgeliefert werden muss. Der zurückgegebene Wert ist rot umrandet.

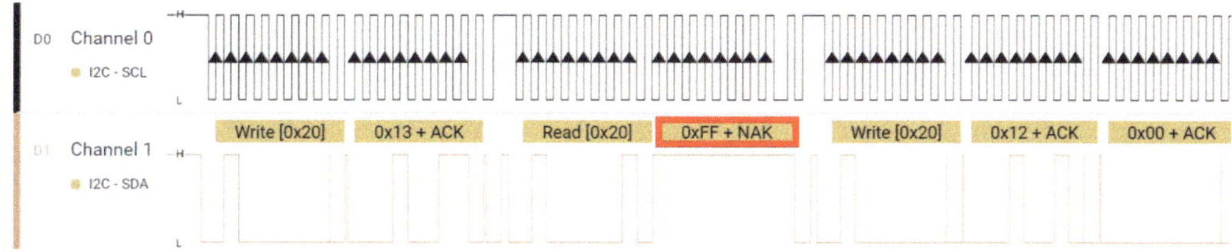

Abbildung 105: Impulsdiagramm, wenn kein Taster gedrückt wurde

Nachfolgend habe ich den Taster S2 an Pin GPB2 gedrückt, der die Wertigkeit 22, also dezimal 4 besitzt. Übertragen wird die Bitkombination 11111011, was einem hexadezimalen Wert von 0xFB entspricht, der auch hier rot umrandet wurde.

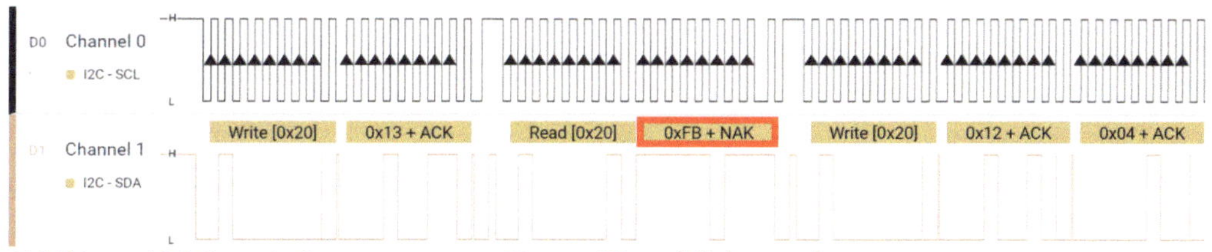

Abbildung 106: Impulsdiagramm, wenn Taster S2 gedrückt wurde

Sehen wir uns das noch mal genauer an. Auf der folgenden Abbildung sehen wir die acht Taster mit ihren Positionswerten.

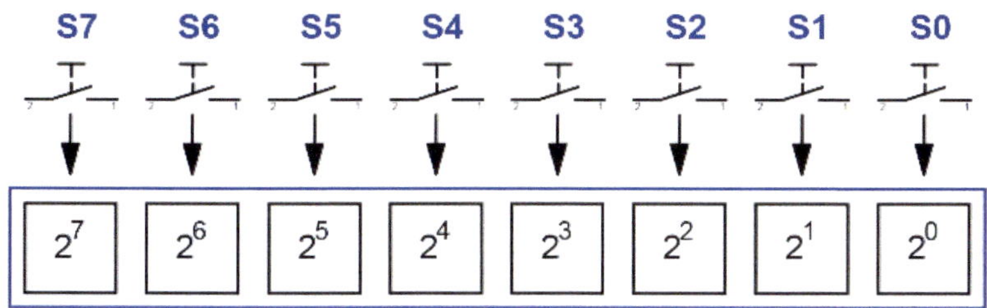

Abbildung 107: Die Taster und ihre Positionswerte

Bei der Abfrage des Tasterstatus werden die Werte wie folgt gesetzt, wobei ich die Taster S0, S2, S3 und S6 gedrückt habe.

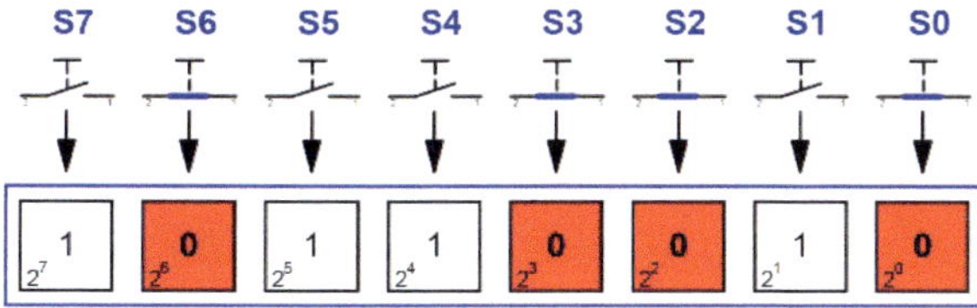

Abbildung 108: 1 Die gedrückten Taster und ihre Werte

Man sieht, dass beim Drücken eines Tasters eine 0 zurückgeliefert wird. Der hexadezimale Ergebniswert lautet demnach 0xB2. Wir haben jetzt PORT-A komplett als Ausgang und PORT-B komplett als Eingang programmiert. Gibt es denn die Möglichkeit, einzelne Bits eines Ports als Ein- beziehungsweise als Ausgänge zu programmieren? Auch das ist möglich! Jeder einzelne Pin beider Ports A beziehungsweise B kann individuell programmiert werden. Ich zeige das an einem Beispiel für PORT-A, bei dem die Pins von GPA0 bis GPA7 durchnummeriert sind.

GPA7	GPA6	GPA5	GPA4	GPA3	GPA2	GPA1	GPA0
2^7	2^6	2^5	2^4	2^3	2^2	2^1	2^0

Jeder einzelne Pin hat seinen eigenen Stellenwert. Wollen wir zum Beispiel die folgende Pin-Konfiguration vornehmen, muss die Bit-Kombination notiert werden.

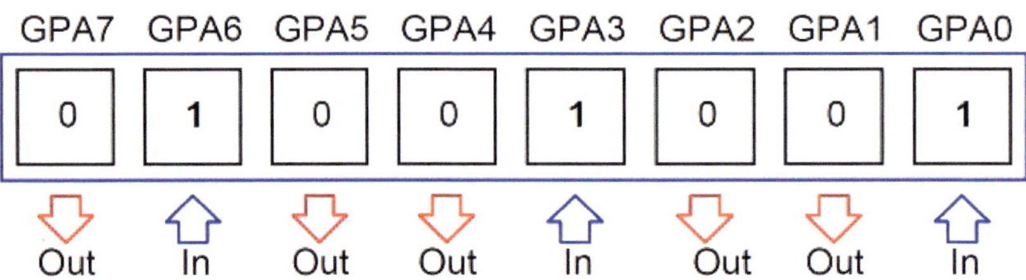

Dabei steht eine 0 für einen Ausgang (Out) und eine 1 für einen Eingang (In). Die hier gezeigte Bit-Kombination habe ich in die hexadezimale Darstellung umgewandelt, wobei immer vier Bits zu einem sogenannten Nibble zusammengefasst werden, also 0100 beziehungsweise 1001, was in hexadezimaler Schreibweise 0x49 bedeutet. Mit diesem Wert muss das IODIR (Input/Output-Direction-Register) des jeweiligen Ports initialisiert werden. Ich erwähnte schon einmal eine fertige MCP23017-Bibliothek von Adafruit. Sollen die Pullup-Widerstände nicht verwendet werden und dennoch die invertierte Logik zum Einsatz kommen, hilft ein Blick in die Erklärungen dieser Bibliothek. Dort ist unter anderem zu sehen, dass der MCP23017 über eingebaute Pullup-Widerstände verfügt, die je nach Bedarf aktiviert oder deaktiviert werden können.

Ich hatte ja schon erwähnt, dass man mehrere MCP23017 mit unterschiedlichen Adressen ansteuern kann. Die folgende Schaltung zeigt die Beschaltung der Adressbeinchen A0, A1 und A2 zweier MCP23017.

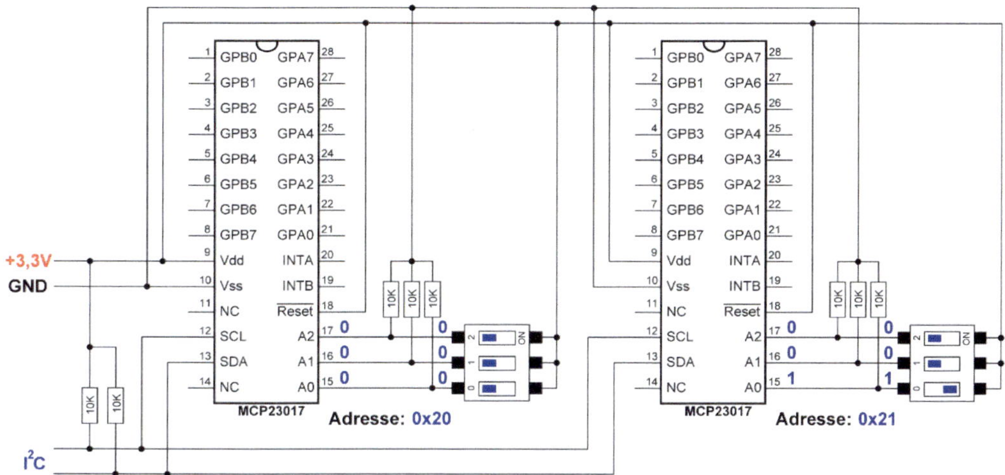

Abbildung 109: Die Einstellung der beiden MCP23017-Adressen

Über die 10K-Pulldown-Widerstände werden die Pegel an den Adressbeinchen bei offenen DIP-Switches nach Masse gezogen. Das ist beim linken MCP23017 der Fall, sodass er die Adresse 0x20 zugewiesen bekommt. Der rechte hat jedoch am Adressbeinchen A0 den Schalter geschlossen, sodass dort über die +5V ein HIGH-Pegel anliegt. Er bekommt die Adresse 0x21 zugewiesen.

Der I3C-Bus

I3C (I²C Improved) ist ein serieller Kommunikationsstandard, der als Verbesserung des I²C entwickelt wurde. Es wurde eingeführt, um einige Einschränkungen von I²C zu überwinden und zusätzliche Funktionen bereitzustellen. In der Hobby-Elektronikwelt kann I3C unter folgenden Gesichtspunkten interessant sein, aber der Einsatz oder Wechsel auf dieses Bus-System sollte wohl überlegt sein.

Verbesserte Leistung und Geschwindigkeit: I3C bietet eine höhere Datenübertragungsgeschwindigkeit im Vergleich zu I²C. Dies kann besonders in Projekten wichtig sein, die eine schnelle Kommunikation zwischen verschiedenen Komponenten erfordern.

Mehrere Geräte an einem Bus: I3C ermöglicht den Anschluss mehrerer Geräte an denselben Bus, ohne dass separate Adressleitungen für jedes Gerät erforderlich sind. Das erleichtert die Erweiterung von Projekten und den Anschluss verschiedener Sensoren oder Module.

Stromsparende Funktionen: I3C unterstützt Funktionen, die es ermöglichen, Geräte bei Bedarf zum Bus hinzuzufügen oder zu entfernen. Dies ist besonders nützlich, wenn in einem Projekt verschiedene Sensoren oder Aktoren je nach Bedarf eingeschaltet oder deaktiviert werden sollen, um Energie zu sparen.

Kompatibilität mit I²C: I3C wurde so entwickelt, dass es abwärtskompatibel mit I²C ist. Das bedeutet, dass I²C-Geräte auch in einem I3C-Bus betrieben werden können, was die Migration zu dem neuen Standard erleichtert.

Erweiterte Funktionen für Sensoren: I3C bietet erweiterte Funktionen für die Kommunikation mit Sensoren, wie zum Beispiel die Möglichkeit, mehrere Sensoren auf demselben Bus zu betreiben und ihre Messwerte effizient zu sammeln.

In der Hobby-Elektronikwelt könnten Projekte, die eine Vielzahl von Sensoren, Aktoren oder Displays beinhalten, von den Vorteilen von I3C profitieren. Es ist jedoch wichtig zu beachten, dass I3C noch nicht so weit verbreitet ist wie I²C, und die Verfügbarkeit von I3C-fähigen Bauteilen könnte begrenzt sein. Daher ist es ratsam, die Produktunterstützung und Verfügbarkeit von I3C-Geräten zu überprüfen, bevor man sich für dieses Bus-System entscheidet.

Projekt 6: ESP32-NOW

Wie wir bereits wissen, verfügt der ESP32 über integriertes Bluetooth und WiFi. Die Bluetooth- und WiFi-Fähigkeiten werden durch ein integriertes 2,4-GHz-Funk-Transceiver-Modul ermöglicht. Der Hersteller des ESP32, Espressif, hat ein Protokoll entwickelt, das es all diesen Modulen ermöglicht, ein privates, drahtloses Netzwerk unter Verwendung der 2,5-GHz-Transceiver aufzubauen. Es handelt sich um ein vom WiFi-Netzwerk getrenntes Netzwerk, das nur von ESP-Mikrocontrollern genutzt werden kann. Darunter fällt auch der Vorgänger des ESP32, das ESP8266-Modul. Das Protokoll wird ESP-NOW genannt. ESP-NOW ermöglicht eine einfache Paketkommunikation zwischen ESP-Geräten, die das besagte 2,4-GHz-Band nutzen. Diese Übertragungen funktionieren ähnlich wie die der drahtlosen Mäuse und Tastaturen und sind auf Übertragungspakete von maximal 250 Byte beschränkt.

Diese recht kleine Datenmenge reicht jedoch völlig aus, um zum Beispiel Steuerbefehle oder Sensordaten zu übertragen, wobei der Datenfluss unidirektional (Single-Duplex - nur in eine Richtung) oder bidirektional (Full-Duplex - in beiden Richtungen) möglich ist und die gängigsten Datentypen unterstützt werden. Ebenso ist eine Verschlüsselung möglich. Zur Übertragung der Daten ist kein externer Router erforderlich und es sind Kommunikationen zwischen maximal zwanzig Geräten möglich.

Die Reichweite, die je nach Umgebung stark variieren kann, ist ein entscheidender Punkt. Unter bestimmten Voraussetzungen und mit entsprechenden Antennen können bis zu 400 Meter erreicht werden. Die in den Modulen eingebauten Antennen reichen in der Regel für eine Kommunikation in einem Haus problemlos aus. Starten möchte ich mit der Ein-Weg-Kommunikation, die auch unidirektional genannt wird.

Für weiterreichende Informationen ist die folgende Internetadresse hilfreich.
https://docs.espressif.com/projects/esp-idf/en/latest/esp32/api-reference/network/esp_now.html

Die Ein-Weg-Kommunikation

Auf der folgenden Abbildung sind zwei Arduino Nano ESP32 zu sehen, wobei einer als Sender (Initiator) und der andere als Empfänger (Receiver) arbeitet.

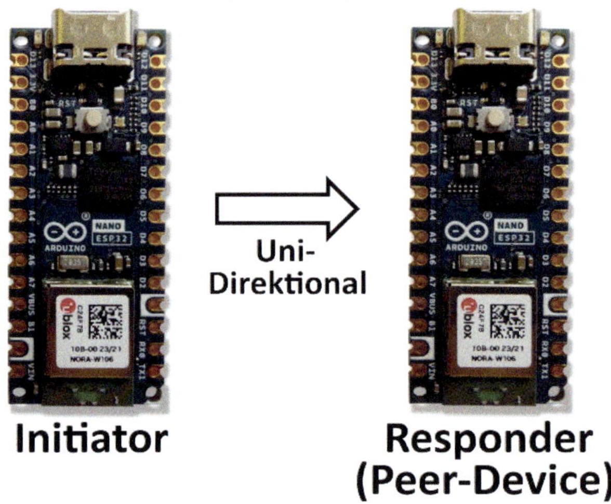

Abbildung 1: ESP-NOW für die Ein-Weg-Kommunikation

Bei dieser Anordnung sendet der Initiator ESP32 Daten an den Responder ESP32. Der Initiator kann über Statusmeldungen feststellen, ob der Responder die Nachricht erfolgreich empfangen hat, die dann weiter ausgewertet werden oder angezeigt werden kann. Diese recht einfache Anordnung ist sehr verbreitet, wenn es darum geht, eine Fernsteuerung oder das Senden von Messwerten zu etablieren.

Die MAC-Adresse eines ESP32-Moduls ermitteln

Der Initiator benötigt für das erfolgreiche Versenden der Daten die MAC-Adresse des Receivers.

Was ist eine MAC-Adresse?

Die Abkürzung MAC steht für Media Access Control und bezeichnet die eindeutige Identifikation von elektronischen Geräten innerhalb eines Netzwerks (Ethernet, Bluetooth oder WLAN). Die MAC-Adresse bezeichnet dabei die spezifische physische Adresse für einen Netzwerkadapter oder die Netzwerkschnittstelle eines Geräts. Das Gerät kann von virtueller Natur sein oder echte Hardware darstellen. Mit der Hilfe der MAC-Adresse werden die zu übertragenden Datenpakete dem richtigen Empfänger zugewiesen, sodass ein korrekter und sicherer Datenfluss zwischen Sender und Empfänger gewährleistet ist.

Mit dieser Aufgabe wollen wir starten. Der folgende Sketch zeigt die MAC-Adresse an, die über WiFi ermittelt wurde. In diesem recht kurzen Sketch ist in Zeile 5 eine while-Schleife eingesetzt worden, denn es ist an dieser Stelle erforderlich, erst dann fortzufahren, wenn die serielle Schnittstelle bereit ist.

```
1    #include <WiFi.h>
2
3    void setup() {
4      Serial.begin(115200);       // Set up Serial Monitor
5      while (!Serial) {/*...*/} // Wait for serial port to connect
6      WiFi.mode(WIFI_STA);        // Set ESP32 as a Wi-Fi Station
7      Serial.print("MAC-Address: ");
8      Serial.println(WiFi.macAddress()); // Show MAC-Address
9    }
10
11   void loop() {/*...*/}
```

Abbildung 2: Der Sketch zur Ermittlung der MAC-Adresse

In Zeile 1 wird durch #include <WiFi.h> die erforderliche WiFi-Funktionalität eingebunden, denn in Zeile 6 wird WiFi zum ersten Mal benutzt, um den Wi-Fi-Mode festzulegen.

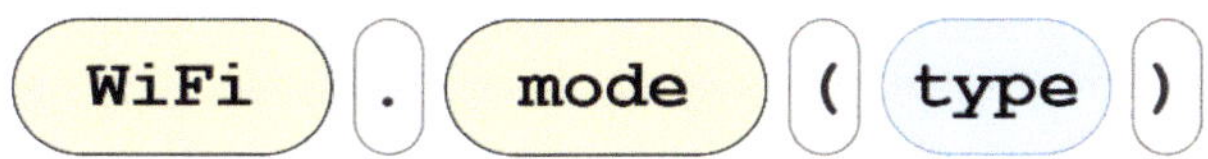

Abbildung 3: Der WiFi Mode wird festgelegt

Über die mode-Methode der WiFi-Klasse wird der Mode auf WIFI_STA gesetzt, was Station Mode bedeutet und das Module dazu veranlasst, eine Verbindung mit dem Heimnetz/Router herzustellen. An dieser Stelle ist das zwar noch nicht erforderlich, doch zur Ermittlung der MAC-Adresse notwendig. Weitere Modi sind die folgenden.

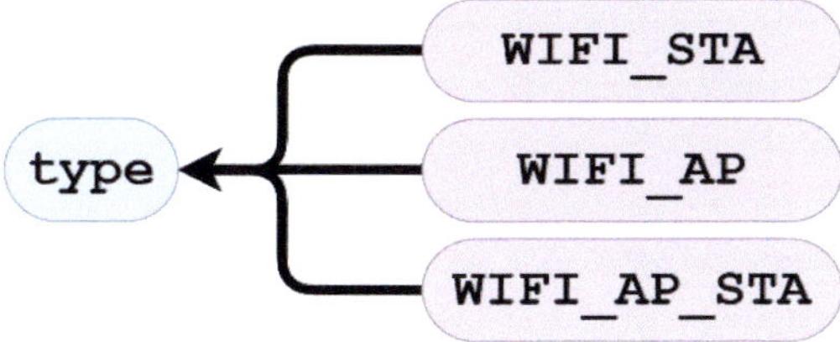

Abbildung 4: Die möglichen WiFi-Modi

Nachfolgend die Zusammenfassung der drei Modi.

- WiFi_STA - Station Mode. Der ESP32 verbindet sich zu einem Access Point
- WiFi_AP - Access Point Mode. Stationen können sich mit einem ESP32 verbinden
- WiFi_AP_STA - Access Point und eine Station verbunden zu einem anderen Access Point

In Zeile 8 kommt es dann zum Aufruf der macAddress-Methode, die die MAC-Adresse des ESP32 ermittelt und im Serial Monitor anzeigt.

Abbildung 5: Die MAC-Adresse wird über die macAddress-Methode ermittelt

Im Serial Monitor ist dann Folgendes zu sehen.

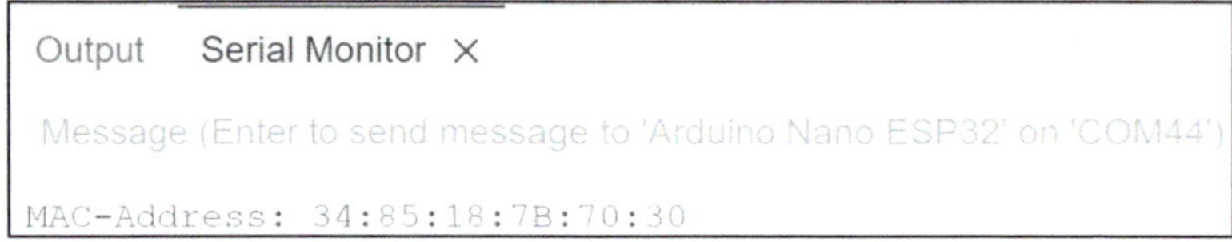

Abbildung 6: Die MAC-Adresse im Serial Monitor

Diese Adresse ist für jedes andere ESP32-Modul eine eigene und sollte notiert werden. Das sieht dann folgendermaßen aus.

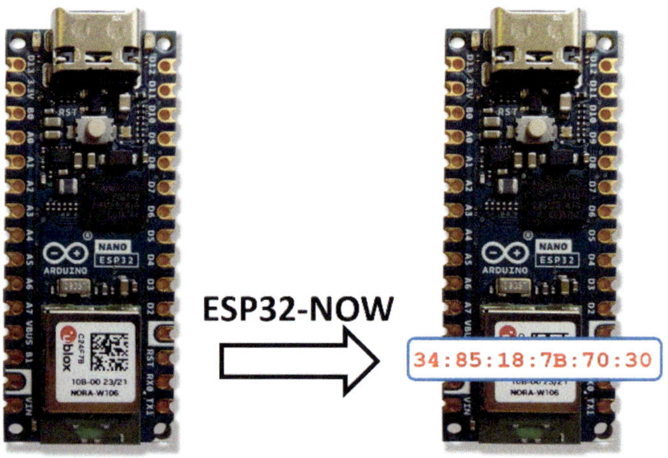

Abbildung 7: Die MAC-Adresse ist jetzt bekannt und das Senden kann beginnen

Kommen wir jetzt zu den beiden Sketches für Sender und Empfänger. Ziel dieses Kapitels soll es sein, zu Beginn einen Messwert, also den Wert eines anlogen Eingangs, vom Sender zum Empfänger via ESP32-NOW zu übertragen. Dann sehen wir weiter, wenn es darum geht, in beide Richtungen etwas zu versenden. Jeder Teilnehmer ist zugleich Sender und Empfänger.

Der Sender - Initiator

Bevor es losgeht, müssen hier einige Grundlagen besprochen werden. Es geht um die folgenden Aspekte, die geklärt werden müssen.

- Die Initialisierung von ESP32-NOW
- Die Callback-Funktion für das Senden und die Registrierung
- Hinzufügen eines Peer-Devices und die Registrierung
- Das Versenden einer Nachricht

Die Initialisierung von ESP32-NOW

Um ESP32-NOW überhaupt nutzen können, muss die entsprechende Library initialisiert werden.

Die Callback-Funktion - Send

Eine Callback-Funktion ist eine Rückruffunktion, die immer dann aufgerufen wird, wenn definierte Bedingungen mit definierten Argumenten auftreten. Man kann das als ein Ereignis betrachten, das auftritt. Eine derartige Funktion wird später aufgerufen, wenn gesendet oder empfangen wird. Eine derartige Funktion ist jedoch nicht einfach so vorhanden. Sie muss explizit registriert werden, damit sie aufgerufen werden kann. Auf der nachfolgenden Abbildung ist zu sehen, wann die Callback-Funktion für das Senden aufgerufen wird und was dann passiert.

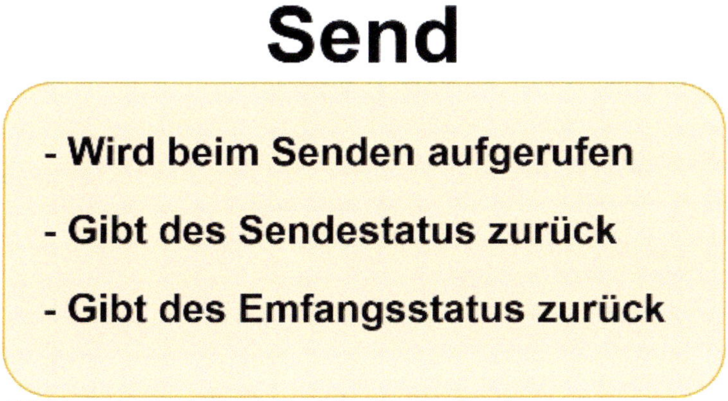

Abbildung 8: Die Callback-Funktion für das Senden

Die Peer-Device-Registrierung

Damit der Empfänger eindeutig angesprochen werden kann, muss seine MAC-Adresse bekannt sein. Diese wird dann über das Hinzufügen eines sogenannten Peer-Devices registriert. Ein Peer-Device ist ein Partnergerät in einem Netzwerk, das unter bestimmten Bedingungen angesprochen werden kann. Es können auch mehrere derartige Geräte vorhanden sein.

Das Versenden einer Nachricht

Das Ganze ergibt erst dann Sinn, wenn etwas über ESP32-NOW versendet wird. Wir senden also eine Nachricht an das registrierte Peer-Device.

Der Empfänger - Responder

Es gibt auch eine Callback-Funktion auf der Empfängerseite, die zu implementieren ist. Sie wird immer dann aufgerufen, wenn Daten empfangen werden. Auch eine derartige Funktion muss, wie beim Senden, hier beim Empfangen explizit registriert werden, damit es bei einem Ereignis zu einem entsprechenden Aufruf kommen kann. Hier die Punkte, die beim Empfänger umgesetzt werden müssen.

- Die Initialisierung von ESP32-NOW
- Die Callback-Funktion für das Empfangen und die Registrierung
- Die Speicherung der empfangenen Daten

Die Initialisierung von ESP32-NOW

Um ESP32-NOW auch auf der Empfängerseite nutzen können, muss auch hier die entsprechende Library initialisiert werden.

Die Callback-Funktion - Receive

Auf der nachfolgenden Abbildung ist zu sehen, wann die Callback-Funktion für das Empfangen aufgerufen wird und was dann passiert.

Receive

- **Wird beim Empfangen aufgerufen**
- **Gibt die Empfangsdaten zurück**

Abbildung 9: Die Callback-Funktion für das Empfangen

Das Speichern der Empfangsdaten

Die empfangenen Daten werden später im Sketch in einer Variablen gespeichert, um dann gegebenenfalls ausgewertet und weiterverarbeitet zu werden.

Die Sketche für das Senden in eine Richtung

Um das folgende Experiment durchzuführen, sind zwei ESP32-Module notwendig. Ich nutze dazu zwei Arduino-Nano-ESP32-Boards, wobei als zweites Board auch ein ESP32-Discovery-Board oder auch ein ESP8266-Board (mit modifiziertem Code) verwendet werden kann. Beginnen wir mit der Senderseite, wobei ich den Sketch aufgrund der Größe in einzelne Blöcke unterteile.

Der Sende-Sketch

Ich beginne mit der Sende-Seite und zeige nachfolgend die einzelnen Bereiche. Um die Nutzung von ESP32-NOW und WiFi zu ermöglichen, sind die entsprechenden Libraries erforderlich, die in den Zeilen 1 und 2 eingebunden werden.

```
1   #include <esp_now.h>
2   #include <WiFi.h>
```

Nachfolgend wird in Zeile 5 das Array broadcastAddress mit der zuvor ermittelten MAC-Adresse des Empfängers initialisiert. In Zeile 7 kommt es zur Definition einer Struktur, auf die ich jetzt ein wenig eingehen werde.

```
4   // MAC Address of responder
5   uint8_t broadcastAddress[] = {0x34, 0x85, 0x18, 0x7B, 0x70, 0x30};
6   // Define data structure
7   typedef struct struct_message {
8     char a[32]; // Text-Info
9     int b;      // Analog value
10  } struct_message;
```

Wenn es um die Sammlung von einer Vielzahl von Daten des gleichen Datentyps geht, dann kommen Arrays zum Einsatz. Müssen jedoch komplexere Daten unterschiedlichen Datentyps gespeichert werden, dann ist die Realisierung über Arrays nicht möglich. Ich fange recht einfach an, das hier verwendete Beispiel lässt sich beliebig erweitern. Ich möchte also beim Senden der Daten eine Nachricht (Text-Info) vom Datentyp char-Array (ähnlich einer Zeichenkette) und einen Messwert vom Datentyp int übertragen. Diese beiden Informationen sollen als eine Einheit, also innerhalb einer speziellen Variablen versendet werden. Zur Lösung nutzen wir ein Konstrukt der Sprache

C++, das sich Strukturen (struct) nennt. Strukturen sind eine Sammlung und Beschreibung verschiedener Daten unterschiedlicher Datentypen. Wir haben also die beiden Variablen vorliegen, die es in eine Struktur zu verpacken gilt.

- char a[32]
- int b

Das char-Array a ist auf 32 Zeichen begrenzt und dient der Aufnahme der Textnachricht. Die Integer-Variable b soll den Messwert speichern. Nachfolgend ist der grundsätzliche Aufbau einer Struktur zu sehen, die um einige Elemente erweitert wurde, um die Flexibilität zu zeigen.

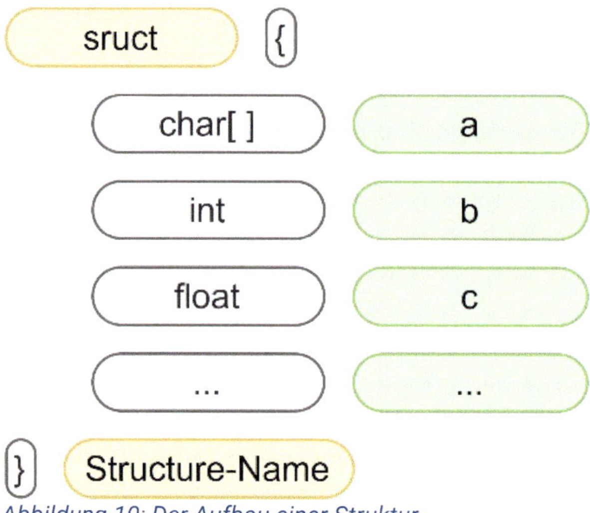

Abbildung 10: Der Aufbau einer Struktur

Über das Schlüsselwort typedef wird die Strukturdefinition in Zeile 7 eingeleitet. Der vergebene Name struct_message kann von jetzt an wie ein ganz normaler Datentyp verwendet werden, um darüber Variablen zu deklarieren, was später in Zeile 13 auch erfolgt. Es wird die Variable myData mit dem Datentyp struct_message deklariert. Des Weiteren wird in Zeile 14 ein Peer-Device erstellt, das dann in Zeile 33 für die Speicherung der MAC-Adresse genutzt wird.

```
12    // Create a structured object
13    struct_message myData;
14    esp_now_peer_info_t peerInfo; // Peer info
```

Ich möchte noch kurz auf die Nutzung der spezielle struct-Variablen myData eingehen. Wir haben schon gesehen, wie der Zugriff auf Methoden verschiedener Klassen erfolgt. Es wird die Klasse und dann die Methode genannt, die durch den Punktoperator miteinander verbunden sind. Hier ist es ganz ähnlich.

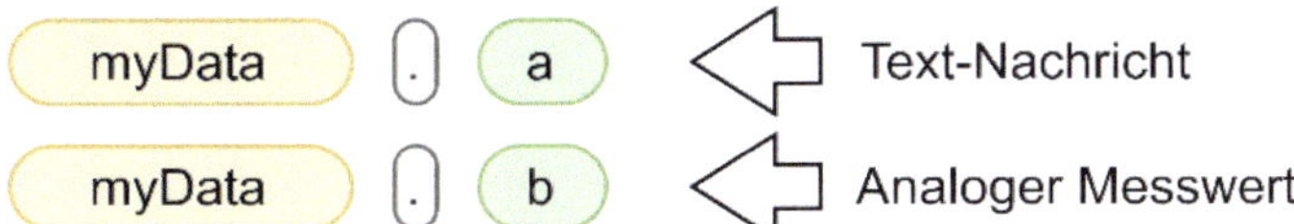

Abbildung 11: Der Zugriff auf die Elemente der struct-Variablen myData

Im nächsten Schritt definieren wir die schon erwähnte Callback-Funktion, die immer dann aufgerufen wird, wenn etwas versendet wird.

```
16  // Callback function called when data is sent
17  void OnDataSent(const uint8_t *mac_addr, esp_now_send_status_t status) {
18    Serial.print("\r\nLast Packet Send Status:\t");
19    Serial.println(status == ESP_NOW_SEND_SUCCESS ? "Delivery Success" : "Delivery Fail");
20  }
```

Der Funktionsname OnDataSent ist hier willkürlich gewählt, muss aber später beim Registrieren der Funktion genauso angegeben werden. Die Funktion besitzt zwar keinen Funktionsrückgabewert, der hier mit void angegeben wurde; dennoch wird der Status beim Aufruf a die gleichnamige Variable status zurückgeliefert, die dann im weiteren Verlauf der Funktion ausgewertet wird. In Abhängigkeit deren Inhalt kommt es zur Anzeige im Serial Monitor. In der nachfolgenden setup-Funktion (Teil 1) werden grundlegende Initialisierungen vorgenommen. Die serielle Schnittstelle wird initialisiert und diesmal mit 115200 Baud versehen. Die WiFi-Verbindung wird auf Station Mode gesetzt und die ESP32-NOW-Initialisierung über den Aufruf der esp_now_init-Funktion vorgenommen und ausgewertet.

```
22  void setup(){
23    Serial.begin(115200); // Set up Serial Monitor
24    WiFi.mode(WIFI_STA);  // Set ESP32 as a WiFi Station
25    // Initilize ESP-NOW
26    if (esp_now_init() != ESP_OK) {
27      Serial.println("Error initializing ESP-NOW");
28      return;
29    }
```

Abbildung 12: setup-Funktion - Teil 1

Kommen wir zum nächsten Teil der setup-Funktion. Um die zuvor definierte Callback-Funktion dem System bekannt zu machen, muss sie registriert werden, was in Zeile 32 über den Aufruf der esp_now_register_send_cb-Funktion mit der Angabe des vergebenen Funktionsnamens OnDataSent erfolgt. Die ermittelte MAC-Adresse, die sich im Array broadcastAddress befindet, wird in Zeile 33 über den Aufruf von memcpy in peerInfo.peer_addr mit der Angabe der notwendigen Bytes - hier 6 - kopiert. Nachfolgend ist die sehr vereinfachte Darstellung des memcpy-Befehls zu sehen.

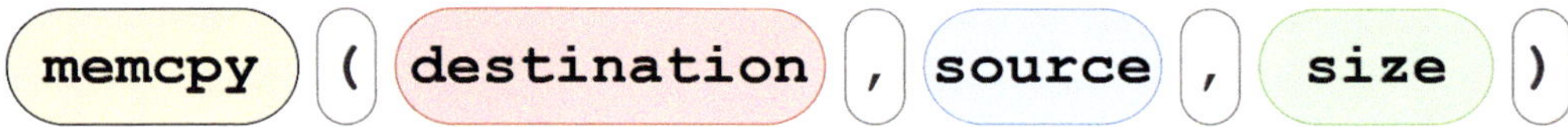

Abbildung 13: Der memcpy-Befehl

Zurück zum Code. Über den Aufruf von weiteren Eigenschaften des Peer-Objekts werden in den Zeilen 34 und 35 der Channel und die Verschlüsselung initialisiert. Der Aufruf der esp_now_add_peer-Funktion mit der Übergabe des Peer-Objekts aus Zeile 14 gibt den Status des Hinzufügens der Peer-Devices zurück.

```
30    // Register the send callback
31    esp_now_register_send_cb(OnDataSent);
32    // Register peer
33    memcpy(peerInfo.peer_addr, broadcastAddress, 6);
34    peerInfo.channel = 0;
35    peerInfo.encrypt = false;
36    // Add peer
37    if (esp_now_add_peer(&peerInfo) != ESP_OK){
38      Serial.println("Failed to add peer");
39      return;
40    }
41  }
```

Abbildung 14: setup-Funktion - Teil 2

Kommen wir nun zum Aufruf der loop-Funktion, in der die ermittelten Daten an den Empfänger versendet werden. Über die strcpy-Funktion wird die angegebene Zeichenkette in Zeile 45 an das erste Element der Variablen myData übergeben. Die Funktionsweise von strcpy ähnelt der von memcpy. Hier ist die Angabe der zu kopierenden Bytes nicht erforderlich.

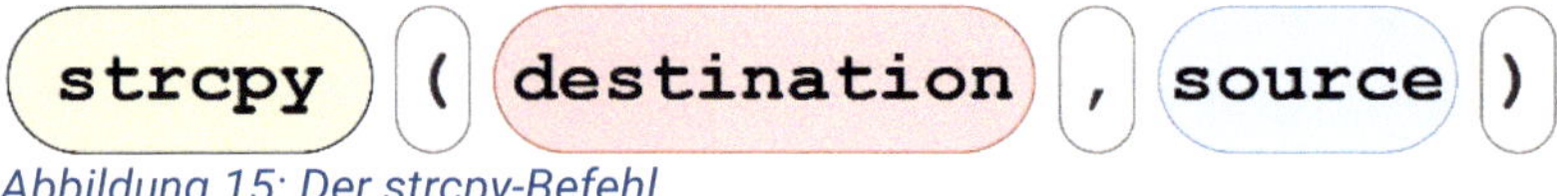

Abbildung 15: Der strcpy-Befehl

In Zeile 46 wird über den Aufruf der analogRead-Funktion der analoge Eingang A7 aufgerufen und dem zweiten Element der Variablen myData zugeordnet. In Zeile 48 wird über den Aufruf der esp_now_send-Funktion mit der Angabe der MAC-Adresse, dem Zeiger auf die Variable myData und der Größe der Variablen myData die Nachricht an den Empfänger versendet. Diese Funktion stellt einen Rückgabewert zur Verfügung, der in der Variablen status gespeichert und in den nachfolgenden Zeilen ausgewertet wird, um eine entsprechende Nachricht im Serial Monitor auszugeben. Das &-Zeichen vor dem zweiten Argument (myData) bewirkt nicht die Übergabe der Variablen mit deren Wert, sondern die Adresse im Speicher. Diese Angabe ist nützlich für Zeigerdeklarationen. Weitere Hinweise würden etwas den Rahmen sprengen. Die Angabe der Wartezeit über den Aufruf der delay-Funktion in Zeile 53 sorgt für eine Pause von zwei Sekunden. Bei der Übertragung von Informationen sollten immer mehr oder weniger große Pausen eingelegt werden, um dem Datentransfer die dafür notwendige Zeit einzuräumen.

```
43  void loop() {
44    // Format structured data
45    strcpy(myData.a, "Here is the sending Nano-ESP32!");
46    myData.b = analogRead(A7); // Send analog data A7
47    // Send message via ESP-NOW
48    esp_err_t result = esp_now_send(broadcastAddress, (uint8_t *) &myData, sizeof(myData));
49    if (result == ESP_OK)
50      Serial.println("Sending confirmed");
51    else
52      Serial.println("Sending error");
53    delay(2000);
54  }
```

Der Empfangs-Sketch

Um die Nutzung von ESP32-NOW und WiFi zu ermöglichen, sind auch auf der Empfangs-Seite die entsprechenden Libraries erforderlich, die in Zeile 1 und 2 eingebunden werden. Zudem wird in den Zeilen 5 bis 8 wieder die Struktur definiert, die der auf der Senderseite entspricht. Wir möchten ja die gleiche Datenstruktur empfangen, die auch versendet wurde. Die Variable myData wird in Zeile 11 auch hier mit diesem struct-Datentyp deklariert.

```
1   #include <esp_now.h>
2   #include <WiFi.h>
3
4   // Define a data structure
5   typedef struct struct_message {
6     char a[32]; // Text-Info
7     int b;      // Analog value
8   } struct_message;
9
10  // Create a structured object
11  struct_message myData;
```

Nachfolgend kommt es zur Definition einer auch hier benötigten Callback-Funktion, die jetzt OnDataRecv lautet, und die angegebenen Parameter besitzt. In ihr werden die wünschenswerten Informationen im Serial Monitor angezeigt.

```
13  // Callback function executed when data is received
14  void OnDataRecv(const uint8_t * mac, const uint8_t *incomingData, int len) {
15    memcpy(&myData, incomingData, sizeof(myData));
16    Serial.print("Data received: ");
17    Serial.println(len);
18    Serial.print("Sender Name: ");
19    Serial.println(myData.a);
20    Serial.print("Analog Value A7: ");
21    Serial.println(myData.b);
22    Serial.println();
23  }
```

Sehen wir uns die Inhalte der setup- und der loop-Funktion an, wobei letztere leer ist, da die zu verarbeitenden Daten durch die Callback-Funktion abgehandelt werden. In Zeile 26 und 27 werden sowohl die serielle Schnittstelle als auch das WiFi wie bekannt initialisiert. Auch hier muss eine Initialisierung von ESP32-NOW erfolgen, was in Zeile 29 erfolgt. Die Registrierung der Callback-Funktion, die ab Zeile 14 erfolgte, geschieht innerhalb der setup-Funktion in Zeile 34.

```
25  void setup() {
26    Serial.begin(115200); // Set up Serial Monitor
27    WiFi.mode(WIFI_STA);  // Set ESP32 as a Wi-Fi Station
28    // Initilize ESP-NOW
29    if (esp_now_init() != ESP_OK) {
30      Serial.println("Error initializing ESP-NOW");
31      return;
32    }
33    // Register callback function
34    esp_now_register_recv_cb(OnDataRecv);
35  }
36
37  void loop() {/*...*/}
```

Nachdem beide Sketche auf die beiden Arduino-Nano-ESP32-Boards hochgeladen wurden, sehen wir die Inhalte des Serial Monitors sowohl auf Sender- als auch auf Empfangs-Seite an. Beim Hochladen der Sketche ist darauf zu achten, dass nicht beide Boards gleichzeitig mit den USB-Ports verbunden sind. Es kann dort zu Identifikationsproblemen der Entwicklungsumgebungen kommen, die gleichzeitig zwei Instanzen geöffnet haben kann. Nach dem erfolgreichen Hochladen müssen die Boards beide über USB mit dem Computer verbunden sein. Auf Sender-Seite laufen lediglich die Statusmeldungen über das Versenden der Daten auf, die diese jedoch nicht anzeigen.

Sender-Seite

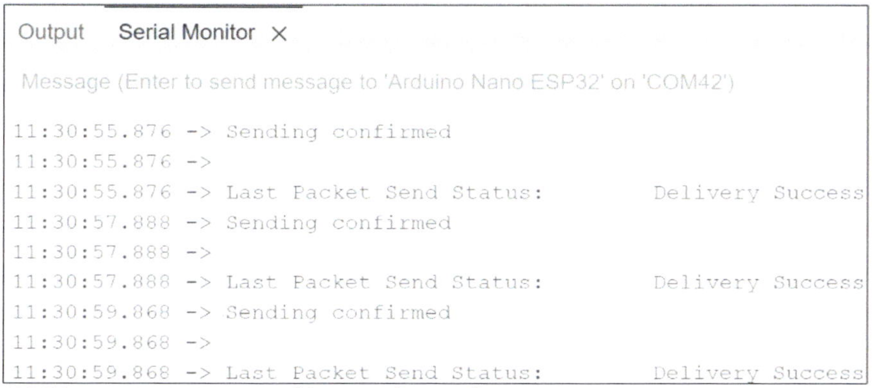

```
Output    Serial Monitor ×

Message (Enter to send message to 'Arduino Nano ESP32' on 'COM42')

11:30:55.876 -> Sending confirmed
11:30:55.876 ->
11:30:55.876 -> Last Packet Send Status:      Delivery Success
11:30:57.888 -> Sending confirmed
11:30:57.888 ->
11:30:57.888 -> Last Packet Send Status:      Delivery Success
11:30:59.868 -> Sending confirmed
11:30:59.868 ->
11:30:59.868 -> Last Packet Send Status:      Delivery Success
```

Abbildung 16: Die Statusmeldungen der Sender-Seite

Auf der Empfangs-Seite sieht es wie folgt aus, wobei ich am Potentiometer beim Sende-Arduino-Nano-ESP32 gedreht habe.

Empfangs-Seite

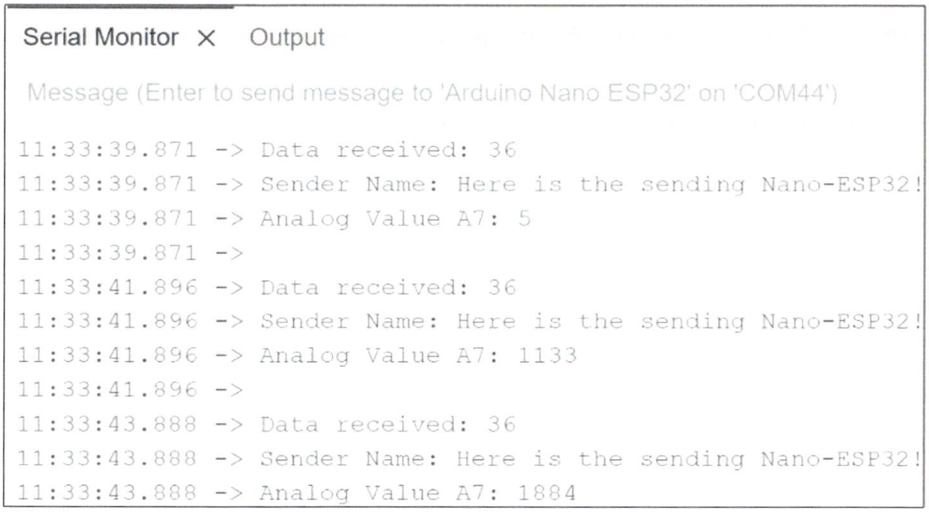

```
Serial Monitor ×    Output

Message (Enter to send message to 'Arduino Nano ESP32' on 'COM44')

11:33:39.871 -> Data received: 36
11:33:39.871 -> Sender Name: Here is the sending Nano-ESP32!
11:33:39.871 -> Analog Value A7: 5
11:33:39.871 ->
11:33:41.896 -> Data received: 36
11:33:41.896 -> Sender Name: Here is the sending Nano-ESP32!
11:33:41.896 -> Analog Value A7: 1133
11:33:41.896 ->
11:33:43.888 -> Data received: 36
11:33:43.888 -> Sender Name: Here is the sending Nano-ESP32!
11:33:43.888 -> Analog Value A7: 1884
```

Abbildung 17: Die Anzeige der Daten auf Empfangs-Seite

Hier ist wunderbar zu sehen, dass sowohl der Nachrichtentext als auch die unterschiedlichen Messwerte des analogen Eingangs A7 angezeigt werden.

Der Aufbau

Der Aufbau der beiden Arduino-Nano-ESP32-Module ist denkbar einfach und wir müssen nur die Anordnung des Potentiometers aus dem entsprechenden analogen Kapitel so übernehmen.

Abbildung 18: Der Schaltungsaufbau der beiden Arduino-Nano-ESP32-Module

Die Ein-Weg-Fernsteuerung

Jetzt wollen wir etwas Nützliches mit dem erarbeiteten Wissen machen. Ich habe vor, drei Taster mit dem Initiator zu verbinden und zusätzlich zu dem analogen Messwert an den Responder deren Status zu übertragen. Dort sollen dann entsprechende LEDs aufleuchten, damit zu sehen ist, dass dort auch etwas ankommt. Eine weitere LED soll den PWM-Wert anzeigen. Die serielle Schnittstelle zur Anzeige soll diesmal nicht primär zum Anzeigen der Empfangsdaten verwendet werden. Nachfolgend sind sowohl Schaltpläne als auch Schaltungsaufbauten zu sehen.

Die Schaltpläne

Hier nun der Schaltplan für den Sender.

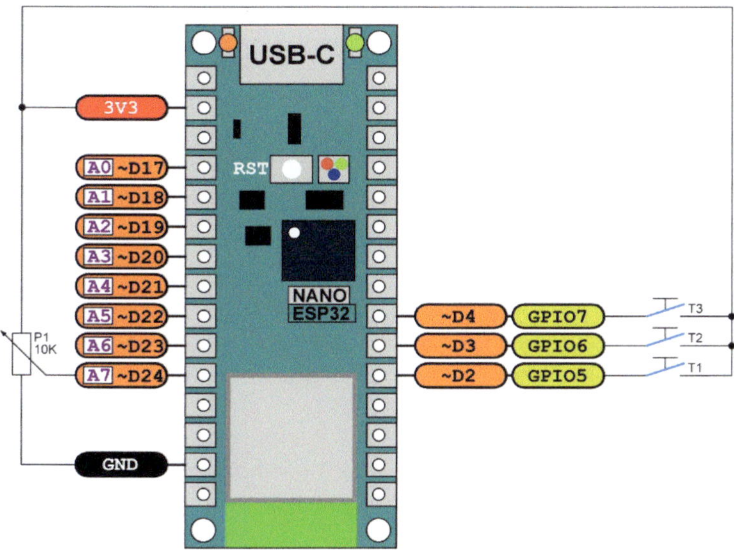

Abbildung 19: Der Schaltplan für den Sender

Und der Schaltplan für den Empfänger.

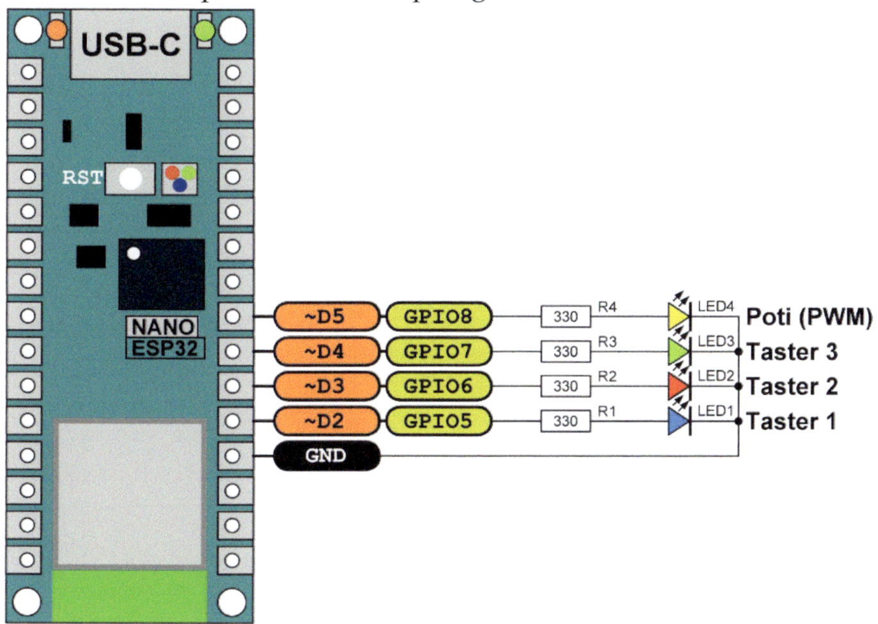

Abbildung 20: Der Schaltplan für den Empfänger

Der Schaltungsaufbau

Abbildung 21: Der Schaltungsaufbau mit Sender und Empfänger

Sehen wir uns jetzt die Modifikationen des zuvor gesehenen Sender-Sketches an. Ich zeige nur die Stellen, die angepasst werden müssen. Wir werden hier einiges über die sogenannte Bit-Manipulation lernen, denn diese ist essentiell im Umgang mit Mikrocontrollern. Zu Beginn steht die Frage, wie das mit der Übertragung der Statusinformationen der einzelnen Taster funktionieren soll. Man kann für jeden einzelnen Taster eine eigene Variable in der Struktur hinzufügen. Also ganz nach folgendem Schema.

```
// Define data structure
typedef struct struct_message {
  char a[32]; // Text-Info
  int b;      // Analog value
  int btn1;   // Button 1-State
  int btn2;   // Button 2-State
  int btn3;   // Button 3-State
} struct_message;
```

Abbildung 22: Die struct-Definition für drei zusäetzliche Taster

Das wird aber bei noch mehr Tastern recht umfangreich und muss nicht sein. Wir kommen mit einer einzigen Variablen aus. Wie soll das funktionieren? Etwas Geduld noch!

Der Sender - Initiator

Fangen wir mit den Modifikationen auf Sender-Seite an. Wir müssen die Pins für die drei zusätzlichen Taster definieren, was ich diesmal über #define und die entsprechenden Werte in den Zeilen 3, 4 und 5 gemacht habe. Der struct-Anweisung habe ich lediglich eine einzige Variable des Datentyps int in Zeile 11 hinzugefügt.

```
1   #include <esp_now.h>
2   #include <WiFi.h>
3   #define buttonBlue  2 // Pin Blue-Button
4   #define buttonRed   3 // Pin Red-Button
5   #define buttonGreen 4 // Pin Green-Button
6   // MAC Address of responder
7   uint8_t broadcastAddress[] = {0x34, 0x85, 0x18, 0x7B, 0x70, 0x30};
8   // Define data structure
9   typedef struct struct_message {
10    char a[32]; // Text-Info
11    int b;      // Analog value
12    int c;      // Button-State
13  } struct_message;
```

Die nächste Anpassung ist innerhalb der setup-Funktion erforderlich, denn die Taster-Pins müssen als Eingänge konfiguriert werden und diesmal habe ich bei der pinMode-Funktion den schon erwähnten Modus INPUT_PULLDOWN genutzt, um die internen Pulldown-Widerstände an den jeweiligen Pins zu aktivieren, wie es in den Zeilen 33, 34 und 35 zu sehen ist.

```
25  void setup(){
26    Serial.begin(115200); // Set up Serial Monitor
27    WiFi.mode(WIFI_STA);  // Set ESP32 as a WiFi Station
28    // Initilize ESP-NOW
29    if (esp_now_init() != ESP_OK) {
30      Serial.println("Error initializing ESP-NOW");
31      return;
32    }
33    pinMode(buttonBlue,  INPUT_PULLDOWN);
34    pinMode(buttonRed,   INPUT_PULLDOWN);
35    pinMode(buttonGreen, INPUT_PULLDOWN);
36    ...
```

Nun müssen wir lediglich in der loop-Funktion die drei Taster hinsichtlich ihres Status abfragen und dann wie gewohnt die myData-Variable mit dem neuen struct-Datentyp versenden. Jetzt geht es gewissermaßen etwas ans Eingemachte. In den Zeilen 53, 54 und 55 stehen für das ungeübte Auge recht merkwürdige Befehle. Das angesprochene Thema der Bit-Manipulation kommt zum Tragen.

```
49  void loop() {
50    // Format structured data
51    strcpy(myData.a, "Here is the sending Nano-ESP32!");
52    myData.b = analogRead(A7); // Send analog data A7
53    myData.c = (digitalRead(buttonBlue) ==HIGH?myData.c|=(1 << 0):myData.c&=~(1 << 0));
54    myData.c = (digitalRead(buttonRed)  ==HIGH?myData.c|=(1 << 1):myData.c&=~(1 << 1));
55    myData.c = (digitalRead(buttonGreen)==HIGH?myData.c|=(1 << 2):myData.c&=~(1 << 2));
56    Serial.println(myData.c); // Show Button-State
57    ...
```

Nehmen wir uns einmal Zeile 53 vor, da das im Grunde genommen für das Verständnis ausreicht. Eine Integer-Variable, die ja eine Ganzzahl speichert, ist auf der untersten Ebene in Form von einzelnen Bits gespeichert. Ich werde das der Einfachheit halber an einer acht Bit breiten Variablen zeigen.

Was bedeutet Bit?

Der Ausdruck Bit steht für Binary Digit und ist die kleinste binäre Informationseinheit und somit die Basis für alle größeren Dateneinheiten der Digitaltechnik. Ein Bit kann entweder den Zustand 0 oder 1 abbilden.

Sehen wir uns eine acht Bit breite Darstellung genauer an, wobei sich die Stelle mit dem niedrigsten Wert ganz wie bei unserem Dezimalsystem rechts außen befindet.

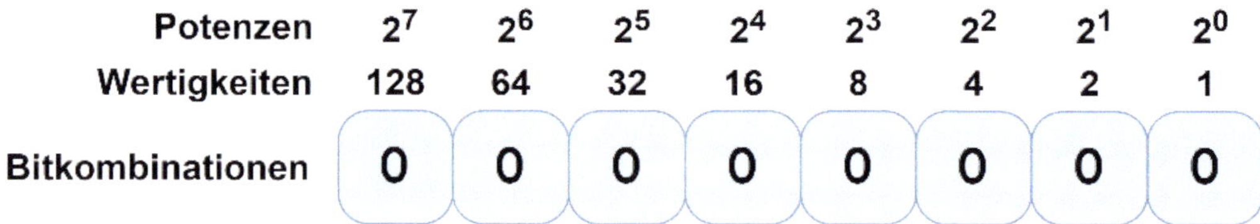

Abbildung 23: Die acht Bits

Ich habe gerade unser Dezimalsystem erwähnt, mit dem wir täglich umgehen und für jegliche Art von Berechnungen nutzen. Es fußt auf der Basis 10, weil es zehn verschiedene Ziffern (0 bis 9) gibt. Wenn es um Binärzahlen geht, dann sieht es etwas anders aus.

Was bedeutet Binärsystem?

Beim Binärsystem handelt es sich um ein Zahlensystem zur Darstellung von Zahlen mit nur zwei verschiedenen Ziffern, 0 und 1.

Aha, 0 und 1 sind ja genau die möglichen Zustände eines einzelnen Bits. Deswegen fällt die Handhabung von Bits auch in die Kategorie Dual- oder Binärsystem. Hier wird nicht die Basis 10 verwendet, sondern die Basis 2, weil es eben nur die möglichen Ziffern 0 und 1 gibt. Einfach, nicht wahr? Sehen wir uns einmal eine Bit-Kombination an und ermitteln dann den entsprechenden Dezimalwert. Zur Umwandlung des binären Werts sieht man sich lediglich die Bit-Stellen an, die eine 1 besitzen und addiert dann die entsprechenden Wertigkeiten.

Potenzen	2^7	2^6	2^5	2^4	2^3	2^2	2^1	2^0	
Wertigkeiten	128	64	32	16	8	4	2	1	
Bitkombinationen	0	1	0	0	1	1	0	1	
Dezimalwerte		64			8	4		1	⇨ 64+8+4+1=77

Abbildung 24: Die Konvertierung eines Binärwerts in einen Dezimalwert

Das Ergebnis lautet also 010011012 und ist gleich 7710. Bei der Schreibweise von mehreren Zahlensystemen ist es üblich, die Basis als tiefgestellten Wert rechts unten mit anzugeben. Hinsichtlich der Binärzahlen gibt es auch noch die folgende Schreibweise: b01001101. Es wird ein kleines b oder großes B als Präfix angeführt. Vielleicht dämmert es dem einen oder anderen an dieser Stelle schon, worauf ich hinauswill.

Die Bit-Manipulation

Jedes einzelne Bit kann als Status vor irgendetwas angesehen werden und in einem acht Bit breiten Wert können demnach acht unterschiedliche Status gespeichert werden. Nutzen wir das doch für unsere drei Taster und sehen das wie folgt.

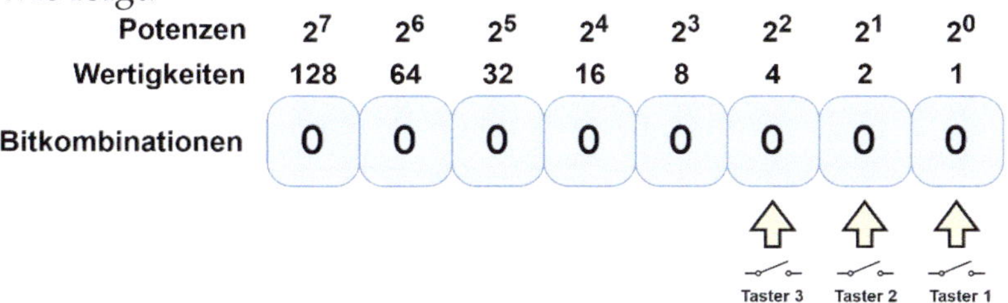

Abbildung 25: Die drei Taster und ihre entsprechenden Bits

Wie soll das funktionieren, wenn mehrere Taster gedrückt sind und geht das überhaupt? Sehen wir nach. Auf der folgenden Abbildung ist zu sehen, dass nur Taster 1 gedrückt ist. Demnach ist die dezimale Wertigkeit 1.

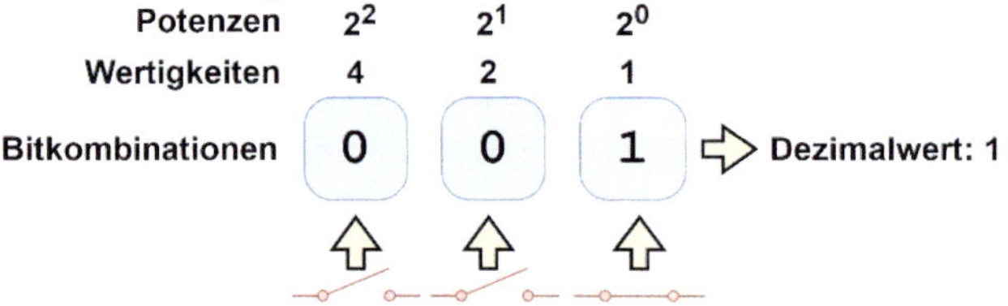

Abbildung 26: Nur Taster 1 wurde gedrückt

Drücken wir jetzt zwei Taster gleichzeitig. Auf der folgenden Abbildung ist zu sehen, dass Taster 1 und Taster 2 gedrückt sind. Demnach ist die dezimale Wertigkeit 5.

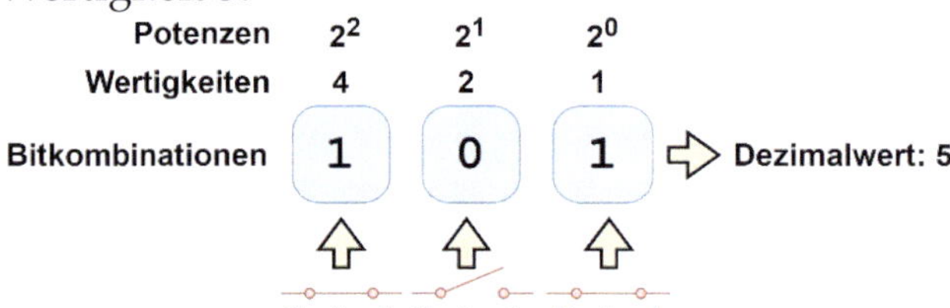

Abbildung 27: Taster 1 und 3 sind gedrückt

Es kann also sehr gut differenziert werden, welcher beziehungsweise welche Taster gedrückt wurde(n). Jetzt müssen wir im nächsten Schritt die drei Taster hinsichtlich ihres Status abfragen und dann die richtigen Bits manipulieren. Ist ein Taster nicht gedrückt, muss das entsprechende Bit gelöscht, also auf 0 gesetzt werden. Bei einem gedrückten Taster muss das betreffende Bit gesetzt, also mit 1 versehen werden. Jetzt sind wir an dem Punkt angelengt, an dem es um die Bit-Manipulation geht. Wie ist es möglich, gezielt auf einzelne Bits einzuwirken? Es gibt in C++ verschiedene Operatoren, die das ermöglichen.

Operator	Funktion
&	Bitweise UND-Verknüpfung (AND)
|	Bitweise ODER-Verknüpfung (OR)
~	Bitweise NICHT-Verknüpfung (NOT)
^	Bitweise Exklusiv-ODER-Verknüpfung (XOR)
<<	Bitweises nach links schieben (Bitshift-Left)
>>	Bitweises nach rechts schieben (Bitshift-Right)

Tabelle 1: Bit-Operatoren

Hier ein interessanter Link, um sich näher mit der Bit-Manipulation auseinanderzusetzen.

https://www.mikrocontroller.net/articles/Bitmanipulation

Fangen wir mit dem Setzen eines Bits an. Dazu müssen wir mit einer bitweisen ODER-Verknüpfung beginnen. Angenommen, wir möchten das folgende Bit setzen, also dort eine 1 platzieren, ohne dass die anderen Bits in Mitleidenschaft gezogen werden. Die Bit-Bezeichnung startet immer beim Indexwert 0. Bit 2 ist also noch mit dem Wert 0 versehen.

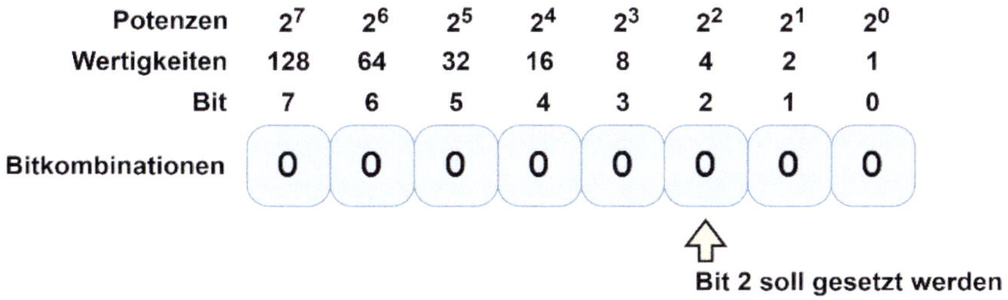

Potenzen	2^7	2^6	2^5	2^4	2^3	2^2	2^1	2^0
Wertigkeiten	128	64	32	16	8	4	2	1
Bit	7	6	5	4	3	2	1	0
Bitkombinationen	0	0	0	0	0	0	0	0

Bit 2 soll gesetzt werden

Abbildung 28: Bit 2 soll gesetzt werden

In der Digitaltechnik gibt es verschiedene logische Verknüpfungen. Wir müssen also eine auswählen, die eine 1 als Ergebnis liefert, egal ob der erste Wert mit einer 0 oder 1 versehen ist. In diesem Fall kommt die ODER-Verknüpfung ins Spiel. Zum besseren Verständnis werfen wir einen Blick auf die Wertetabelle der ODER-Verknüpfung.

A	B	Q = A | B
0	0	0
0	1	1
1	0	1
1	1	1

Tabelle 2: Die Wertetabelle der ODER-Verknüpfung

Man sieht, dass eine 1 an einem Eingang A oder Eingang B ausreicht, um den Ausgang Q ebenfalls auf 1 zu setzen. Für das Setzen eines Bits gibt es unterschiedliche Ansätze, doch ich habe mich für den Folgenden entschieden, mit dem eine 1 an die betreffende Bit-Position über Bitshift-Left geschoben wird. Man geht wie folgt vor.

- Eine 1 zwei Positionen nach links schieben.
- Die ODER-Verknüpfung mit dem Ursprungswert.

Erster Schritt: Den Wert 1 um zwei Positionen nach links verschieben.

Die nachfolgende Verschiebung der 1 erfolgt nur im Speicher und hat noch keine Auswirkung auf das Endergebnis.

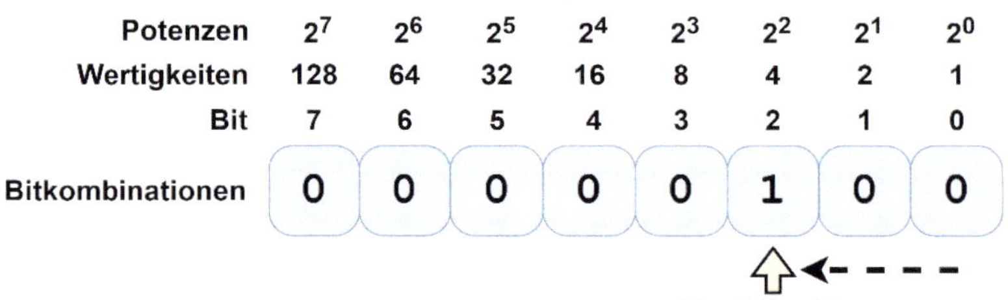

Abbildung 29: Der Wert 1 wird um zwei Positionen nach links verschoben

Zweiter Schritt: Den zuvor verschobenen Wert ODER-Verknüpfen.

Die mit einem X markierten Bits besagen, dass ihr Inhalt keine Rolle spielt.

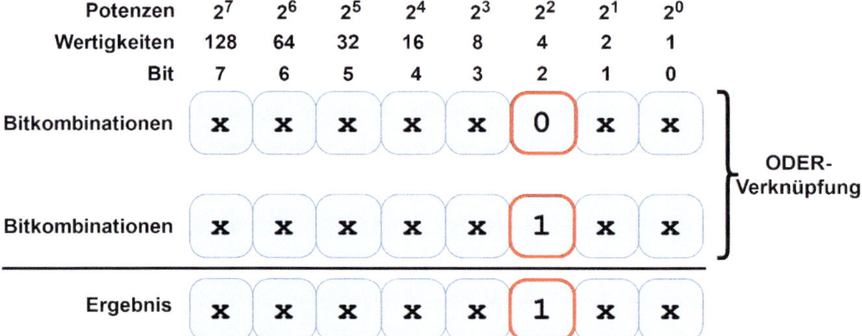

Abbildung 30: Die ODER-Verknüpfung

Sehen wir uns das Löschen eines Bits an. Können wir hier die schon benutzte ODER-Verknüpfung anwenden? Das funktioniert nicht, denn wenn ein Eingangssignal bei einer ODER-Verknüpfung schon eine 1 besitzt, ist es egal, welchen Wert das andere Eingangssignal besitzt. Das Ausgangssignal wäre immer 1. Wir müssen auf die bitweise UND-Verknüpfung zugreifen. Nachfolgend ist die Wertetabelle der UND-Verknüpfung zu sehen.

A	B	Q = A & B
0	0	0
0	1	0
1	0	0
1	1	0

Tabelle 3: Die Wertetabelle der UND-Verknüpfung

Man sieht, dass beide Eingänge A beziehungsweise B eine 1 vorweisen müssen, damit der Ausgang Q auf 1 geht. Man geht wie folgt vor.

- Eine 1 zwei Positionen nach links schieben.
- Die UND-Verknüpfung mit dem Ursprungswert.

Erster Schritt: Den Wert 1 um zwei Positionen nach links verschieben.

Die nachfolgende Verschiebung der 1 erfolgt nur im Speicher und hat noch keine Auswirkung auf das Endergebnis. Es verhält sich hier genauso wie beim Setzen eines Bits (erster Schritt).

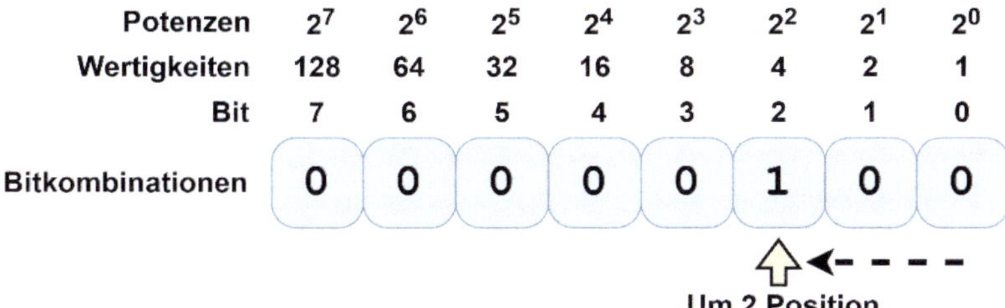

Abbildung 31: Der Wert 1 wird um zwei Positionen nach links verschoben

Zweiter Schritt: Zuvor verschobenen Wert negieren und UND-Verknüpfen.

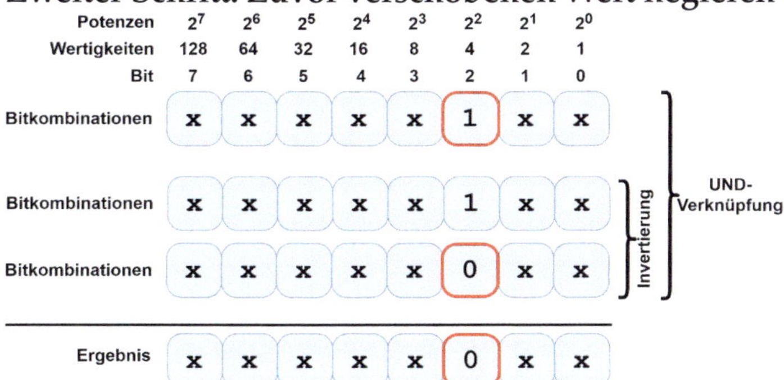

Abbildung 32: Die ODER-Verknüpfung

Sehen wir uns jetzt wieder Zeile 53 an und analysieren ihre Funktion.

```
53 | myData.c = (digitalRead(buttonBlue) ==HIGH?myData.c|=(1 << 0):myData.c&=~(1 << 0));
```

Den Fragezeichen-Operator kennen wir mittlerweile. Wurde also über die digitalRead-Funktion der Tasterstatus des blauen Tasters ermittelt, wird im nicht gedrückten Zustand myData.c einer binären ODER-Verknüpfung mit sich selbst erfahren und das mit dem Wert (1 << 0). Die 0 bedeutet, dass es zu keiner Verschiebung der 1 kommt und diese an Bit-Position 0 verbleibt. Wird die blaue Taste jedoch gedrückt, kommt es zu einer binären UND-Verknüpfung von myData.c mit sich selbst über den Wert ~(1<<0), was über das Negierungszeichen (~) eine bitweise Invertierung des Werts in der Klammer bedeutet. Bei den beiden anderen Tastern wird lediglich die Schiebeoperation um die entsprechenden Bit-Positionen angepasst.

```
54 | myData.c = (digitalRead(buttonRed)  ==HIGH?myData.c|=(1 << 1):myData.c&=~(1 << 1));
55 | myData.c = (digitalRead(buttonGreen)==HIGH?myData.c|=(1 << 2):myData.c&=~(1 << 2));
```

Über Zeile 56 wird der erkannte Status, der sich in myData.c verbirgt, im Serial Monitor angezeigt.

```
56 | Serial.println(myData.c); // Show Button-State
```

Sehen wir nach. Ich habe nacheinander die gezeigten Taster gleichzeitig gedrückt.

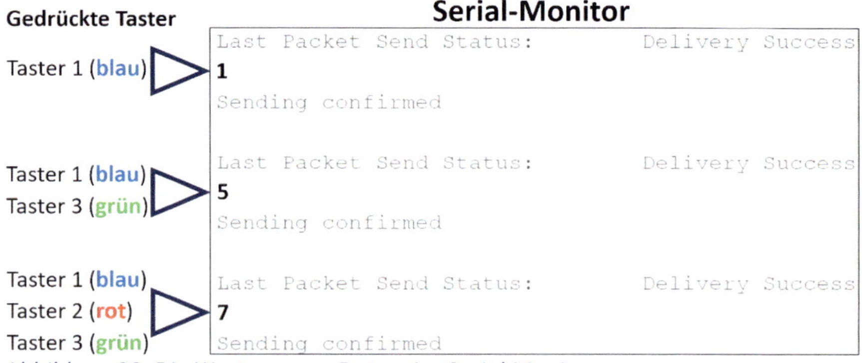

Abbildung 33: Die Werte von myData.c im Serial Monitor

Sehen wir nach, wie es auf der Empfängerseite aussieht, denn da soll ja der empfangene Wert von myData.c wieder entschlüsselt werden, um darüber die entsprechenden LEDs anzusteuern.

Der Empfänger - Responder

Fahren wir mit den Modifikationen auf Empfängerseite fort. Wir müssen die Pins für die drei zusätzlichen LEDs des Tasterstatus und die PWM-LED definieren, was ich ebenfalls über #define und die entsprechenden Werte in den Zeilen 3 bis 6 gemacht habe. Die struct-Anweisung habe ich der des Senders angepasst und ebenfalls eine einzige Variable des Datentyps int in Zeile 12 hinzugefügt.

```
1   #include <esp_now.h>
2   #include <WiFi.h>
3   #define ledBlue    2 // Pin Blue-LED
4   #define ledRed     3 // Pin Red-LED
5   #define ledGreen   4 // Pin Green-LED
6   #define ledYellow  5 // Pin Yellow-LED (PWM)
7
8   // Define a data structure
9   typedef struct struct_message {
10    char a[32]; // Text-Info
11    int b;      // Analog value
12    int c;      // Button-State
13  } struct_message;
```

Ich ziehe hier einmal die Änderungen in der setup-Funktion vor, denn sie kommt eigentlich später, doch das spielt keine Rolle. In den Zeilen 39 bis 42 werden die pinMode-Befehle definiert, die über den OUTPUT-Modus das Ansteuern der LEDs ermöglichen.

```
37  void setup() {
38    ...
39    pinMode(ledBlue,   OUTPUT);
40    pinMode(ledRed,    OUTPUT);
41    pinMode(ledGreen,  OUTPUT);
42    pinMode(ledYellow, OUTPUT);
43    ...
```

Die Ansteuerung der LEDs muss innerhalb der Callback-Funktion OnDataRecv erfolgen. In den Zeilen 31 bis 34 erfolgt die Ansteuerung, auf die ich nun näher eingehen möchte.

```
// Callback function executed when data is received
void OnDataRecv(const uint8_t * mac, const uint8_t *incomingData, int len) {
  memcpy(&myData, incomingData, sizeof(myData));
  Serial.print("Data received: ");
  Serial.println(len);
  Serial.print("Sender Name: ");
  Serial.println(myData.a);
  Serial.print("Analog Value A7: ");
  Serial.println(myData.b);
  Serial.print("Button-State: ");
  Serial.println(myData.c);
  Serial.println();
  // LED-Control
  digitalWrite(ledBlue,   myData.c&1);
  digitalWrite(ledRed,    myData.c&2);
  digitalWrite(ledGreen, myData.c&4);
  analogWrite(ledYellow, myData.b/16); // PWM-Control
}
```

Hier ist es wieder erforderlich, sich etwas mit der Bit-Manipulation auszukennen, denn wir müssen ja die in myData.c enthaltenen Bits auslesen und das Ergebnis der richtigen LED zuweisen. Sehen wir uns das genauer an. Um einzelne Bits einer gegebenen Bit-Kombination auszulesen, ist eine sogenannte Bit-Maske erforderlich. Diese Bit-Maske muss dann mit der zu untersuchenden Bit-Kombination UND-verknüpft werden, was auf der folgenden Abbildung zu sehen ist. Überall dort, wo bei der Bit-Maske eine 1 steht, kann man nachsehen, ob bei der zu untersuchenden Bit-Kombination auch eine 1 ist. Ist das der Fall, wird diese 1 durch die UND-Verknüpfung erkannt und quasi durchgereicht. Die Bit-Maske soll in diesem Beispiel Bit 0 und Bit 1 untersuchen und entsprechend weiterleiten. Ich habe Bit 0 rot markiert, denn nur dort kommt die 1 durch. Bit 2 soll auch untersucht werden, doch in der Bit-Kombination ist dort eine 0 zu sehen, sodass hier nichts durchkommt. Alle anderen Bits (Bit 2 bis Bit 7) bleiben unberücksichtigt, denn in der Bit-Maske steht an allen Positionen eine 0.

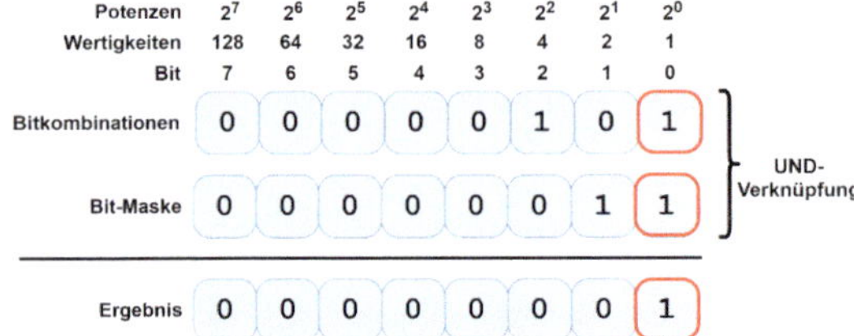

Abbildung 34: Die Maskierung der Bits über eine Bit-Maske

Auf diese Weise können wir unsere notwendigen Bits (Bit 0, Bit 1 und Bit 2) maskieren und nachsehen, was sich dort für ein Wert befindet.

- Für Bit 0: Bit-Maske = b00000001 / Dezimalwert: 1
- Für Bit 1: Bit-Maske = b00000010 / Dezimalwert: 2
- Für Bit 2: Bit-Maske = b00000100 / Dezimalwert: 4

Genau das passiert in den Zeilen 31, 32 und 33.

```
31  digitalWrite(ledBlue,  myData.c&1);
32  digitalWrite(ledRed,   myData.c&2);
33  digitalWrite(ledGreen, myData.c&4);
```

Das funktioniert zwar, ist aber nicht ganz korrekt. Warum eigentlich? Nun, bei ledBlue ist das noch in Ordnung, denn ist Bit 0 nicht gesetzt, ist das Ergebnis 0 und bei gesetztem Bit 0 ist es 1. Die 1 wird als HIGH-Pegel zur Ansteuerung der LED über die digitalWrite-Funktion erkannt. Wie sieht es bei ledRed aus? Ist Bit 1 nicht gesetzt, so ist das Ergebnis 0 und bei gesetztem Bit 1 aufgrund der Position jedoch 2. Bei ledGreen wäre der Wert 4. Die digitalWrite-Funktion akzeptiert alle Werte > 0 als einen HIGH-Pegel. Besser wäre aber zum Beispiel der folgende Code.

```
31  digitalWrite(ledBlue,  (myData.c&1)>>0);
32  digitalWrite(ledRed,   (myData.c&2)>>1);
33  digitalWrite(ledGreen, (myData.c&4)>>2);
```

Durch den Bit-Shift-Operator >> werden die Bits um die Anzahl der angegebenen Positionen nach rechts geschoben und landen dabei immer an Bit-Position 0. Es können demnach nur die Werte 0 beziehungsweise 1 entstehen. Kommen wir zur PWM-Ansteuerung in Zeile 34. Hier wird der Wert von myData.b, der ja den analogen Messwert enthält, vor der Zuweisung über die analogWrite-Funktion durch 16 dividiert, um den Bereich von 0 bis 4095 auf 0 bis 255 zu mappen. Ich hatte dieses Vorgehen schon angesprochen.

```
34  analogWrite(ledYellow, myData.b/16); // PWM-Control
```

Die Zwei-Wege-Kommunikation

Kommen wir jetzt zur Kombination von Sender und Empfänger auf beiden Seiten. Die MAC-Adresse des eben eingesetzten Senders wird benötigt, denn der bisherige Empfänger soll ja auch als Sender arbeiten und braucht dafür eine Adresse auf der Gegenseite. Das schaut bei mir wie folgt aus.

Abbildung 35: Beide MAC-Adressen sind bekannt und es kann bidirektional gearbeitet werden

Ich möchte wiederum mit dem Versenden des analogen Messwerts beginnen, der aber jetzt auf jeder Seite mit je einem separaten Potentiometer ermittelt wird. Später schließen wir ein OLE-Display an, um nicht mehr auf die serielle Schnittstelle angewiesen zu sein. Doch eins nach dem anderen. Was für Modifikationen sind an den Sketchen erforderlich, damit die Kommunikation in beide Richtungen funktioniert? Als Ausgang zur Anpassung nehmen wir den Sende-Sketch. Dieser muss auf beiden Seiten hochgeladen werden, doch es muss eine Kleinigkeit hinzugefügt werden. Damit der zuvor nur für das Senden ausgerichtete Sketch auch empfangen kann, muss eine Callback-Funktion für das Empfangen vorhanden sein, die wir einfach vom zuvor verwendeten Empfang-Sketch nehmen. Diese muss dann nur noch registriert werden und schon kann es losgehen. Starten wir.

Die MAC-Adresse des ESP32-Moduls ermitteln

Wir dürfen nicht vergessen, in beiden Sende/Empfangs-Sketchen die MAC-Adresse des Gegenübers einzutragen. Also besteht der erste Schritt in der Ermittlung der MAC-Adresse des zuvor genutzten Senders nach der schon beschriebenen Methode. Bei mir ist das die MAC-Adresse 34:85:18:7B:44:64.

Der Sender und Empfänger 1

Sehen wir uns den Sketch des ersten Sende- und Empfänger-Moduls an. Ich könnte nur die Änderungen aufzeigen, doch damit die Sache rund bleibt, zeige ich den kompletten Code, auch wenn er sich an vielen Stellen wiederholt. Beim zweiten Sende- und Empfänger-Modul kann ich mir das dann ersparen, denn dort muss lediglich die MAC-Adresse angepasst werden. Hier muss beim ersten ESP32-Modul in Zeile 4 die MAC-Adresse des anderen Moduls eingetragen werden, was der schon zuvor verwendeten entspricht. Die Struktur beinhaltet lediglich die Nachricht und den analogen Messwert.

```
1  #include <esp_now.h>
2  #include <WiFi.h>
3  // MAC Address of sender II
4  uint8_t broadcastAddress[] = {0x34, 0x85, 0x18, 0x7B, 0x70, 0x30};
5  // Define data structure
6  typedef struct struct_message {
7    char a[32]; // Text-Info
8    int b;      // Analog value
9  } struct_message;
```

Nachfolgend werden die Strukturvariable und das Peer-Objekt für den anderen Kommunikationspartner deklariert.

```
11  // Create a structured object
12  struct_message myData;
13  esp_now_peer_info_t peerInfo; // Peer info
```

Nun sind die beiden Callback-Funktionen zu sehen, wobei die für den Empfang der Daten hinzugekommen ist, die in den Zeilen 21 bis 31 zu sehen ist.

```
15  // Callback function called when data is sent
16  void OnDataSent(const uint8_t *mac_addr, esp_now_send_status_t status) {
17    Serial.print("\r\nLast Packet Send Status:\t");
18    Serial.println(status == ESP_NOW_SEND_SUCCESS ? "Delivery Success" : "Delivery Fail");
19  }
20
21  // Callback function executed when data is received
22  void OnDataRecv(const uint8_t * mac, const uint8_t *incomingData, int len) {
23    memcpy(&myData, incomingData, sizeof(myData));
24    Serial.print("Data received: ");
25    Serial.println(len);
26    Serial.print("Sender Name: ");
27    Serial.println(myData.a);
28    Serial.print("Analog Value A7: ");
29    Serial.println(myData.b);
30    Serial.println();
31  }
```

In der setup-Funktion muss lediglich die neu hinzugekommene Callback-Funktion für den Datenempfang in Zeile 44 registriert werden.

```
33  void setup(){
34    Serial.begin(115200); // Set up Serial Monitor
35    WiFi.mode(WIFI_STA);  // Set ESP32 as a WiFi Station
36    // Initilize ESP-NOW
37    if (esp_now_init() != ESP_OK) {
38      Serial.println("Error initializing ESP-NOW");
39      return;
40    }
41    // Register the send callback
42    esp_now_register_send_cb(OnDataSent);
43    // Register the receiver callback
44    esp_now_register_recv_cb(OnDataRecv);
45    // Register peer
46   memcpy(peerInfo.peer_addr, broadcastAddress, 6);
47    peerInfo.channel = 0;
48    peerInfo.encrypt = false;
49    // Add peer
50    if (esp_now_add_peer(&peerInfo) != ESP_OK){
51      Serial.println("Failed to add peer");
52      return;
53    }
54  }
```

In der loop-Funktion wird lediglich das Senden initiiert, wie wir das schon kennen. Die Zeitverzögerung über die delay-Funktion habe ich auf eine halbe Sekunde (500ms) verkürzt. Zudem habe ich den Text in Zeile 58 etwas angepasst, damit zu erkennen ist, wer gerade etwas versendet, was dann auch beim Empfänger zu sehen sein wird.

```
56  void loop() {
57    // Format structured data
58    strcpy(myData.a, "Nano-ESP32 I is sending!");
59    myData.b = analogRead(A7); // Send analog data A7
60    // Send message via ESP-NOW
61    esp_err_t result = esp_now_send(broadcastAddress, (uint8_t *) &myData, sizeof(myData));
62    if (result == ESP_OK)
63      Serial.println("Sending confirmed");
64    else
65      Serial.println("Sending error");
66    delay(500);
67  }
```

Der Sender und Empfänger 2

Sehen wir jetzt nach, was es an Anpassungen für den Sender und Empfänger 2 gibt. Das ist recht wenig. In Zeile 4 muss lediglich die MAC-Adresse angepasst werden und der von Sender 1 entsprechen.

```
3    // MAC Address of sender I
4    uint8_t broadcastAddress[] = {0x34, 0x85, 0x18, 0x7B, 0x44, 0x64};
```

Jetzt ist noch der Sendetext in der loop-Funktion in Zeile 59 anzupassen und das war es auch schon.

```
57    void loop() {
58      // Format structured data
59      strcpy(myData.a, "Nano-ESP32 II is sending!");
```

Sehen wir uns nun die Ausgabe im Serial Monitor an und beginnen auf Sender/Empfänger 1-Seite.

```
Message (Enter to send message to 'Arduino Nano ESP32' on 'COM42')

Last Packet Send Status:        Delivery Success
Data received: 36
Sender Name: Nano-ESP32 II is sending!
Analog Value A7: 1247
```

Abbildung 36: Die eingehende Nachricht von ESP32 II auf ESP32-I-Seite

Und nun die Ausgabe im Serial Monitor auf Sender/Empfänger 2-Seite.

```
Message (Enter to send message to 'Arduino Nano ESP32' on 'COM44')

Last Packet Send Status:        Delivery Success
Data received: 36
Sender Name: Nano-ESP32 I is sending!
Analog Value A7: 3435
```

Abbildung 37: Die eingehende Nachricht von ESP32 I auf ESP32-II-Seite

Das funktioniert also sehr gut. Nachfolgend sehen wir den Schaltungsaufbau der beiden ESP32-Module, auf denen schon das OLED zu sehen ist, das wir im nächsten Schritt aktivieren wollen.

Abbildung 38: Der Schaltungsaufbau für beide ESP32-Module

Der Einsatz der OLEDs

Ein OLED (Organic Light-Emitting Diode) ist ein Display, das aus einem leuchtenden Dünnschichtbauelement mit organischen halbleitenden Materialien besteht. Die OLED-Technik kommt bei den unterschiedlichsten Geräten wie Smartphones, Tablet-Computern und auch in großflächigen Fernsehern und Computermonitoren zum Einsatz. Ich verwende in diesem Experiment das folgende Display, das über die schon erwähnte I2C-Schnittstelle angesteuert wird und deswegen recht einfach anzuschließen ist.

Abbildung 39: Ein 0,96"-OLED mit 128x64 Bildpunkten (weiß)

Das 0.96"-OLED-Display der Firma AZDelivery ist mit drei Zentimetern Bildschirmdiagonale sehr klein. Es hat einen hohen Kontrast und ist deswegen gut lesbar. Das Display besteht aus 128x64 OLED-Bildpunkten, die durch den Controller-Chip SSD1306 ansteuert werden. Nähere Informationen sind auf der Herstellerseite zu finden.

https://www.az-delivery.de/products/0-96zolldisplay

Zur Nutzung und Ansteuerung sind weitere Libraries erforderlich, die über den Library Manager heruntergeladen werden können. Zuerst muss nach der Adafruit-SSD1306-Library gesucht werden.

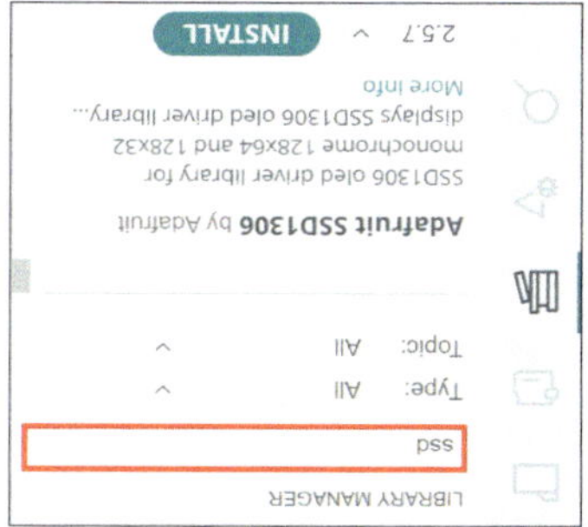

Abbildung 40: Die Adafruit-SSD1306-Library

Nach Bestätigung über die INSTALL-Schaltfläche kommt der Hinweis, dass weitere Libraries zur Nutzung erforderlich sind, was über den folgenden Dialog gezeigt wird. Hier muss die INSTALL ALL-Schaltfläche ausgewählt werden.

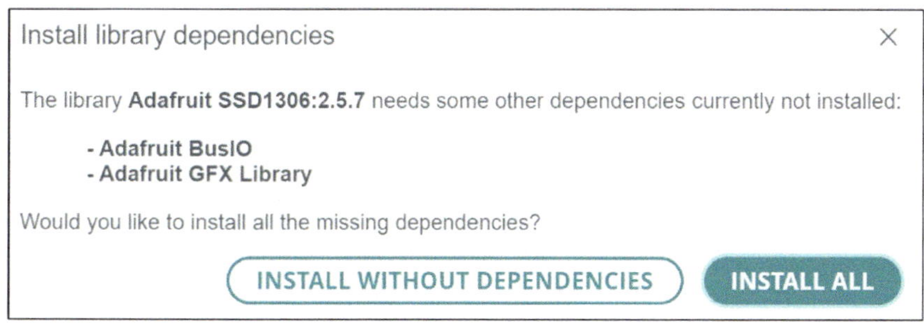

Abbildung 41: Die weiteren benötigten Adafruit-Libraries

Nach der Installation befinden sich zahlreiche Beispiele im Examples-Ordner, die über den Menüpunkt File>Examples>Adafruit SSD1306 zu erreichen sind. Der Anschluss des Displays ist denkbar einfach und ist hier mit dem entsprechenden Potentiometer zu sehen.

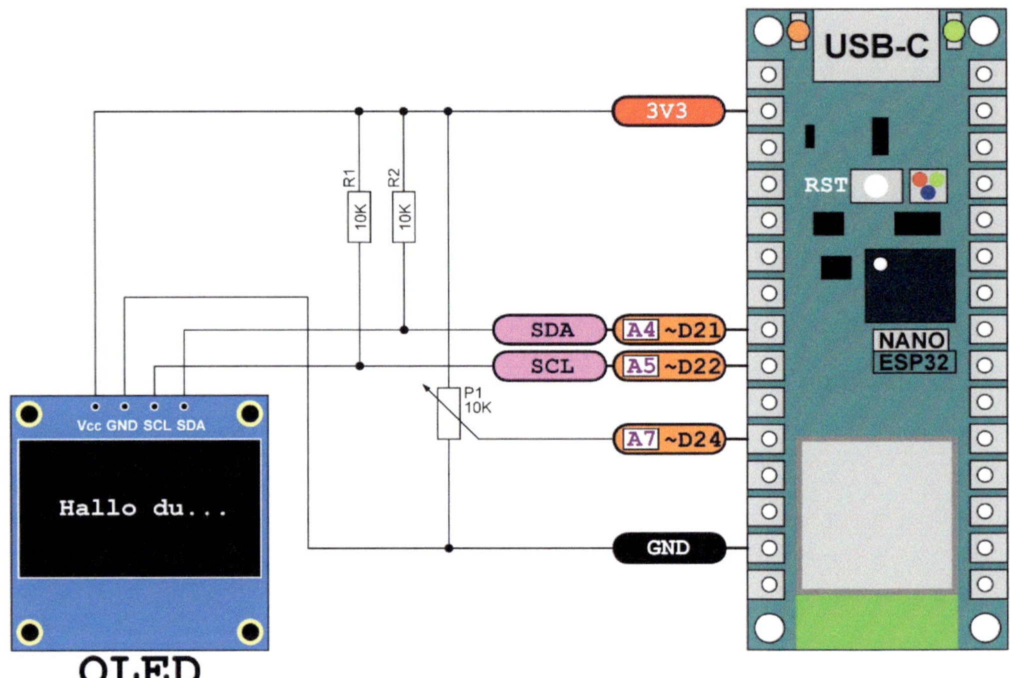

Abbildung 42: Der Schaltplan zur Ansteuerung des OLED über I2C

Ich zeige hier nur den Sketch für Sender/Empfänger 1, denn der für das zweite Modul sieht fast genauso aus. Es müssen lediglich folgende Punkte angepasst werden.

- Die MAC-Adresse des Gegenübers eintragen (Zeile 14)
- Den Nachrichtentext anpassen (Zeile 96)

Beginnen wir mit dem Deklarationsteil und der Definition des OLED-Moduls. Damit das OLED genutzt werden kann, müssen die Libraries in Zeile 3 bis Zeile 6 eingebunden werden. SPI ist die Unterstützung für das entsprechende SPI-Protokoll und Wire die für den I2C-Bus. Des Weiteren werden die beiden Libraries Adafruit_GFX und Adafruit_SSD1306 zur Grafikgenerierung benötigt. In den Zeilen 7 bis 10 werden einige grundlegende Parameter für das Display festgelegt. In Zeile 12 wird das OLED-Objekt unter dem Namen Adafruit_SSD1306 angelegt, damit es im weiteren Code angesprochen werden kann.

```
#include <esp_now.h>
#include <WiFi.h>
#include <SPI.h>
#include <Wire.h>
#include <Adafruit_GFX.h>
#include <Adafruit_SSD1306.h>
#define SCREEN_WIDTH 128    // OLED display width, in pixels
#define SCREEN_HEIGHT 32    // OLED display height, in pixels
#define OLED_RESET     -1   // Reset pin # (or -1 if sharing Arduino reset pin)
#define SCREEN_ADDRESS 0x3C // See datasheet for Address; 0x3D for 128x64, 0x3C for 128x32
// Create Display Object
Adafruit_SSD1306 display(SCREEN_WIDTH, SCREEN_HEIGHT, &Wire, OLED_RESET);
```

Die nachfolgenden Zeilen sind bekannt und beziehen sich auf die MAC-Adresse des Gegenübers und der Strukturvariablen.

```
// MAC Address of sender II
uint8_t broadcastAddress[] = {0x34, 0x85, 0x18, 0x7B, 0x70, 0x30};
// Define data structure
typedef struct struct_message {
  char a[32]; // Text-Info
  int b;      // Analog value
} struct_message;
```

Nachfolgend werden struct und Peer-Device deklariert.

```
// Create a structured object
struct_message myData;
esp_now_peer_info_t peerInfo; // Peer info
```

Hier wird die Callback-Funktion für das Senden der Daten definiert.

```
// Callback function called when data is sent
void OnDataSent(const uint8_t *mac_addr, esp_now_send_status_t status) {
  Serial.print("\r\nLast Packet Send Status:\t");
  Serial.println(status == ESP_NOW_SEND_SUCCESS ? "Delivery Success" : "Delivery Fail");
}
```

Nun kommt die updateDisplay-Funktion, die aufgerufen wird, wenn Daten empfangen werden, um sie auf dem Display anzuzeigen. Die Methoden sind selbsterklärend.

```
// Show Display-Information
void updateDisplay(){
  display.clearDisplay();       // Display löschen
  display.setTextColor(WHITE); // Textfarbe auf weiß
  display.setTextSize(1);       // Font-Größe setzen
  display.setCursor(0, 0);      // Den Cursor positionieren
  // Display static text
  display.println(myData.a);   // Nachrichtentext anzeigen
  display.setCursor(0, 10);     // Den Cursor positionieren
  display.setTextSize(2);       // Font-Größe setzen
  display.print("A7: ");        // Text A7: anzeigen
  display.println(myData.b);   // Messwert anzeigen
  display.display();            // Display mit Informationen updaten
}
```

In der Callback-Funktion für den Empfang muss dann auch in Zeile 57 die updateDisplay-Funktion aufgerufen werden, die zuvor definiert wurde.

```
46  // Callback function executed when data is received
47  void OnDataRecv(const uint8_t * mac, const uint8_t *incomingData, int len) {
48    memcpy(&myData, incomingData, sizeof(myData));
49    Serial.print("Data received: ");
50    Serial.println(len);
51    Serial.print("Sender Name: ");
52    Serial.println(myData.a);
53    Serial.print("Analog Value A7: ");
54    Serial.println(myData.b);
55    Serial.println();
56    // Update OLED
57    updateDisplay();
58  }
```

Im ersten Teil der setup-Funktion wird ab Zeile 69 das OLED erstmalig initialisiert.

```
60  void setup(){
61    Serial.begin(115200); // Set up Serial Monitor
62    WiFi.mode(WIFI_STA);  // Set ESP32 as a WiFi Station
63    // Initilize ESP-NOW
64    if (esp_now_init() != ESP_OK) {
65      Serial.println("Error initializing ESP-NOW");
66      return;
67    }
68    // SSD1306_SWITCHCAPVCC = generate display voltage from 3.3V internally
69    if(!display.begin(SSD1306_SWITCHCAPVCC, SCREEN_ADDRESS)) {
70      Serial.println(F("SSD1306 allocation failed"));
71      for(;;); // Don't proceed, loop forever
72    }
73    // Show initial display buffer contents on the screen --
74    // the library initializes this with an Adafruit splash screen.
75    display.display();
76    delay(2000);           // Pause for 2 seconds
77    display.clearDisplay(); // Clear the buffer
78    ...
```

Abbildung 43: Die setup-Funktion - Teil 1

Im zweiten Teil ist keine Änderung zum Ausgangs-Sketch zu sehen.

```
  ...
  // Register the send callback
  esp_now_register_send_cb(OnDataSent);
  // Register the receiver callback
  esp_now_register_recv_cb(OnDataRecv);
  // Register peer
  memcpy(peerInfo.peer_addr, broadcastAddress, 6);
  peerInfo.channel = 0;
  peerInfo.encrypt = false;
  // Add peer
  if (esp_now_add_peer(&peerInfo) != ESP_OK){
    Serial.println("Failed to add peer");
    return;
  }
}
```

Abbildung 44: Die setup-Funktion - Teil 2

Nun sehen wir die loop-Funktion, in der der schon angesprochene Nachrichtentext für den Sender/Empfänger 2 in Zeile 96 angepasst werden muss.

```
94  void loop() {
95    // Format structured data
96    strcpy(myData.a, "ESP32 I sending!");
97    myData.b = analogRead(A7); // Send analog data A7
98    // Send message via ESP-NOW
99    esp_err_t result = esp_now_send(broadcastAddress, (uint8_t *) &myData, sizeof(myData));
100   if (result == ESP_OK)
101     Serial.println("Sending confirmed");
102   else
103     Serial.println("Sending error");
104   delay(500);
105 }
```

Sehen wir uns zum Abschluss noch den Schaltungsaufbau an. Der Potentiometerwert von ESP32 I ist auf dem Display von ESP32 II zu sehen und umgekehrt.

Abbildung 45: Der Schaltungsaufbau mit der bidirektionalen Kommunikation

Weitere Wege der Kommunikation

Die beiden gezeigten Kommunikationswege stellen nur einen Teil der vielfachen Möglichkeiten dar. Es gibt noch die folgenden.

- Ein Sender und mehrere Empfänger (One Initiator, Multiple Responders) - Broadcast
- Mehrere Sender und ein Empfänger (Multiple Initiators, One Responder)
- Zwei-Wege-Netzwerk (Two-Way Networking)

Möchte der Leser weiter am Thema dran bleiben und die angesprochenen anderen Kommunikationswege ausprobieren wollen, dann empfehle ich, unter dem Suchbegriff „esp now" im Internet zu forschen.

Projekt 7: Human Interface Device

In diesem Kapitel geht es um die Fähigkeit des Arduino-Nano-ESP32-Boards, ein sogenanntes HID (Human Interface Device) zu simulieren. Es ist eine Geräteklasse des USB-Standards für Computer, um über spezielle Geräte mit dem Computer kommunizieren zu können. Die wohl bekanntesten Geräte sind Tastatur und Maus. Für den Spielebereich kommen dann noch die Joysticks hinzu und im Grafikbereich werden die Grafiktabletts verwendet. Derartige Geräte erscheinen dann unter Windows im Gerätemanager und können dort verwaltet werden.

Ich möchte vor unüberlegter Programmierung warnen, denn dann kann die Maus- oder Tastatursteuerung in einer Endlosschleife festhängen, sodass es fast unmöglich ist, das Board auf normalem Weg zu resetten und einen neuen Sketch hochzuladen. Die von mir getesteten Sketche sind lauffähig und kommen zu einem gezielten Ende. Jegliche Modifikationen daran erfolgen dann auf eigenes Risiko und ich übernehme keine Verantwortung. Dieser Hinweis steht aber auch auf der offiziellen Arduino-Seite zur Maussteuerung.

https://www.arduino.cc/reference/en/libraries/mouse/

Die Übersetzung des entsprechenden Abschnitts lautet.

> Wenn die Maus- oder Tastaturbibliothek ständig läuft, wird es schwierig, Ihr Board zu programmieren. Funktionen wie *Mouse.move*() und *Keyboard.print*() bewegen den Cursor oder senden Tastendrücke an einen angeschlossenen Computer und sollten nur dann aufgerufen werden, wenn Sie bereit sind, sie zu verarbeiten. Es wird empfohlen, ein Kontrollsystem zu verwenden, um diese Funktionalität einzuschalten, z. B. einen physischen Schalter oder nur auf bestimmte Eingaben zu reagieren, die Sie kontrollieren können. In den Maus- und Tastaturbeispielen finden Sie einige Möglichkeiten, dies zu handhaben.

Abbildung 1: Warnhinweis zu HID-Steuerungen (Quelle: Arduino)

Im ersten Beispiel wollen wir eine Computermaus emulieren (nachahmen), die den Mauszeiger selbstständig positionieren kann. Auch die Maustasten können kontrolliert werden.

Die Computermaus über HID

Zur Emulation einer Computermaus gibt es die Mouse-Klasse mit unterschiedlichsten Methoden, die zur Steuerung genutzt werden können. Folgende Aktionen kann man mit einer Maus ausführen.

- Mit der Maus über den Mauszeiger etwas anklicken (Maustaste drücken und wieder loslassen)
- Die Maus bewegen (der Mauszeiger verändert entsprechend seine Position)
- Mit der Maus an der aktuellen Position etwas anklicken (Maustaste gedrückt halten)
- Das Drücken der zuvor gehaltenen Maustaste aufheben (Maustaste loslassen)
- Den Zustand einer Maustaste ermitteln

Hinsichtlich der angesprochenen Maustaste sei gesagt, dass immer noch eine Differenzierung zwischen linker, mittlerer und rechter Maustaste erfolgen kann. Auf der folgenden Abbildung sind diese Methoden der Mouse-Klasse zu sehen.

Mouse

- Mouse.begin()
- Mouse.end()
- Mouse.click()
- Mouse.move()
- Mouse.press()
- Mouse.release()
- Mouse.isPressed

Abbildung 2: Die Mouse-Klasse

Wir gehen gleich auf die genaue Bedeutung ein. Ein wichtiger Hinweis sei an dieser Stelle gegeben, der sich gleichwohl auf Maus- und Tastatursteuerung bezieht. Wenn eine Maus- oder Tastatursteuerung erst einmal programmiert wurde und selbstständig arbeitet, ist es kaum noch möglich, diese irgendwie zu beenden, denn für die Umprogrammierung muss das Board ja mit dem Computer verbunden sein. Wenn dieses jedoch sofort auf Maus oder Tastatur zugreift, ist es nicht mehr möglich, mit dem Computer zu arbeiten, denn die

Maus wird immer irgendwo hingeschoben oder man tippt irgendetwas mit der Tastatur. Man muss sich also eine Hintertür offenlassen, um den Spuk beenden zu können. Fangen wir jedoch ganz einfach an und platzieren mehrere Taster, um die Maus mit unterschiedlichen Funktionen zu beeinflussen. Der Schaltplan dazu ist wieder recht einfach und besteht neben dem Board lediglich aus fünf Tastern.

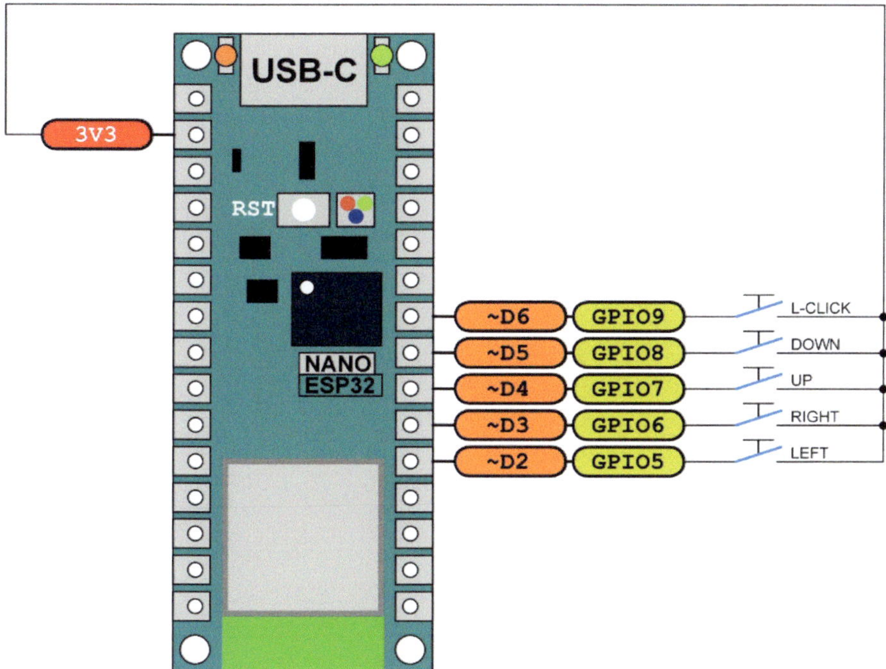

Abbildung 3: Der Schaltplan zur Steuerung der Maus über Taster

Sehen wir uns dazu den Sketch an. In den Zeilen 1 und 2 werden die benötigten Libraries zur Unterstützung des USB-Zugriffs und der HID-Maus eingebunden. In Zeile 4 kommt es zur Definition der Variablen movePixel, die die Schrittweite der Maus bei einem Tastendruck festlegt. Je größer dieser Wert ist, desto größere Sprünge macht der Mauszeiger bei einem Tastendruck für das Bewegen der Maus. In Zeile 5 wird ein Zeitwert in Millisekunden festgelegt, der eine mehr oder weniger große Pause nach einem Tastendruck macht. Auch hier muss ein wenig mit den Werten gespielt werden, um das optimale Ergebnis für die gewünschte Anwendung zu erzielen. Die Struktur kennen wir bereits und ich habe eine passende mit dem Namen mouse_buttons zur Tastaturabfrage definiert. Das Ganze ist auch über ein Array möglich, doch ich wollte es diesmal anders machen.

```
1   #include "USB.h"
2   #include "USBHIDMouse.h"
3
4   int movePixel = 1;      // Move-Range for X and Y
5   int resonseDelay = 1;   // delay between actions
6
7   typedef struct mouse_buttons {
8     int left   = 2; // Left button
9     int right  = 3; // Right button
10    int up     = 4; // Up button
11    int down   = 5; // Down button
12    int lclick = 6; // Left Click
13  } mouse_buttons;
```

In Zeile 15 wird jetzt die Variable myMouse mit dem Datentyp mouse_buttons deklariert. Um die Maus später anzusteuern, ist ein entsprechendes Objekt erforderlich, das in Zeile 16 mit dem Namen Mouse erstellt wird.

```
15  mouse_buttons myMouse;   // Struct Mouse-Object
16  USBHIDMouse Mouse;
```

An dieser Stelle möchte ich auf ein weiteres interessantes Merkmal der Entwicklungsumgebung aufmerksam machen. Mithilfe des Kontextmenüs über der USBHIDMouse-Klasse kann der Menüpunkt Go to Definition aufgerufen werden.

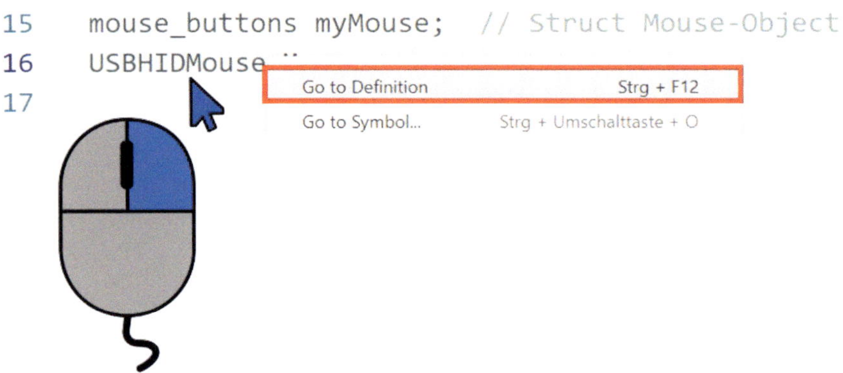

Abbildung 4: Der Aufruf des Menüpunkts Go to Definition

Es erscheint folgende Anzeige im neuen Reiter USBHIDMouse.h, der den Inhalt der Header-Datei offenbart.

HID-Mouse1.ino USBHIDMouse.h

```
class USBHIDMouse: public USBHIDDevice {
private:
    USBHID hid;
    uint8_t _buttons;
    void buttons(uint8_t b);
    bool write(int8_t x, int8_t y, int8_t vertical, int8_t horizontal);
public:
    USBHIDMouse(void);
    void begin(void);
    void end(void);

    void click(uint8_t b = MOUSE_LEFT);
    void move(int8_t x, int8_t y, int8_t wheel = 0, int8_t pan = 0);
    void press(uint8_t b = MOUSE_LEFT);   // press LEFT by default
    void release(uint8_t b = MOUSE_LEFT); // release LEFT by default
    bool isPressed(uint8_t b = MOUSE_LEFT); // check LEFT by default
```

Abbildung 5: Ein Teil des Inhalts der Header-Datei USBHIDMouse.h

Im Bereich public sind genau die Methoden aufgeführt, die ich eben erwähnt habe. Man kann sich bei Bedarf weiter durchklicken, um die Funktionsweisen der Methoden zu verstehen, die einen interessieren. Doch zurück zu unserem Code. Innerhalb der setup-Funktion werden die einzelnen Tasten zur Maussteuerung über die pinMode-Funktion und die Angabe der Tastenbezeichnungen als INPUT_PULLDOWN mit gleichzeitiger Aktivierung des internen Pulldown-Widerstandes konfiguriert. In Zeile 24 wird mit dem Aufruf der begin-Methode des Mouse-Objekts die Maus initialisiert, dies ist die Voraussetzung der Nutzung der Methoden der Mouse-Klasse. In der darauffolgenden Zeile 25 wird ebenfalls über die begin-Methode des USB-Objekts der USB-Zugriff ermöglicht. Zeile 26 mit der Initialisierung der seriellen Schnittstelle dient nur der Überprüfung etwaiger Variablenwerte.

```
18  void setup() {
19    pinMode(myMouse.left,   INPUT_PULLDOWN);
20    pinMode(myMouse.right,  INPUT_PULLDOWN);
21    pinMode(myMouse.up,     INPUT_PULLDOWN);
22    pinMode(myMouse.down,   INPUT_PULLDOWN);
23    pinMode(myMouse.lclick, INPUT_PULLDOWN);
24    Mouse.begin();          // Init mouse
25    USB.begin();            // Init USB
26    Serial.begin(115200);   // Init Serial
27  }
```

Im ersten Teil der loop-Funktion kommt es zur Statusabfrage der fünf Taster und der Speicherung in die entsprechenden Variablen.

```
void loop() {
  // read buttons
  int ml = digitalRead(myMouse.left);
  int mr = digitalRead(myMouse.right);
  int mu = digitalRead(myMouse.up);
  int md = digitalRead(myMouse.down);
  int mc = digitalRead(myMouse.lclick);
  ...
```

Abbildung 6: Die loop-Funktion - Teil 1

Im zweiten Teil der loop-Funktion werden bestimmte Berechnungen durchgeführt, die einer Erklärung bedürfen. Sehen wir uns zunächst die move-Methode an, die den Mauszeiger bewegt. Die Bewegung wird dabei immer relativ zur aktuellen Position des Mauszeigers durchgeführt.

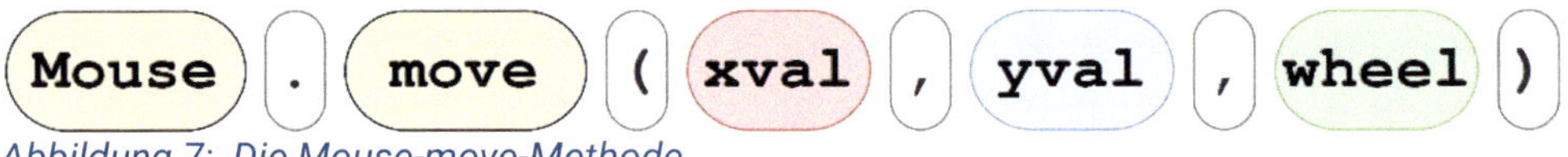

Abbildung 7: Die Mouse-move-Methode

Die Parameter haben die folgenden Bedeutungen:

- xVal: Wie weit der Mauszeiger in Richtung der X-Achse bewegt werden soll. Erlaubte Datentypen: signed char.
- yVal: Wie weit der Mauszeiger in Richtung der Y-Achse bewegt werden soll. Erlaubte Datentypen: signed char.
- wheel: Wie weit das Mausrad gedreht werden soll. Erlaubte Datentypen: signed char.

```
  // calculate the movement distance based on the button states:
  int xDistance = (mr - ml) * movePixel;
  int yDistance = (md - mu) * movePixel;

  // if X or Y is non-zero, move:
  if ((xDistance != 0) || (yDistance != 0)) {
    Mouse.move(xDistance, yDistance, 0);
  }
  if (mc == HIGH)
    Mouse.click();       // Left click
  delay(resonseDelay); // Short delay
}
```

Abbildung 8: Die loop-Funktion - Teil 2

Sehen wir uns zwei Szenarien hinsichtlich der horizontalen Maussteuerung an, deren Berechnung in Zeile 38 stattfindet. Die Taste, um die Maus nach rechts zu steuern, bewirkt eine Speicherung in der Variablen mr und die Taste, um die Maus nach links zu steuern, bewirkt eine Speicherung in der Variablen ml. Werden die Tasten nicht gedrückt, ist der Rückgabewert der digitalRead-Funktion bekanntlich 0, werden sie gedrückt, ist er 1. Innerhalb der runden Klammern wird nun die Differenz der beiden Werte gebildet und das Ergebnis dient der Vorzeichenbildung des movePixel-Werts. Ein Positiver Wert bewegt den Mauszeiger nach rechts, ein negativer nach links. Sehen wir nach und betrachten es für einen movePixel-Wert = 5.

mr	ml	Ergebnis
0	0	mr - ml = 0 : Es erfolgt keine Bewegung, denn 0 x 5 = 0.
1	0	mr - ml = 1 : Es erfolgt eine Bewegung nach rechts, denn 1 x 5 = 5.
0	1	mr - ml = -1 : Es erfolgt eine Bewegung nach links, denn -1 x 5 = -5.
1	1	mr - ml = 0 : Es erfolgt keine Bewegung, denn 0 x 5 = 0.

Tabelle 1: Die Bewegungsrichtung wird ermittelt

Damit der Mauszeiger nur dann bewegt wird, wenn eine der beiden Tasten (rechts oder links) gedrückt ist, erfolgt eine Prüfung in Zeile 42 über eine logische ODER-Verknüpfung (||) der beiden Richtungen. Erst wenn einer ungleich 0 ist, wird die move-Methode in Zeile 43 aufgerufen. In Zeile 45 wird nachgeschaut, ob der Inhalt der Variablen mc den Wert HIGH besitzt, was einen Mausklick hervorrufen soll, was über den Aufruf der click-Methode erfolgt. Diese Methode kann ohne die Angabe eines Arguments erfolgen, was dann das Ausführen eines Mausklicks über die linke Maustaste bewirkt.

Um einen Mausklick der rechten oder mittleren Maustaste zu bewirken, muss ein entsprechendes Argument dem Aufruf mitgegeben werden.

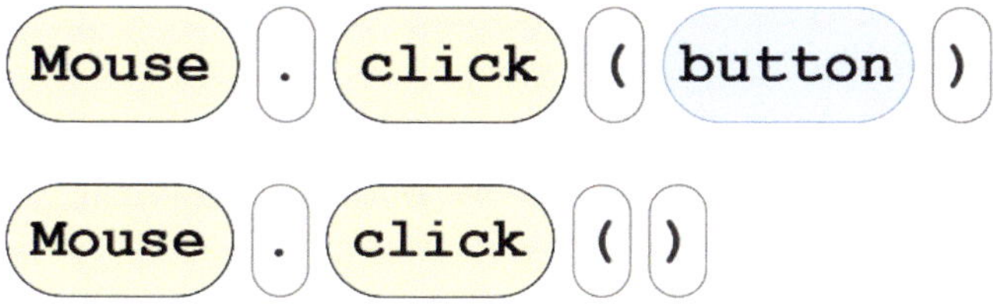

Die möglichen Angaben sehen wie folgt aus.

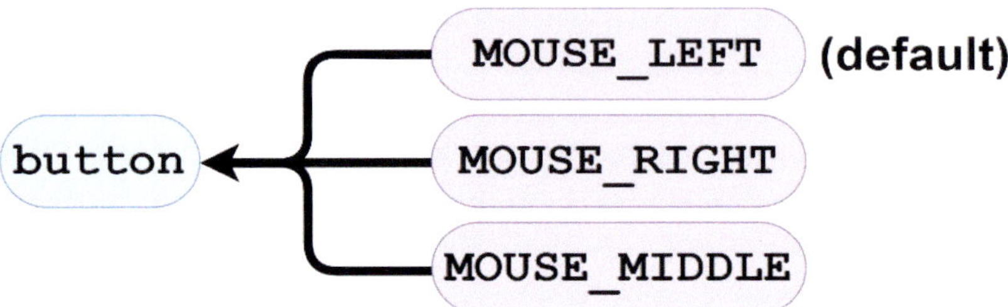

In Zeile 47 wird dann eine gewünschte Verzögerung durch den Aufruf der delay-Funktion eingelegt. Sehen wir uns abschließend noch den Schaltungsaufbau zur Maussteuerung an.

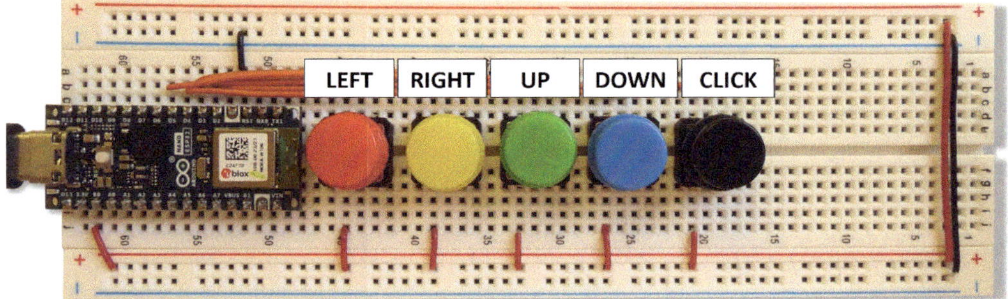

Abbildung 9: Der Schaltungsaufbau zur Maussteuerung

Die Computertastatur über HID

Im nächsten Beispiel wollen wir sehen, wie man mit dem Arduino Nano ESP32 Kontrolle über Tastatureingaben erlangt. Was für Möglichkeiten gibt es, die Tastatur zu emulieren? Hier einige Beispiele.

- Taste drücken
- Taste loslassen
- Taste gedrückt halten (wichtig bei Tastenkombinationen wie Strg+C)
- Taste loslassen (bei zuvor gedrückter Taste)

Auf der folgenden Abbildung sind die wichtigsten Methoden der Keyboard-Klasse zu sehen.

Keyboard

- Keyboard.begin()
- Keyboard.end()
- Keyboard.press()
- Keyboard.print()
- Keyboard.println()
- Keyboard.release()
- Keyboard.releaseAll()
- Keyboard.write

Für das kommende Experiment können wir Schaltplan und Schaltungsaufbau, die wir schon kennen, verwenden. Kommen wir zum Code, bei dem ich mit unterschiedlichen Tastendrücken verschiedene Texte zum Beispiel in ein Textverarbeitungsprogramm einfügen möchte. Auch hier sind die entsprechenden Libraries einzubinden und in Zeile 1 wird wie schon bei der Maus die USB-Unterstützung eingebunden. Da wir nun aber keine Maus, sondern eine Tastatur emulieren wollen, muss in Zeile 2 die richtige Library für das Keyboard eingebunden werden. Die Struktur habe ich ein wenig gekürzt und mit dem neuen Namen keyboard_struct versehen.

```
1   #include "USB.h"
2   #include "USBHIDKeyboard.h"
3
4   typedef struct keyboard_buttons {
5     int msg1 = 2; // Message 1
6     int msg2 = 3; // Message 2
7     int msg3 = 4; // Message 3
8     int msg4 = 5; // Message 4
9   } keyboard_buttons;
10
11  keyboard_buttons myKeyboard;  // Struct Keyboard-Object
12  USBHIDKeyboard Keyboard;
```

Auch hier werde ich wie bei der Mausunterstützung die Header-Datei der Klasse USBHIDKeyboard über das Kontextmenü anzeigen lassen.

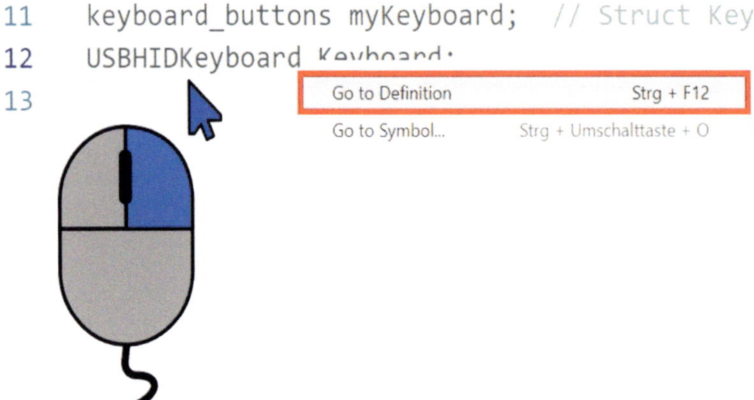

Es erscheint wieder ein neuer Reiter mit der Anzeige des Header-Dateiinhalts. Ich habe zur Ansicht den für uns wichtigen Bereich rot umrandet. Dort sind unter public die schon erwähnten Methoden zu sehen.

HID-Keyboard1.ino | USBHIDKeyboard.h

```
class USBHIDKeyboard: public USBHIDDevice, public Print
{
private:
    USBHID hid;
    KeyReport _keyReport;
public:
    USBHIDKeyboard(void);
    void begin(void);
    void end(void);
    size_t write(uint8_t k);
    size_t write(const uint8_t *buffer, size_t size);
    size_t press(uint8_t k);
    size_t release(uint8_t k);
    void releaseAll(void);
```

Machen wir aber mit unserem Sketch weiter. In Zeile 15 wird das Keyboard-Objekt über die begin-Methode initialisiert, was auch für das USB in Zeile 16 notwendig ist.

```
14  void setup() {
15    Keyboard.begin(); // Init Keyboard
16    USB.begin();      // Init USB
17  }
```

In der loop-Funktion kommt es dann zum kontinuierlichen Abfragen der Tasterzustände, die über die mehrfachen if- und if-else-Anweisungen ausgewertet werden.

```
20  void loop() {
21    if(digitalRead(myKeyboard.msg1))
22      Keyboard.print("Viele Gruesse...");
23    else if(digitalRead(myKeyboard.msg2))
24      Keyboard.println("Alles Liebe");
25    else if(digitalRead(myKeyboard.msg3))
26      Keyboard.println("Das ist wirklich sehr nett!\n\n");
27    else if(digitalRead(myKeyboard.msg4))
28      Keyboard.println("Tschau!");
29    delay(500);
30  }
```

Es mag vielleicht auffallen, dass bei den if-Anweisungen hinsichtlich des Tasterstatus über die digitalRead-Funktionen nicht auf den Status HIGH hin geprüft wird. Normalerweise sollte die Abfrage in Zeile 21 ja folgendermaßen abgehandelt werden.

```
20  void loop() {
21    if(digitalRead(myKeyboard.msg1)==HIGH)
22      Keyboard.print("Viele Gruesse...");
```

Warum funktioniert das aber auch ohne den Zusatz ==HIGH? Das ist recht einfach zu erklären, denn die if-Anweisung wird immer genau dann ausgeführt, wenn die formulierte Bedingung wahr, also true ist. Der Rückgabewert der digitalRead-Funktion liefert aber in Abhängigkeit des Tasterstatus genau diesen Wert schon zurück, sodass auf die Abfrage ==HIGH verzichtet werden kann. Es gibt verschiedene print-Methoden, wie das auch schon beim Serial Monitor bekannt ist. Die print-Methode generiert ein oder mehrere Zeichen ohne einen Zeilenvorschub.

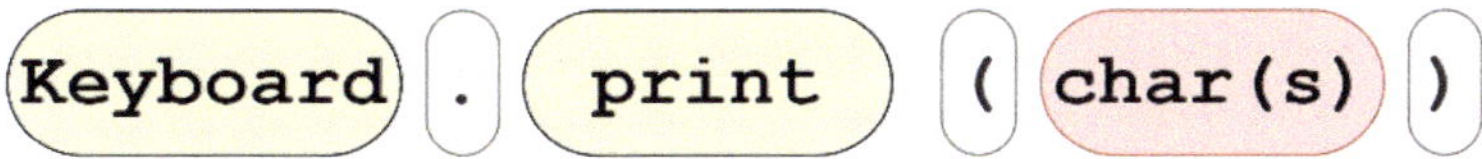

Dahingegen generiert die println-Methode (print with linefeed) nach dem Schreiben der Zeichen einen Zeilenvorschub.

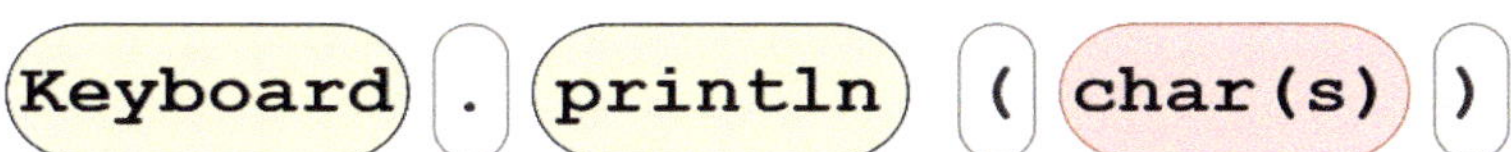

Es ist jedoch auch innerhalb der Angabe einer Zeichenkette möglich, über die Escape-Sequenz \n einen Zeilenvorschub zu initiieren, wie es in Zeile 26 zwei Mal der Fall ist.

Was ist eine Escape-Sequenz?

Eine Escape-Sequenz ist eine Zeichenkombination, die kein darstellbares Zeichen repräsentiert, sondern eine Sonderfunktion in Form eines Steuerzeichens übernimmt. Sie kann zum Beispiel dazu genutzt werden, um den Cursor in einem Terminal zu positionieren.

Hier einige Beispiele.

Escape-Sequenz	Bedeutung
\n	New Line
\t	Horizontal Tab
\b	Backspace
\r	Carriage Return
\\	Backslash
\f	Form Feed

Tabelle 2: Einige Escape-Sequenzen

Ich habe in einem Textverarbeitungsprogramm nacheinander die Tasten gedrückt, was sich wie folgt gestaltet. Es ist zu sehen, wo sich ein Zeilenumbruch zeigt und wo nicht.

Abbildung 10: Die Texte in einem Textverarbeitungsprogramm

Spaß mit der HID-Maus

Abschließen möchte ich dieses Kapitel mit der interessanten Möglichkeit, die Maus zum Beispiel in einem Grafikprogramm etwas automatisiert zeichnen zu lassen.

Ein Rechteck zeichnen

Angenommen, wir wollen wie auf der folgenden Abbildung ein simples Rechteck zeichnen lassen. Ich habe einen Screenshot aus dem Zeichenprogramm Paint gemacht, das frei bei Windows mit dabei ist. Aber auch jedes andere Zeichenprogramm kann dafür genutzt werden.

Abbildung 11: Ein Rechteck wurde gezeichnet

Sehen wir uns dazu den Sketch an, der auf vielfältige Weise erstellt werden kann. Es sollte sich jeder einmal an seiner eigenen Variante versuchen. Ich habe absichtlich das Zeichnen von diagonalen Linien nicht beschrieben, aber mit dem gezeigten Ansatz sollte das recht schnell umzusetzen sein. Neu ist hier das const-Konstrukt in den Zeilen 5 bis 8.

```
1    #include "USB.h"
2    #include "USBHIDMouse.h"
3
4    int buttonPin = 6;     // Button
5    const byte LEFT  = 1; // LEFT
6    const byte RIGHT = 2; // RIGHT
7    const byte UP    = 3; // UP
8    const byte DOWN  = 4; // DOWN
9
10   USBHIDMouse Mouse;
```

Das Schlüsselwort const steht für Konstante. Es ist ein Kennzeichner für Variablen, die im Grunde genommen keine sind. Dieser Zusatz bei der Deklaration einer Variablen macht sie unveränderlich; man spricht von read only, also nur lesen. Versucht man im Sketch nach der Deklaration dieser speziellen Variablen einen neuen Wert zuzuweisen, so meldet sich der Compiler mit einem Fehler. Nachfolgend ist die Deklaration einer Konstanten zu sehen.

Der Inhalt der setup-Funktion bleibt zum schon vorgestellten Mouse-Sketch unverändert und lediglich der Taster muss in Zeile konfiguriert werden.

```
void setup() {
  pinMode(buttonPin, INPUT_PULLDOWN); // Button
  Mouse.begin();                      // Init mouse
  USB.begin();                        // Init USB
  Serial.begin(115200);               // Init Serial
}
```

In der loop-Funktion kommt es zum Aufruf der Zeichenroutine, die später noch definiert wird. Warum aber erfolgen die Aufrufe von drawLines nicht kontinuierlich, denn sie befinden sich doch innerhalb der loop-Funktion? Die Lösung verbirgt sich in Zeile 20. Dort ist eine while-Schleife vorhanden, die so lange durchlaufen wird, wie der Taster an Pin 6 nicht gedrückt wurde, was über !digitalRead(buttonPin) erreicht wird. Die logische Negation wird durch das Ausrufezeichen bewirkt. Erst wenn der Taster gedrückt wird, kommt es zur Ausführung der nachfolgenden Zeilen und wenn diese abgearbeitet wurden, hängen wir wieder am Fliegenfänger der while-Schleife, die die erneute Abarbeitung unterbricht, bis wieder der Taster gedrückt wird. Die Funktionsweise der drawLines-Funktion wird im Anschluss erläutert.

```
19  void loop() {
20    while(!digitalRead(buttonPin)); // Wait until button pressed
21    drawLines(RIGHT, 100, 3, 10);   // Mode, Pixel, Steps, Delay
22    drawLines(DOWN, 50, 3, 10);     // Mode, Pixel, Steps, Delay
23    drawLines(LEFT, 100, 3, 10);    // Mode, Pixel, Steps, Delay
24    drawLines(UP, 50, 3, 10);       // Mode, Pixel, Steps, Delay
25    delay(1000);                    // Short delay
26  }
```

Die drawLines-Funktion besitzt zahlreiche Parameter, die zur Steuerung und

Beeinflussung der Funktion dienen. Über den mode wird festgelegt, in welche Richtung der Mauszeiger bewegt werden soll. Über pixel wird kann angegeben, wie oft das Verschieben der Maus erfolgen soll und steps gibt den Abstand der einzelnen Pixel vor. Hier muss einfach mit unterschiedlichen Werten gespielt werden, um die Auswirkungen kennenzulernen.

```
void drawLines(int mode, int pixel, int steps, int d){
  int xsteps, ysteps;
  switch(mode) {
    case LEFT : xsteps=-steps; ysteps=0; break;
    case RIGHT : xsteps=steps;ysteps=0;  break;
    case UP : xsteps=0; ysteps=-steps;   break;
    case DOWN : xsteps=0;ysteps=steps;   break;
  }
  Mouse.press(); // Mouse press
  for(int i=0;i<pixel;i++){
    Mouse.move(xsteps, ysteps, 0); // Move Mouse
    delay(d); // Delay
  }
  Mouse.release(); // Mouse release
}
```

Einen Kreis zeichnen

Jetzt wird es schon etwas komplexer, denn es geht darum, einen Kreis zu zeichnen. Das ist mit dem normalen Aufruf von drawLines nicht zu realisieren. Ich muss dazu etwas ausholen. Das Ergebnis, worauf hingearbeitet wird, zeige ich jetzt schon einmal, um die Genauigkeit der Maussteuerung zu veranschaulichen.

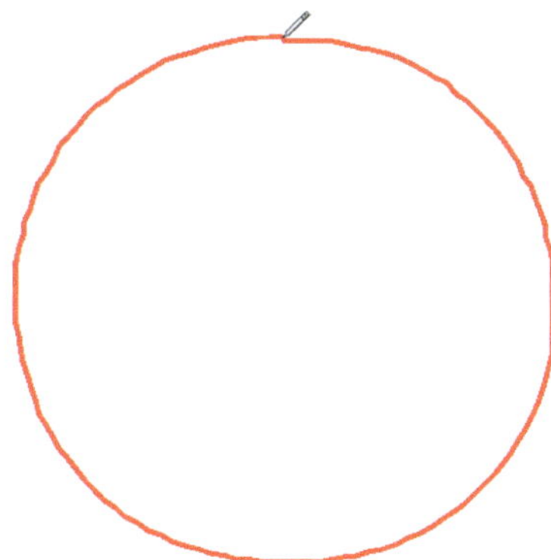

Abbildung 12: Ein Kreis wurde gezeichnet

Bevor ich mit dem Sketch anfange die angekündigten Grundlagen. Um eine derartige Kreisbahn zu beschreiben, nutzen wir den Einheitskreis.

Was ist ein Einheitskreis?

In der Mathematik ist der Einheitskreis ein besonderer Kreis mit dem Radius der Länge 1 und dessen Mittelpunkt mit dem Koordinatenursprung des kartesischen Koordinatensystems übereinstimmt. Die Länge 1 besitzt hierbei keine Maßeinheit.

Um einen Kreis zu zeichnen, werden die trigonometrischen Funktionen Sinus und Cosinus benötigt. Sehen wir uns dazu die folgende Grafik an.

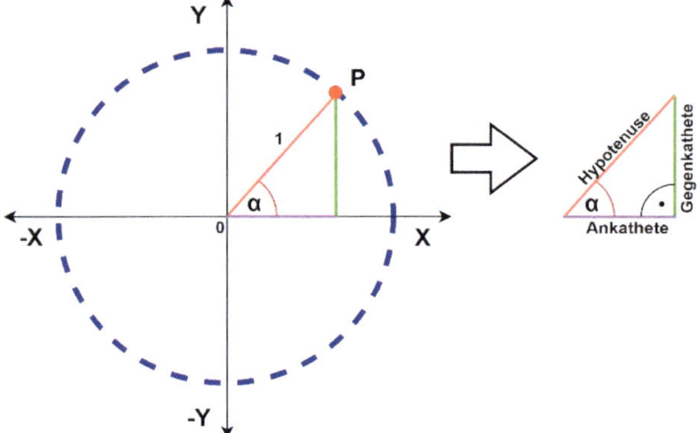

Abbildung 13: Der Einheitskreis und das rechtwinklige Dreieck

Im Einheitskreis ist der Punkt P auf dessen Kreisbahn (blau gestrichelt) an einer beliebigen Stelle eingezeichnet. Der Radius mit der Länge 1 (rot), die senkrechte Linie (grün) und die waagerechte Linie (lila) bilden ein rechtwinkliges Dreieck. Je nach Position des Punkts P auf der Kreisbahn entsteht immer wieder ein anderes rechtwinkliges Dreieck mit den Seiten Hypotenuse, Ankathete und Gegenkathete. Die Hypotenuse ist dabei immer die dem rechten Winkel gegenüberliegende Seite, die Ankathete die dem Winkel Alpha (α) anliegende Seite und die Gegenkathete dem Winkel Alpha gegenüberliegende Seite. Man kann folgende Formeln aufstellen.

$$Der\ Sinus\ des\ Winkels\ \alpha = \frac{Gegenkathete}{Hypotenuse}$$

und

$$Der\ Cosinus\ des\ Winkels\ \alpha = \frac{Ankathete}{Hypotenuse}$$

Stellen wir die Formeln nach den Winkelfunktionen bei einem Radius von 1 (ist gleich Hypotenuse) um, dann ergibt sich Folgendes.

$$\sin(\alpha) = \frac{Gegenkathete}{1} = Gegenkathete$$

und

$$\cos(\alpha) = \frac{Ankathete}{1} = Ankathete$$

Da aufgrund des Einheitskreises die Hypotenuse immer 1 ist, können wir Folgendes festhalten.

- Der Sinus ist immer gleich dem Betrag der Gegenkathete.
- Der Cosinus ist immer gleich dem Betrag der Ankathete.

Übertragen wir den zeitlichen Umlauf eines Kreises in ein Koordinatensystem und übertragen den umlaufenden Punkt der Kreisbahn in Diagramme. Die obere Sinuskurve entspricht dem wirklichen Sinus, doch die untere ist die um 90 Grad verschobene Sinuskurve, die dann den Cosinus repräsentiert. Wir kommen zu folgendem Ergebnis.

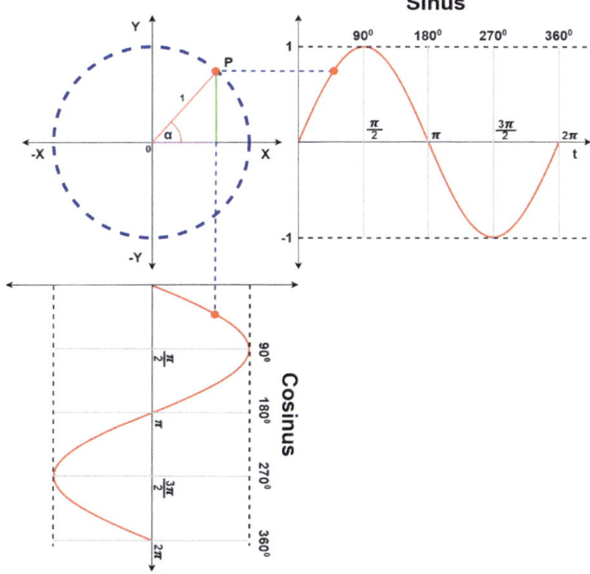

Abbildung 14: Entstehung von Sinus und Cosinus über den Einheitskreis

Sehen wir uns mit diesen Grundlagen nun den Sketch an. In Zeile 4 ist der Taster zum Starten der Maussteuerung zu sehen und in Zeile 5 der Taster, der innerhalb der späteren for-Schleife eine Unterbrechung der Mausbewegung bewirkt. Das kann als Notausstieg genutzt werden, falls die Schleife zu lang programmiert wurde.

```
1   #include "USB.h"
2   #include "USBHIDMouse.h"
3
4   int buttonPinStart = 6; // Button Start
5   int buttonPinStop  = 5; // Button Stop
6
7   USBHIDMouse Mouse;
```

In der setup-Funktion erfolgen die schon bekannten Initialisierungen.

```
9   void setup() {
10    pinMode(buttonPinStart, INPUT_PULLDOWN); // Button Start
11    pinMode(buttonPinStop,  INPUT_PULLDOWN); // Button Stop
12    Mouse.begin();                           // Init mouse
13    USB.begin();                             // Init USB
14    Serial.begin(115200);                    // Init Serial
15  }
```

In der loop-Schleife kommt es in Zeile 18 zur schon bekannten Unterbrechung der Fortführung des Sketches, bis der Taster gedrückt wird. Erst dann erfolgt das Zeichnen der Figur durch den Aufruf der drawCircle-Funktion. Die Parameter der Funktion sind der Radius, die Länge der Kreisbahn und die Verzögerungszeit für das Zeichnen.

```
17  void loop() {
18    while(!digitalRead(buttonPinStart));
19    drawCircle(10, 2*PI, 10); // 2*PI -> Full circle
20    delay(1000);              // Short delay
21  }
```

An dieser Stelle sollte ich noch einmal auf den Parameter für die Kreisbahn eingehen, denn diese Informationen sind wichtig für den Aufruf der drawCircle-Funktion. Wir verwenden die trigonometrischen Funktionen sin und cos und diese erwarten als Argument einen Wert im sogenannten Bogenmaß mit dem Datentyp float. Hier die beiden Befehle.

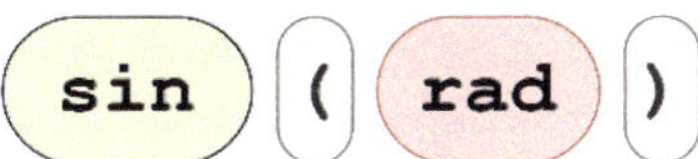

Abbildung 15: Die Berechnung des Sinus eines Winkels im Bogenmaß

und

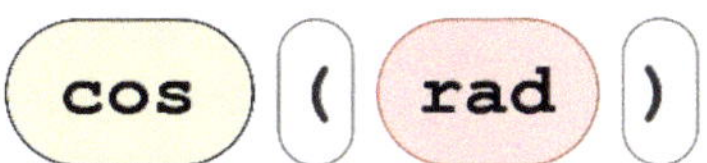

Abbildung 16: Die Berechnung des Cosinus eines Winkels im Bogenmaß

Das Ergebnis der Rückgabewerte liegt zwischen -1 und 1, wie wir es schon am Einheitskreis gesehen haben. Das Bogenmaß darf jedoch nicht mit der Angabe des Winkels verwechselt werden. In dem Zusammenhang muss auch der Begriff Radiant Erwähnung finden.

Was bedeutet Bogenmaß beziehungsweise Radiant?

Der Radiant (rad) ist ein Winkelmaß, bei dem der Winkel durch die Länge des entsprechenden Kreisbogens im Einheitskreis angegeben wird. Aufgrund der Betrachtung des Kreisbogens zur Kennzeichnung des Winkels wird die Angabe Bogenmaß genannt.

Nachfolgend ist die Gegenüberstellung von Bogenmaß und Winkelmaß zu sehen.

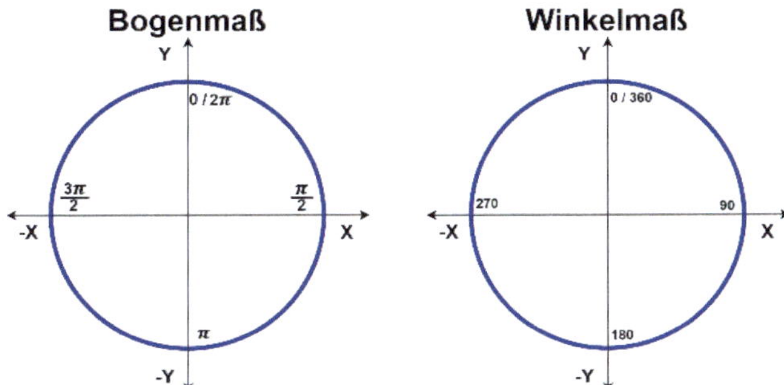

Abbildung 17: Die Gegenüberstellung von Bogenmaß und Winkelmaß

Hier nun die drawCircle-Funktion für das Bewegen des Mauszeigers auf einer Kreisbahn. In Zeile 24 wird durch den Aufruf der press-Methode die linke Maustaste ständig gedrückt gehalten. In der for-Schleife wird jetzt der Vollkreis durchlaufen, was im Bogenmaß die Werte von 0 bis 2xPI bedeutet. In Zeile 26 und 27 werden dann die Sinus- und Cosinus-Werte mithilfe der beiden trigonometrischen Funktionen ermittelt. Die Maus wird entsprechend den Ergebnissen in Zeile 28 positioniert. In Zeile 29 kommt es zum Aufruf einer Pause durch den Parameter. In Zeile 30 ist ein Notausstieg möglich, der über die entsprechende Taste ermöglicht wird, falls die for-Schleife in Experimenten zu lange dauert. Die linke Maustaste wird über die release-Methode wieder losgelassen und die Funktion über die return-Anweisung verlassen. Ich würde mich jedoch nicht immer darauf verlassen, dass das für alle Programmierungen funktioniert.

```
23  void drawCircle(int r, float rad, int d){
24    Mouse.press(); // Mouse press
25    for(float winkel=0.0;winkel<rad;winkel+=0.05){
26      float x = r * cos(winkel);
27      float y = r * sin(winkel);
28      Mouse.move(x, y, 0); // Move mouse
29      delay(d);            // delay
30      if(digitalRead(buttonPinStop)){Mouse.release();return;}
31    }
32    Mouse.release(); // Mouse release
33  }
```

Ich schlage für eigene Experimente folgende Vorgehensweise vor.

- Zeile 28 mit der move-Funktion über // in eine Kommentarzeile verwandeln
- Eine zusätzliche Zeile (oder auch mehrere) einfügen, die die ermittelten Werte für x und y im Serial Monitor anzeigen
- Kontrolle, ob es sich nicht um eine Endlosschleife handelt, was daran zu erkennen ist, dass die Liste der x/y-Werte fortlaufend im Serial Monitor zu sehen ist

Erst wenn der Serial Monitor irgendwann keine neuen Werte mehr anzeigt, würde ich die gezeigte Vorgehensweise rückgängig machen und den Mauszeiger ansteuern. Das ist wohl die sicherste Variante.

Durch den mehrfachen Aufruf der drawCircle-Funktion mit zuvor verschobenem Mauszeiger lassen sich interessante Effekte erzielen. Hier die kleine Anpassung für die folgende Grafik. Es ist eine for-Schleife eingebaut worden, die die drawCircle-Funktion mehrfach aufruft. Bei jedem Durchlauf wird der Mauszeiger um zehn Pixel nach rechts und nach unten verschoben.

```
void loop() {
  while(!digitalRead(buttonPinStart));
  for(int i=0; i<10;i++){
    drawCircle(10, 2*PI, 10); // 2*PI -> Full circle
    Mouse.move(10, 10, 0);    // Move mouse
  }
  delay(1000);              // Short delay
}
```

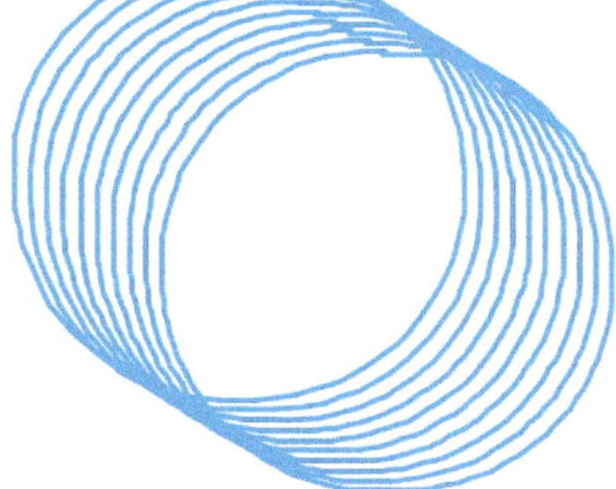

Abbildung 18: Das Zeichnen mehrerer Kreise

Projekt 8: Synthesizer-Steuerung über BLE

Wer Spaß an elektronischer Musik und Sphärenklängen hat, der kennt auch die elektronischen Musikinstrumente, die sich Synthesizer nennen. Auf der folgenden Abbildung ist ein Synthesizer mit integriertem Keyboard und vielen Drehreglern zu sehen.

Abbildung 1: Der Synthesizer MatrixBrute von Arturia

Dies soll keine Einführung in den Umgang mit professionellen Synthesizern werden, sondern das Interesse wecken, sich mit derartigen Instrumenten und Klängen näher zu befassen. Viel ist für den Anfang nicht erforderlich, denn wir wollen in diesem Kapitel die MIDI-Steuerung über das Arduino-Nano-ESP32-Board realisieren.

Was ist MIDI?

MIDI ist die Abkürzung für Musical Instrument Digital Interface und es handelt sich dabei um einen Industriestandard für den Austausch von musikalischen Steuerinformationen zwischen elektronischen Instrumenten, wie zum Beispiel Keyboards oder Synthesizern. Es werden von MIDI keinerlei Audio-Daten versendet oder verarbeitet. Eine MIDI-Information enthält nicht direkt die Musik, wie sie zum Beispiel auf einer CD oder einer MP3-Datei enthalten ist, sondern nur Steueranweisungen, was zu tun ist.

Ich möchte einen freien Synthesizer in Form einer Android-App mit dem Namen SynprezFM rudimentär ansteuern und dafür das Arduino-Nano-ESP32-Board verwenden.

Abbildung 2: Die Synthesizer-App SynprezFM

Die Steuerung wird über BLE erfolgen.

Was ist BLE?

BLE ist die Abkürzung für Bluetooth Low Energy und ist eine Funktechnik, mit der sich Geräte in einer Umgebung von etwa zehn Metern vernetzen lassen.

Ich möchte zur Realisierung kein komplettes Keyboard nachbauen, sondern lediglich einen einzigen Taster mit zwei Potentiometern. Eine Taste ist zur Generierung des Tons erforderlich, das erste Potentiometer steuert die Tonhöhe und das zweite die Anschlaggeschwindigkeit. Recht simpel also, doch es steckt Potential in diesen Anfängen.

Und wer weiß, vielleicht regt den ein oder anderen dieses Kapitel auch dazu an, den Synthesizer auszubauen und noch ganz andere Dinge damit zu veranstalten.

Fangen wir mit dem Arduino-Sketch an, bevor es auf der Smartphone-Seite unter Android weitergeht.

Der Arduino-Sketch

Um die Funktionalität von MIDI über BLE nutzen zu können, ist es erforderlich, eine Library hinzuzufügen, die sich ESP32-BLE-MIDI nennt. Wir rufen also wieder den Library Manager auf und geben den markierten Suchbegriff ein.

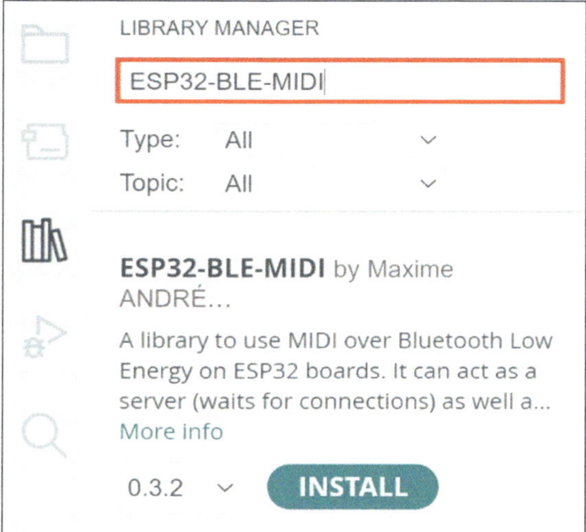

Abbildung 3: Die Installation der ESP32-BLE-MIDI-Library

Nähere Informationen zur Library sind unter dem folgenden Link zu finden.
https://www.arduino.cc/reference/en/libraries/esp32-ble-midi/

Nun können wir starten. In Zeile 1 wird die erforderliche BLE-MIDI-Library eingebunden, die gerade eben installiert wurde. In Zeile 3 wird der Pin definiert, an dem sich der Taster befindet. In den Zeilen 4 und 5 werden Variablen definiert, um den Zustand des Tasters zu überwachen, damit sowohl ein LOW-HIGH- als auch ein HIGH-LOW-Pegelwechsel erkannt werden kann. Die zu spielende Note wird als Integer-Wert in der Variablen midiNote gespeichert, die in Zeile 6 deklariert ist. Die Anschlagstärke wird in der Variablen velocity (Geschwindigkeit) gespeichert und in Zeile 7 deklariert.

```
1    #include <BLEMidi.h>
2
3    int buttonPin    = 2; // Button-Pin-Note
4    int btnState     = 0; // Actual button state
5    int lastBtnState = 0; // Last button state
6    int midiNote;         // MIDI-Note
7    int velocity;         // MIDI-Velocity
```

In der setup-Funktion in Zeile 12 wird der Taster über die pinMode-Funktion

```
 9  void setup() {
10    Serial.begin(115200);
11    Serial.println("Initializing bluetooth");
12    pinMode(buttonPin, INPUT_PULLDOWN);
13    BLEMidiServer.begin("Eriks-ESP32-MIDI-Device");
14    Serial.println("Waiting for connections...");
15  }
```

konfiguriert und in der darauffolgenden Zeile 13 der BLEMidiServer über die begin-Methode gestartet. Über den angegebenen Namen kann das BLE-Device später auf dem Smartphone ausfindig gemacht werden.

In der loop-Funktion kommt es nun in Zeile 18 zur Abfrage, ob der Server verbunden wurde, was über die isConnected-Methode erreicht wird. Bei erfolgreicher Verbindungsaufnahme kommt es zur kontinuierlichen Abfrage des Tasters (Zeile 19) und der beiden Potentiometer (Zeilen 20 und 22). Für die analogen Werte findet wieder ein Mapping über die map-Funktion statt, die wir schon kennengelernt haben. Findet ein Pegelwechsel des Tasters von LOW nach HIGH statt, kommt es zum Aufruf der noteOn-Methode in Zeile 23, mit der Angabe des MIDI-Kanals 0, der MIDI-Note (midiNote) und der Anschlagstärke (velocity). Die Note wird hörbar. Wird die Taste wieder losgelassen, erfolgt ein Pegelwechsel von HIGH nach LOW und die noteOff-Methode in Zeile 26 wird mit den gleichen Werten wie bei noteOn aufgerufen. Die Note verklingt.

```
17  void loop() {
18    if(BLEMidiServer.isConnected()) {
19        btnState = digitalRead(buttonPin);
20        velocity = map(analogRead(A6), 0, 4095, 0, 127);
21        if(btnState == 1 && lastBtnState == 0){ // LOW-HIGH-Level
22          midiNote = map(analogRead(A7), 0, 4095, 10, 90);
23          BLEMidiServer.noteOn(0, midiNote, velocity); // Note on
24          Serial.println("On");
25        } else if(btnState == 0 && lastBtnState == 1){  // HIGH-LOW-Level
26          BLEMidiServer.noteOff(0, midiNote, velocity); // Note off
27          Serial.println("Off");
28        }
29        lastBtnState = btnState; // Save last button state
30    }
31  }
```

Sowohl das Drücken als auch das Loslassen einer Taste löst ein entsprechendes MIDI-Ereignis aus.

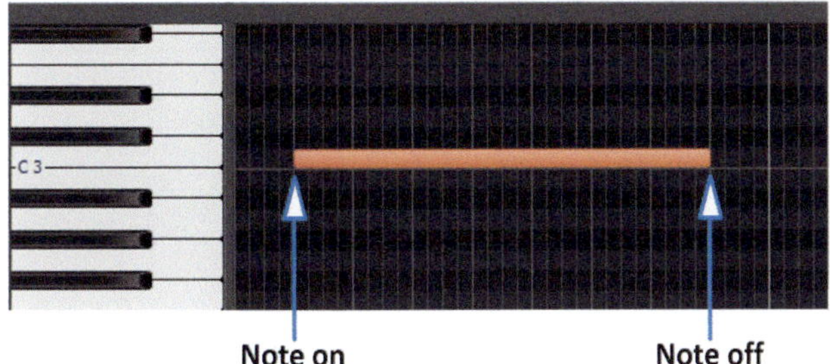

Abbildung 4: Note on und Note off in MIDI

Die Länge der Note wird durch die Länge des grafischen Balkens abgebildet und befindet sich genau zwischen den beiden MIDI-Befehlen Note on und Note off. Nun sind aber noch weitere Informationen erforderlich, denn es muss hinsichtlich der Note noch die Notennummer und die Velocity (Anschlagstärke) übermittelt werden. Hinsichtlich MIDI ist dann noch der Kanal wichtig, denn es gibt beim MIDI-Standard sechzehn verschiedene Kanäle. Eine Nachricht an ein MIDI-Gerät würde dann ungefähr wie folgt lauten: „Spiele auf MIDI-Kanal 0 die Note C3 mit der Länge, die zwischen Note on und Note off liegt sehr laut, also mit einem hohen velocity-Wert." Der velocity-Wert kann dabei im Bereich von 0 bis 127 liegen und deckt somit 128 unterschiedliche Werte ab.

Sehen wir uns sowohl den Schaltplan als auch den Schaltungsaufbau an.

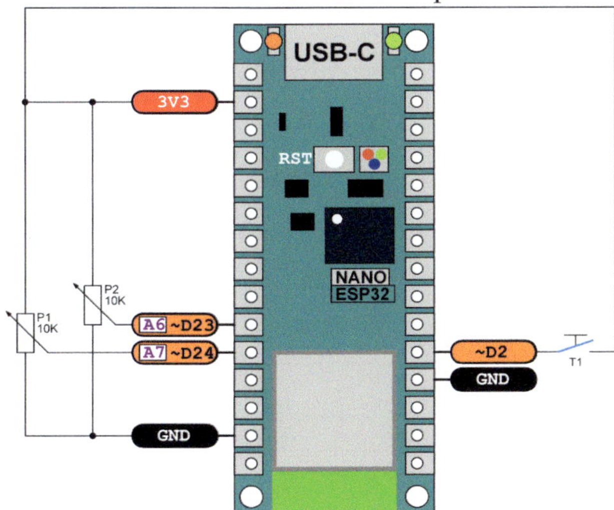

Abbildung 5: Der Schaltplan zur Synth-Ansteuerung

Abbildung 6: Der Schaltungsaufbau zur Synth-Ansteuerung

Jetzt laden wir den Sketch hoch und wenden uns dem Smartphone zu.

Kommen wir zur Android-Seite

Um auf der Android-Seite mit BLE zu arbeiten, muss eine entsprechende App mit Namen MIDI BLE Connect installiert werden. Dazu wird Google Playstore aufgerufen und in das Suchfeld der entsprechende Begriff eingegeben.

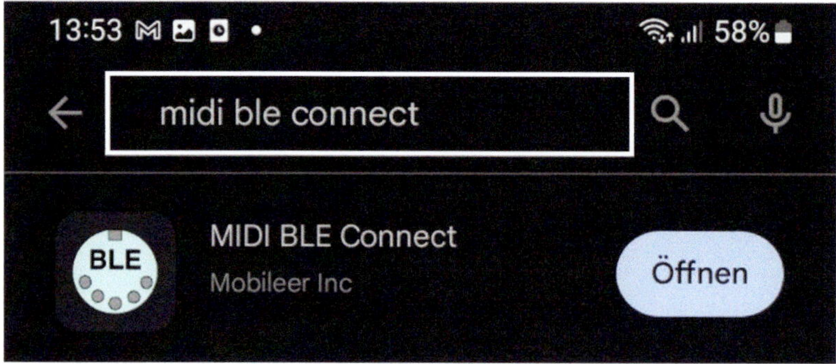

Abbildung 7: Die Installation von MIDI-BLE-Connect

Im Anschluss installieren wir den Synthesizer SynprezFM über das gleiche Verfahren.

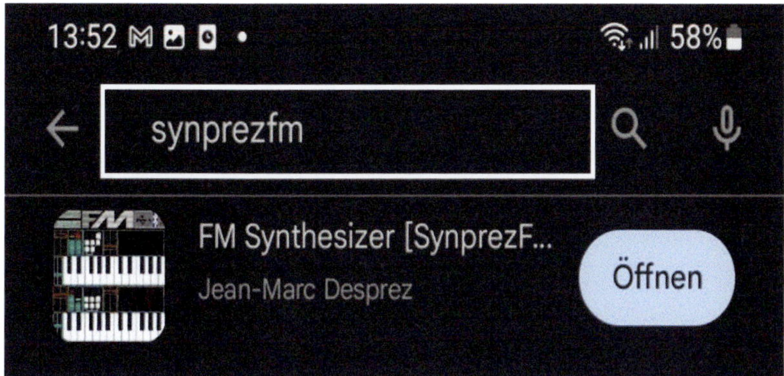

Abbildung 8: Die Installation von SynprezFM

Nach den beiden Installationen starten wir MIDI BLE Connect und stellen vorher sicher, dass auf dem Smartphone Bluetooth aktiviert ist. Nach der Auswahl der START BLUETOOTH SCAN-Schaltfläche sollte das ESP32-BLE-Device zur Auswahl angezeigt werden. Durch die Auswahl mit einem Fingertipp wird es dann wie in der Abbildung dargestellt.

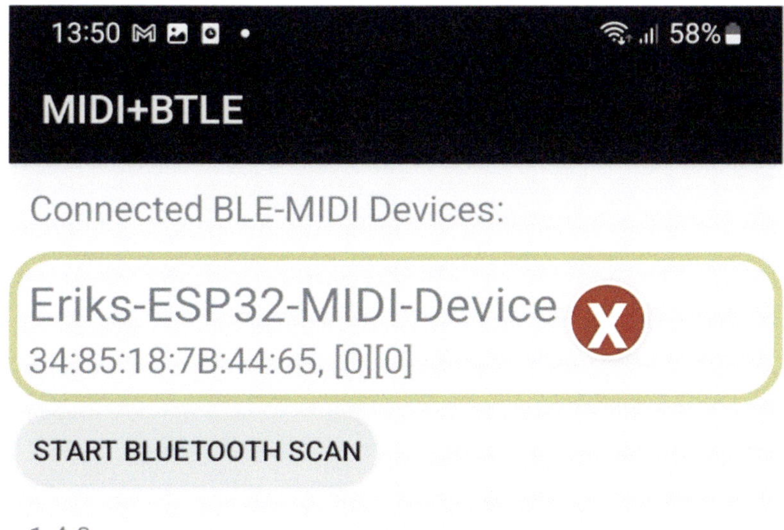

Abbildung 9: Das ESP32-BLE-Device wurde ausgewählt und aktiviert

Nun kann die SynprezFM-App gestartet werden, was mit dem unmittelbaren Erkennen des ESP32-BLE-Devices einhergehen sollte. Die Meldung sollte ungefähr so aussehen in der rot umrandeten Box auf der folgenden Abbildung.

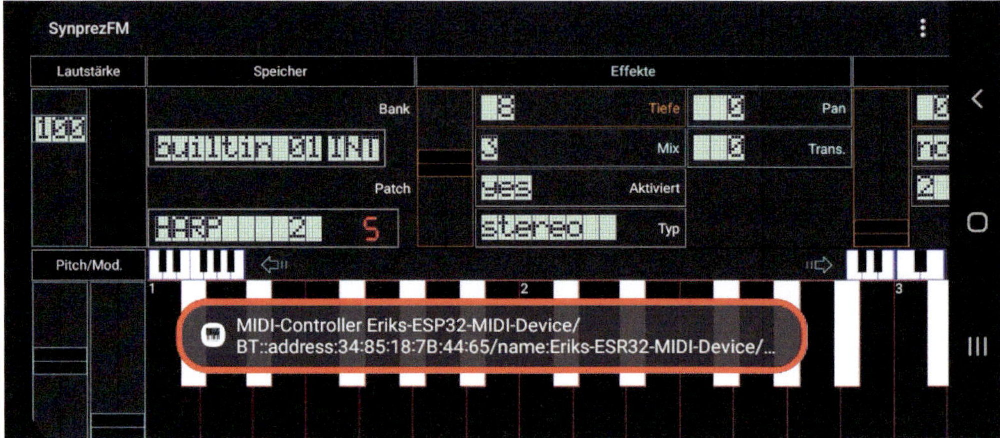

Abbildung 10: Der MIDI-Controller wurde erkannt

Nun kann es losgehen und auf der Arduino-Seite der Taster mit unterschiedlichen Potentiometerstellungen gedrückt werden. Die SynprezFM-App sollte reagieren und die gedrückten Tasten sollten farbig aufleuchten und Töne sollten hörbar sein.

Projekt 9: Node-RED

Das Internet der Dinge, im Englischen IOT – Internet Of Things - genannt, ist ja mittlerweile nichts Neues mehr und steht für die Verknüpfung von Objekten (Things) in der realen Welt mit denen in der virtuellen Welt (Internet). Es soll alles mit allem vernetzt sein, sodass eine Kommunikation für den Austausch von Daten jeglicher Art das Leben erleichtert. Stellen wir uns vor, dass über Sensoren in unserem Kühlschrank ermittelt wird, wie der jetzige Stand der Kühlwaren ist und wann es vielleicht in nächster Zeit zu einem Engpass in der Versorgung von beispielsweise Milch kommt. Das Überwachungssystem lässt es jedoch nicht soweit kommen und bestellt rechtzeitig über das Internet bei dem Onlinehändler des Vertrauens eine ausreichende Menge nach, die in die Wohnung geliefert wird. Das Auto verfügt über ein Computersystem, das rechtzeitig bei anstehenden Wartungen oder etwaigen Problemen automatisch einen Termin bei einem Autohaus vereinbart und gegebenenfalls notwendige Ersatzteile bereits ordert. Über eine derart vernetzte Infrastruktur entsteht aber auch die Gefahr, dass es zu einer globalen Überwachung kommt, denn die Daten sind bis heute nicht den strengen Datenschutzrichtlinien unterworfen, wie man sich das als Privatperson wünscht. Doch dieses brisante Thema soll an dieser Stelle nicht weiterverfolgt werden, wenn es auch beim Internet der Dinge immer mehr an Bedeutung gewinnt.

Was ist Node-RED?

Node-RED wurde von Nick O'Leary und Dave Conway-Jones bei IBM entwickelt und erstmals im Februar 2013 als Open-Source-Projekt veröffentlicht. Node-RED wurde entwickelt, um die Programmierung von Anwendungen für das Internet der Dinge (IoT) zu erleichtern und zu beschleunigen.

Das Ziel von Node-RED war es, einen visuellen Programmieransatz zu bieten, der es Entwicklern ermöglicht, IoT-Anwendungen durch die Verbindung von Knoten (Nodes) in einem visuellen Flussdiagramm zu erstellen, anstatt traditionellen Code zu schreiben.

Ich möchte in diesem Bastelprojekt das von IBM entwickelte Node-RED etwas näher vorstellen. Mithilfe einer grafischen Oberfläche ist es in kürzester Zeit möglich, über sogenannte Flows Verbindungen zu verschiedenen Geräten oder Instanzen herzustellen, um darüber einen Informationsfluss beziehungsweise Informationsaustausch zu realisieren. Es werden ähnlich wie bei der Programmiersprache Scratch vordefinierte Blöcke mit hinterlegten Funktionen zur Verfügung gestellt, die aus einem Vorrat leicht miteinander kombiniert werden können. Diese Blöcke, auch Nodes genannt, erfüllen bestimmte Aufgaben und bilden im Verbund die schon erwähnten Flows. Die Startseite für Node-RED im Internet hat die folgende Adresse.

https://nodered.org/

Die Installation von Node-RED

Node-RED kann auf den unterschiedlichsten Plattformen installiert werden. Wer einen Raspberry Pi sein eigen nennt, der hat es wohl am leichtesten, denn es kann dort sehr schnell installiert werden, wenn es das nicht sowieso schon ist. Ich zeige das anhand einer Installation unter Windows. Zu Beginn muss jedoch sichergestellt sein, dass Python 3 auf dem Computer installiert ist. Auf der folgenden Internetseite ist die Installationsdatei zu finden.

https://www.python.org/downloads/

Im Anschluss muss Node-RED für Windows installiert werden, wobei die erforderlichen Hinweise unter dem folgenden Link zu finden sind.

https://nodered.org/docs/getting-started/windows

Nach erfolgreicher Installation wird die Kommandozeile aufgerufen und dort node-red eingegeben.

```
C:\Users\ErikB>node-red
18 Sep 11:52:10 - [info]

Welcome to Node-RED
===================

18 Sep 11:52:10 - [info] Node-RED version: v3.1.0
18 Sep 11:52:10 - [info] Node.js  version: v18.17.1
18 Sep 11:52:10 - [info] Windows_NT 10.0.22621 x64 LE
18 Sep 11:52:12 - [info] Loading palette nodes
18 Sep 11:52:13 - [info] Settings file  : C:\Users\ErikB\.node-red\settings.js
18 Sep 11:52:13 - [info] Context store  : 'default' [module=memory]
18 Sep 11:52:13 - [info] User directory : \Users\ErikB\.node-red
18 Sep 11:52:13 - [warn] Projects disabled : editorTheme.projects.enabled=false
18 Sep 11:52:13 - [info] Flows file     : \Users\ErikB\.node-red\flows.json
18 Sep 11:52:13 - [info] Server now running at http://127.0.0.1:1880/
18 Sep 11:52:13 - [warn]
```

Abbildung 1: Die Startmeldungen von Node-RED unter Windows

Hier ist unter anderem zu sehen, dass die Adresse http://127.0.0.1:1880 im Browser eingegeben werden muss. Der Wert 1880 bezieht sich auf den Port, der von Node-RED genutzt wird. Node-RED kann sowohl lokal auf dem Computer als auch auf verschiedenen anderen Rechnern installiert werden, die dann unter anderem als Node-RED-Server arbeiten. Da es sich um eine Browseranwendung handelt, ist es sehr einfach, die entsprechende URL plus den Port 1880 einzugeben, wie ich das gerade gezeigt habe. Wenn die Arduino-Erweiterung genutzt werden soll, muss das Mikrocontroller-Board am Server und nicht am Rechner, der als Client arbeitet, angeschlossen werden. Da sich hinsichtlich der Installationsmöglichkeiten immer kurzfristig etwas ändern kann, wären meine Erläuterungen zu diesem Thema hier veraltet und aus diesem Grund liefere ich die Quellenangaben, wo die einzelnen Schritte recht gut beschrieben sind. Ich bin mir bewusst, dass alle Links einem gewissen Alterungsprozess unterliegen und dann möglicherweise ins Leere weisen. Doch der geschickte Umgang mit einer Suchmaschine wird auch eine solche Hürde elegant beseitigen.

Der Aufruf von Node-RED

Nach der Eingabe der genannten Adresse im Browser meldet sich Node-RED. Auf der folgenden Abbildung ist nur ein kleiner Ausschnitt der Oberfläche zu sehen, weil nicht alles in einen Screenshot hineinpasst.

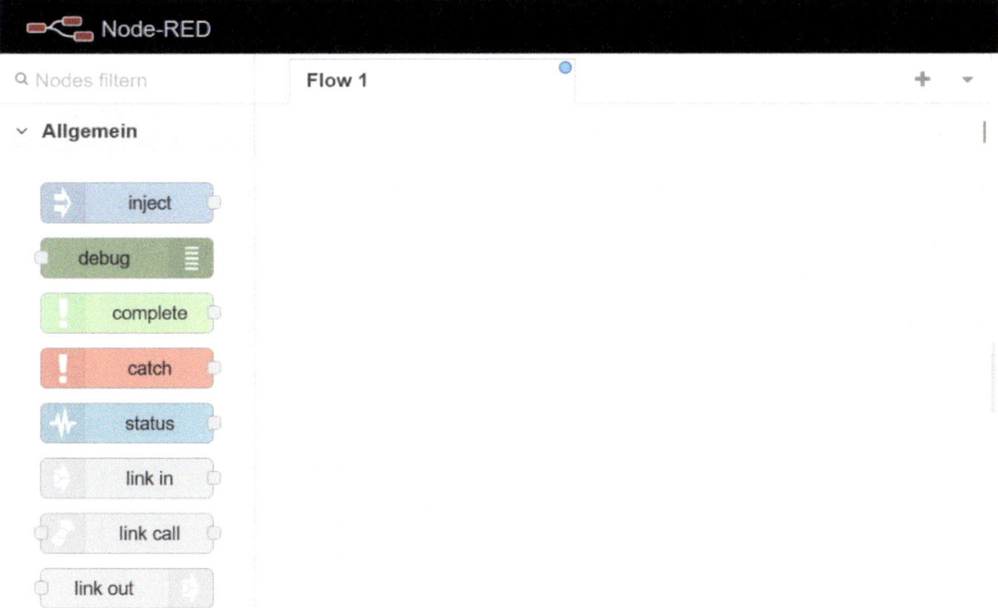

Abbildung 2: Node-RED im Browser

Die Installation einer Erweiterung über die Palette

Für Node-RED existieren mittlerweile eine große Anzahl von Erweiterungen, die über die Palette hinzugefügt werden können. Rechts oben befinden sich drei waagerechte Striche, die bei einem Mausklick ein Menü anzeigen. Dort muss der Punkt Palette verwalten angeklickt werden.

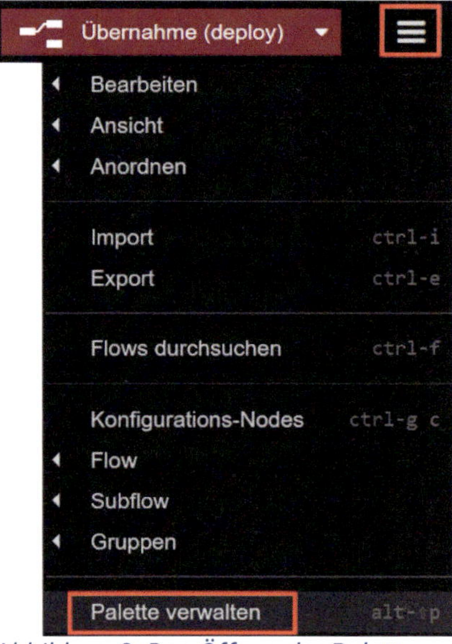

Abbildung 3: Das Öffnen der Palette

Ins Suchfeld muss für den Zugriff auf die serielle Schnittstelle, die wir gleich nutzen, der Begriff serial eingegeben werden. Nach der Wahl des Eintrags node-red-node-serialport und dem Anklicken der Installieren-Schaltfläche wird die Erweiterung Node-RED hinzugefügt.

Abbildung 4: Die Installation von node-red-node-serialport

Anschließend können wir einen ersten Test der seriellen Verbindung zwischen dem nano-ESP32-Board und Node-RED starten. Das Board soll einfach eine Nachricht versenden, um dann zu sehen, ob diese in Node-RED ankommt.

Ein erster serieller Test

Der Sketch auf Arduino-Seite ist denkbar einfach. Im Serial Monitor ist die versendete Nachricht zu sehen.

```
void setup() {
  Serial.begin(115200);
}

void loop() {
  Serial.println("Hallo");
  delay(1000);
}
```

Output Serial Monitor ×

Message (Enter to send message to 'Arduino

```
12:49:35.691 -> Hallo
12:49:36.709 -> Hallo
12:49:37.714 -> Hallo
```

Abbildung 5: Der Sketch und die Nachricht

Nach dem Hochladen des Sketches ist es wichtig, den Serial Monitor zu schließen, denn es kann immer nur eine Instanz auf einen COM-Port zugreifen. Node-RED wäre sonst nicht in der Lage, eine Verbindung aufzubauen. Wenden wir uns Node-RED zu. Nach der Installation der Erweiterung sind weitere Nodes auf der linken Seite zu sehen.

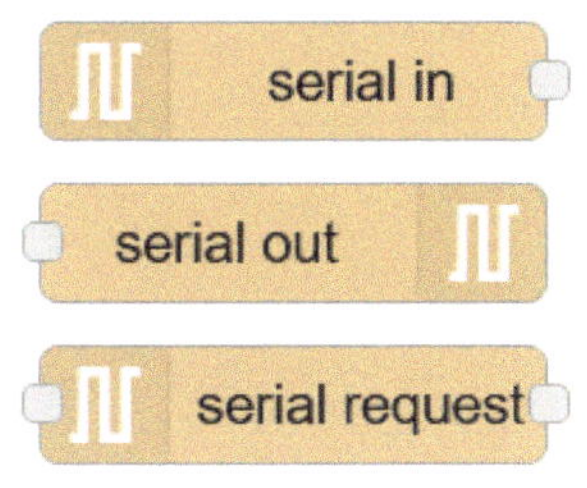

Abbildung 6: Die Serial Nodes

Um eingehende Nachrichten von der seriellen Schnittstelle zu empfangen und diese dann weiter zu verarbeiten, muss der oberste Node serial in verwendet werden. Wir ziehen diesen Node per Drag&Drop auf die große freie Fläche nach rechts, was dann wie folgt aussieht.

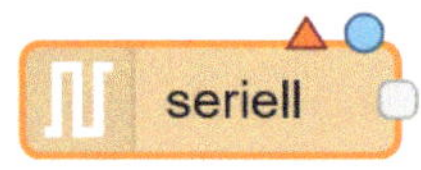

Abbildung 7: Der serial in-Node

Dieser Node muss jetzt konfiguriert werden, denn das Nano-ESP32-Board sendet auf einem bestimmten Port in einer festgelegten Baud-Rate. Nach einem Doppelklick auf den Node öffnet sich ein Konfigurationsdialog. Dort muss jetzt auf das Stiftsymbol geklickt werden.

Abbildung 8: Die Konfiguration des Nodes

Im nachfolgenden Dialog sind die erforderlichen Parameter zu setzen. Nun erfolgt ein Mausklick auf die Hinzufügen-Schaltfläche.

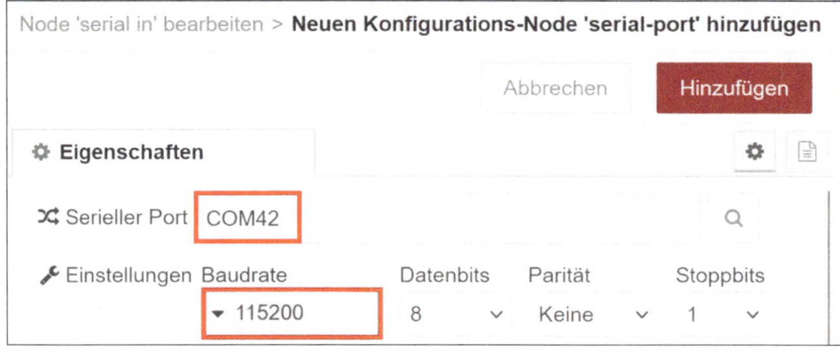

Abbildung 9: Die seriellen Parameter

Der Dialog wird über die Fertig-Schaltfläche abgeschlossen, wobei ich noch einen aussagekräftigen Namen vergeben habe.

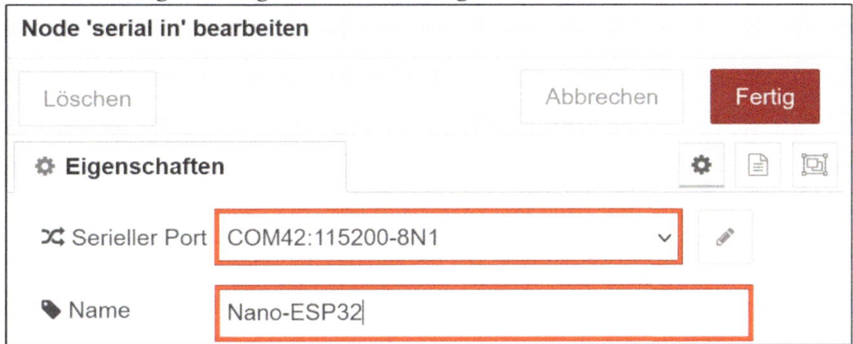

Abbildung 10: Den Dialog abschließen

Auf der Node-RED-Oberfläche sieht es dann wie folgt aus.

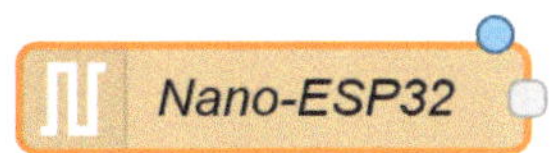

Damit die empfangenen Informationen jedoch auch angezeigt werden können, brauchen wir einen weiteren Node, der sich debug nennt und hier in der Mitte zu sehen ist.

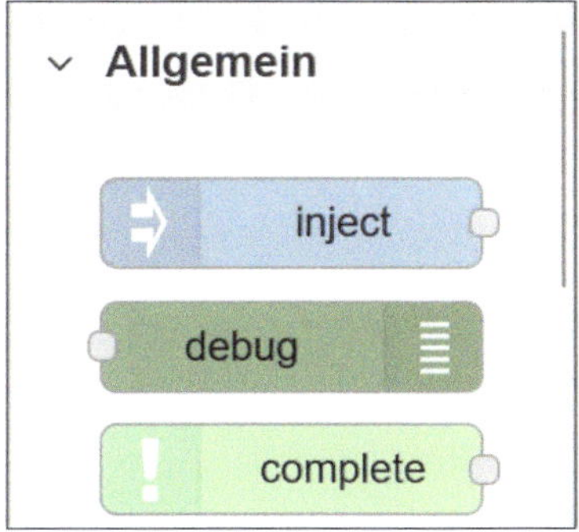

Abbildung 11: Der debug-Node in der Mitte

Ziehen wir also diesen Node wieder per Drag&Drop auf die Oberfläche, was sich dann wie folgt gestaltet.

Abbildung 12: Der serielle und der debug-Node (noch nicht verbunden)

Beide Nodes sind aber noch nicht miteinander verbunden, sodass der Datenfluss nicht zustande kommen kann. Die Nodes besitzen jedoch kleine graue Punkte, die miteinander verbunden werden müssen. Man klickt also mit der Maus auf den Sender (serieller Node) und zieht diese Verbindung bei gedrückter linker Maustaste zum Empfänger (debug-Node) und lässt dann die linke Maustaste los.

Abbildung 13: Der serielle und der debug-Node (jetzt verbunden)

Wo laufen denn überhaupt die empfangenen Meldungen auf? Auf der rechten Seite befindet sich unterhalb der großen roten Schaltfläche ein Bereich mit einem Debug-Reiter. Dort ist jedoch noch nichts zu sehen.

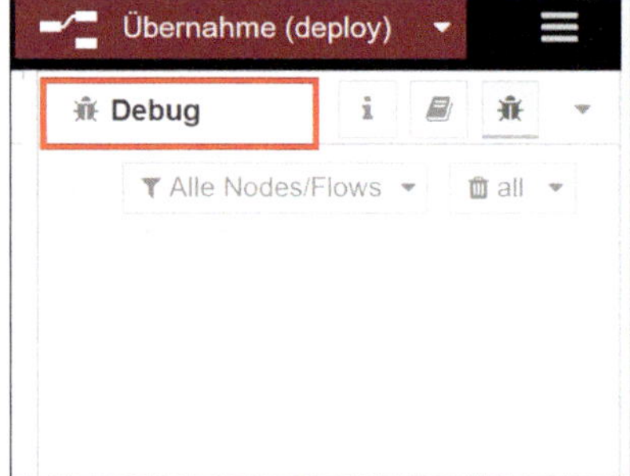

Abbildung 14: Das Debug-Fenster

Irgendetwas scheint also noch nicht zu stimmen, was aber auch im Moment korrekt ist, denn unser Flow wurde noch nicht übernommen, was erst über das Anklicken der roten Übernahme-Schaltfläche (Deploy) erfolgt. Klicken wir also einmal darauf. Ups! Eine Fehlermeldung. Ich habe doch tatsächlich vergessen, den Serial Monitor in der Arduino-Entwicklungsumgebung zu schließen, obwohl ich das vorher großspurig angekündigt habe.

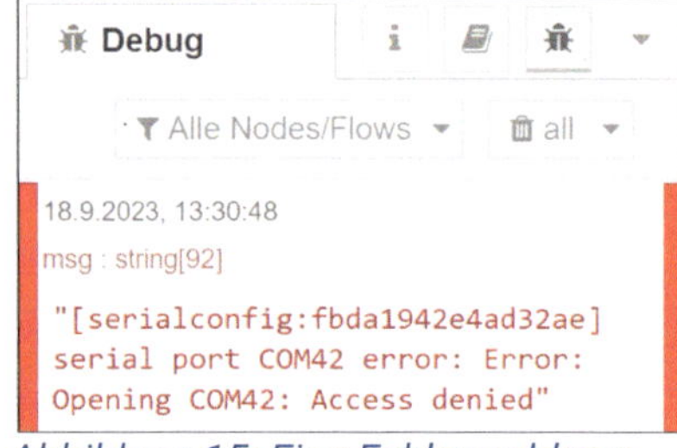

Abbildung 15: Eine Fehlermeldung

Nach dem Schließen des Serial Monitor hat das auch Node-RED mitbekommen und sofort eine Verbindung etabliert, was jetzt zeitnah zu sehen ist. Der kleine grüne Punkt und der entsprechende Schriftzug zeigen dies an.

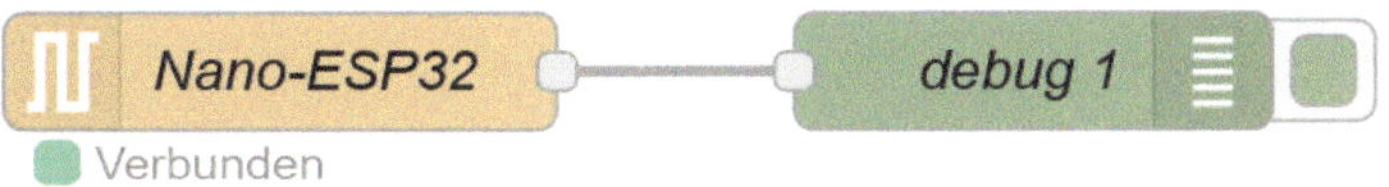

Abbildung 16: Die serielle Verbindung wurde etabliert

Nun laufen auch die Meldungen im Debug-Reiter auf und zeigen an, was das Nano-ESP32-Board so versendet. Nicht spektakulär, aber doch zufriedenstellend.

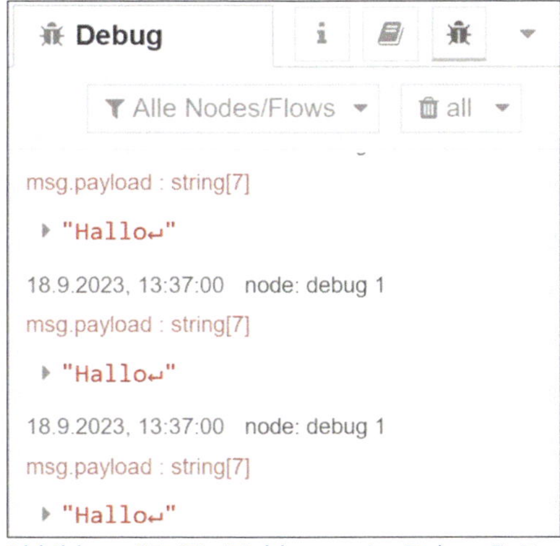

Abbildung 17: Die Meldungen im Debug-Reiter

Der Arduino Talker in Node-RED

Im Kapitel über die unterschiedlichen Bus-Systeme habe ich im Abschnitt über die serielle Schnittstelle den Arduino Talker vorgestellt. Mit ihm war es möglich, mittels entsprechender Eingaben über die serielle Schnittstelle Zugriff auf analoge und digitale Pins zu nehmen. Das möchte ich hier wieder aufgreifen. Man muss zuvor den Sketch auf dem Nano-ESP32-Board hochladen. Man beachte, dass die serielle Schnittstelle dort mit 9600 Baud konfiguriert wurde. Bei Bedarf kann das natürlich angepasst werden. Sehen wir uns jetzt die Steuerung über Node-RED an. Es soll dabei sowohl die versendete als auch die empfangene Nachricht über einen debug-Node angezeigt werden. Der Flow sieht wie folgt aus, wobei ich lediglich die OnBoard-LED ansteuern möchte.

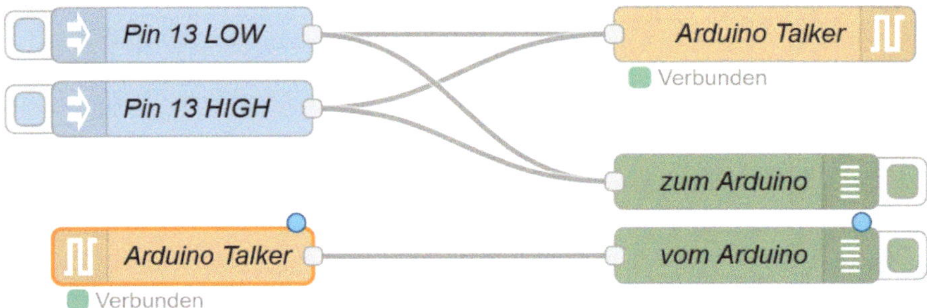

Abbildung 18: Der Arduino-Talker-Flow

Wir erinnern uns an die Befehle zum Ein- oder Ausschalten einer LED am betreffenden Pin.

- *dw13=0* (Ausschalten)
- *dw13=1* (Einschalten)

Um etwas in einen Flow einzuspeisen, wird der inject-Node verwendet.

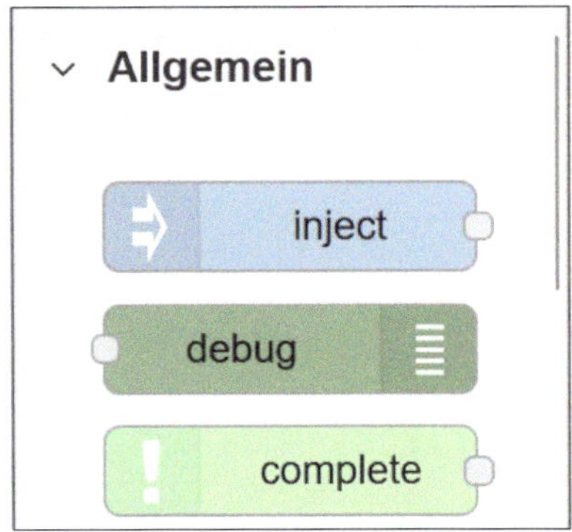

Abbildung 19: Der inject-Node (oben)

Nun müssen wir lediglich die entsprechende Zeichenkette einspeisen.

Sehen wir uns die Konfiguration nach einem Doppelklick an. Ich habe dem Node einen sprechenden Namen gegeben und im Feld msg.payload den Befehl dw13=0 eingetragen. Der Payload ist dabei die zu versendende Zeichenkette.

Abbildung 20: Die Konfiguration des inject-Nodes für das Ausschalten der LED

Das gleiche wurde mit einem zweiten inject-Node für das Einschalten der LED gemacht, wobei der Node ebenfalls einen sprechenden Namen bekommen hat und der Payload jetzt dw13=1 lautet. Beide Nodes wurden dann mit einer Verbindung zum Arduino-Talker-Node (serial out) versehen.

Zur Kontrolle habe ich noch den gleichen Nachrichtenfluss zum oberen debug-Node (zum Arduino) geleitet. Die Rückmeldungen laufen in einem seriellen Node (serial in) auf, der Nachrichten vom Arduino entgegennimmt, die dann an den unteren debug-Node geleitet werden. Um eine Nachricht einzuspeisen, muss nach dem Deploy der Mauszeiger über die linke Schaltfläche geklickt werden. Nachfolgend ist das für Pin 13 HIGH zu sehen.

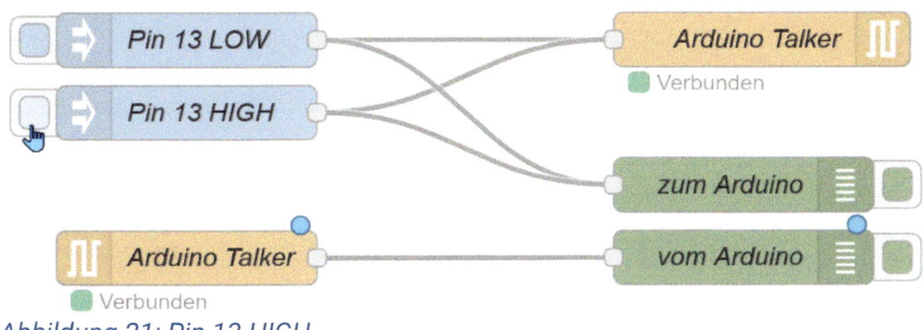

Abbildung 21: Pin 13 HIGH

Sehen wir nach, was sich im Debug-Reiter tut. Die Nachrichten beider debug-Nodes laufen in einem Debug-Fenster auf und ich habe dieser zur Unterscheidung farbig markiert. Auf dem Nano-ESP32-Board sollte jetzt die OnBoard-LED leuchten. Über einen Mausklick auf den oberen inject-Node erlischt die LED wieder.

Abbildung 22: Die Debug-Informationen

Das Blinken der LED

Kommen wir wieder zum Blinken einer LED. Ich möchte das Blinken auf der Seite von Node-RED steuern lassen. Es müssen also im stetigen Wechsel die folgenden Kommandos versendet werden.

- dw13=1
- dw13=0

Das geht nicht ohne einen besonderen Node, der den zeitlichen Aspekt umsetzen kann. Welcher Node könnte das sein? Ein kleiner Hinweis, denn es geht ja wieder um das Einspeisen einer Nachricht in den Flow. Richtig, es ist der inject-Node.

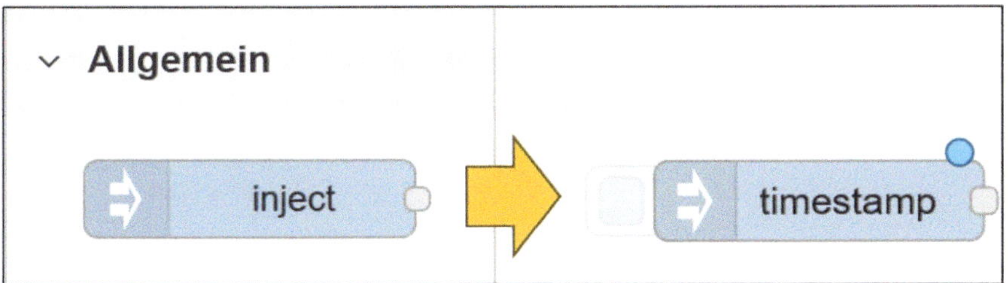

Abbildung 23: Der inject-Node als Sendeinstanz

Er muss nach dem Hinzufügen entsprechend konfiguriert werden.

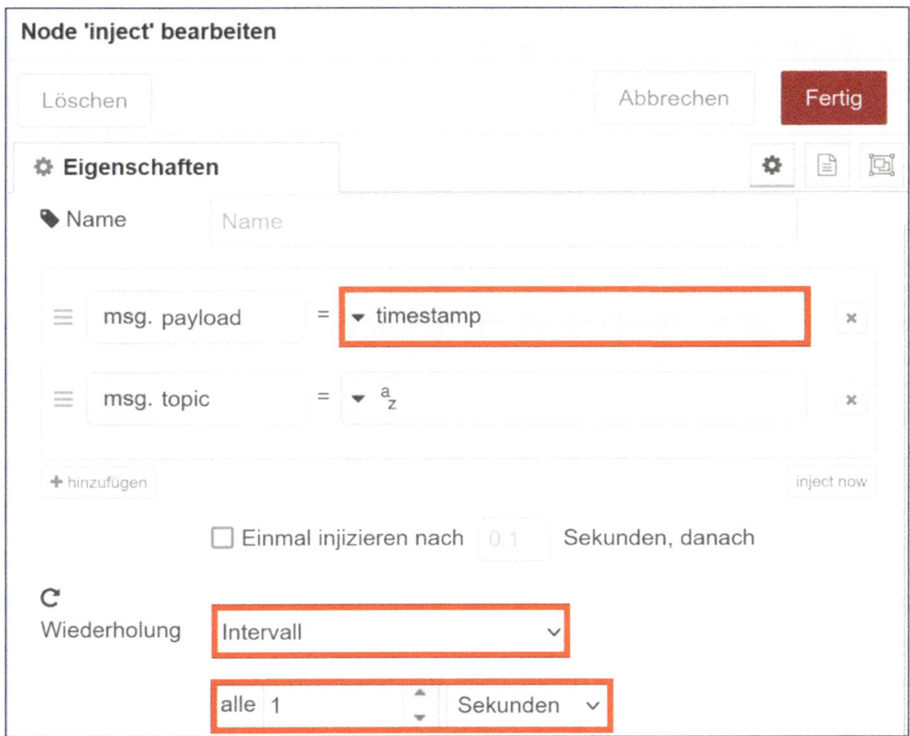

Abbildung 24: Die Konfiguration des inject-Nodes für das wiederholte Versenden einer Nachricht

Der vorgewählte Payload mit dem timestamp ist hier nebensächlich, denn es geht primär um das regelmäßige Versenden der Nachricht, was im unteren Bereich des Dialogs eingestellt wird. Die Wiederholung wird auf Intervall gesetzt, was für eine kontinuierliche Ausführung sorgt und der darunter eingetragene Wert gibt den Rhythmus vor. Sehen wir uns zunächst den kompletten Flow an.

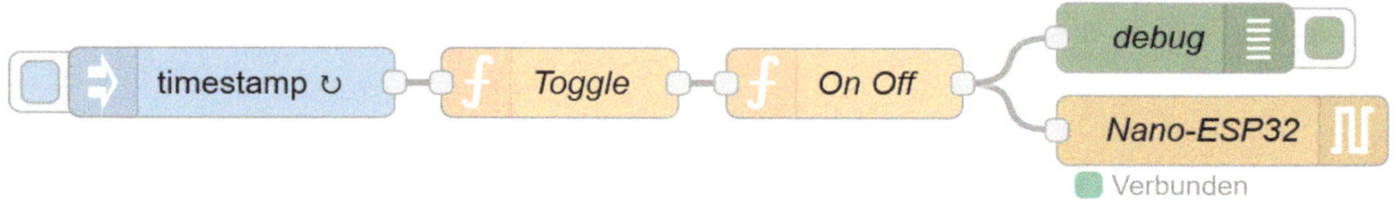

Abbildung 25: Der Flow für das Blinken der LED

Nach dem inject-Node folgt eine Funktion.

Abbildung 26: Der function-Node

Die Konfiguration sieht wie folgt aus, was bewirkt, dass die Funktion den Wahrheitswert von context.level immer zwischen false und true wechseln lässt.

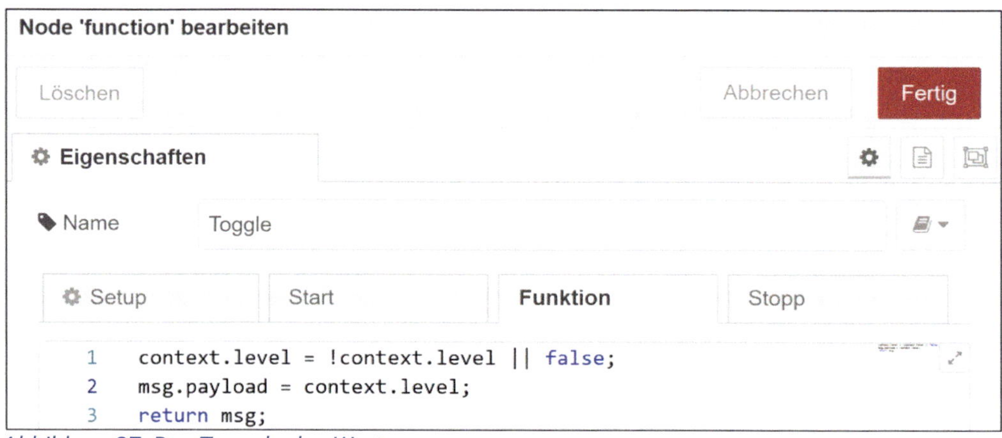

Abbildung 27: Das Toggeln des Werts

Der Inhalt oder body bedarf einer Erklärung. Jeder Node besitzt ein eigenes vordefiniertes Objekt, das den Namen context trägt. Wir können jetzt über den Punktoperator eigene Eigenschaften (Properties) anhängen und ich habe für den Pin-Level des Arduino die Eigenschaft level angefügt. In Zeile 1 der Funktion negiere ich bei jedem Aufruf den Wert über den Not-Operator, der über das Ausrufezeichen (!) zu erreichen ist. Falls die Eigenschaft zu Beginn noch nicht initialisiert ist - was wohl der Fall sein dürfte - wird über das angehängte || false eine Initialisierung vorgenommen. In Zeile 2 wird dem msg-Objekt der context-level der payload-Eigenschaft zugewiesen und in Zeile 3 als Rückgabewert definiert. Der nachfolgende Node, der auch wieder ein function-Node ist, erhält also das komplette msg-Objekt als Eingabe. In Abhängigkeit des msg-Objekts, das ja entweder false oder true besitzt, soll jetzt eine entsprechende Nachricht an das Arduino-Board versendet werden. In Abhängigkeit der empfangenen Nachricht wird die in Zeile 1 definierte Variable value in den Zeilen 2 und 3 initialisiert und in Zeile 4 zurückgeliefert beziehungsweise an den nachfolgenden Node übergeben.

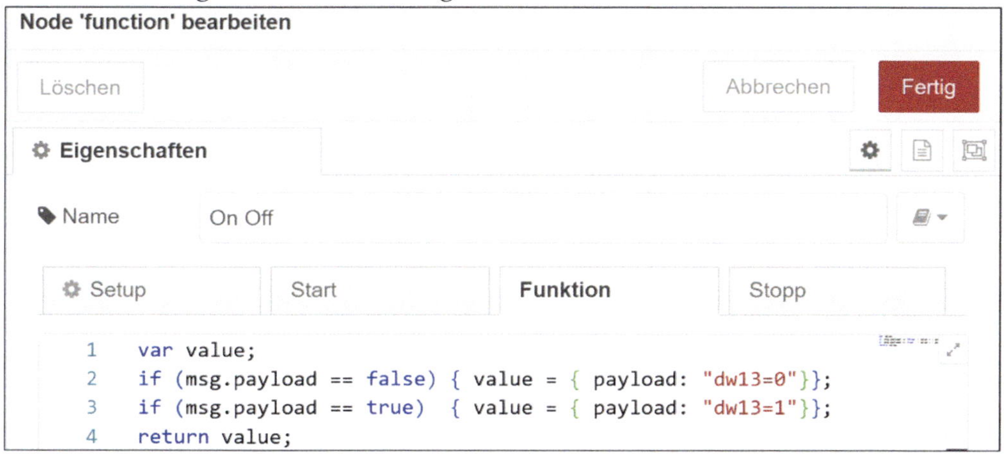

Abbildung 28: Die Generierung der Kommandos

Die empfangenden Nodes sind zum einen der debug- und zum anderen der serial out-Node. Die Konfiguration des serial out-Nodes gestaltet sich wie folgt.

Node 'serial out' bearbeiten

Löschen Abbrechen Fertig

Eigenschaften

Serieller Port COM42:9600-8N1

Name Nano-ESP32

Abbildung 29: Der serial out-Node

Nach dem Deploy des Flows sollte die OnBoard-LED entsprechend blinken.

Projekt 10: Temperaturmessung über WiFi

Da das Nano-ESP32-Board zusätzlich zu Bluetooth auch noch WiFi unterstützt, wollen wir uns das jetzt an einem Beispiel zur Temperaturmessung ansehen, wobei der Temperaturwert über WiFi an einen besonderen Server zur Visualisierung übertragen wird. Doch beginnen wir ganz von vorne.

Der Aufbau einer WiFi-Verbindung

Der nun folgende Sketch soll eine Verbindung via *WiFi* zu einem Router aufnehmen. In Deutschland wird normalerweise der Begriff *WLAN* für die Bezeichnung eines kabellosen Netzwerkes verwendet, wobei in anderen Ländern *WiFi* gebräuchlich ist. Es gibt da zwar marginale Unterschiede, dich uns hier jedoch nicht tangieren. Sei es ebenfalls drum. Bevor wir starten, sollten die Zugangsdaten zum verwendeten Router vorliegen, denn diese werden natürlich für ein Gerät, das sich mit deinem Hausnetz verbinden will, benötigt. Zu Beginn des Sketches müssen wir natürlich dem Nano-ESP32-Board mitteilen, dass die die WiFi-Funktonalität genutzt werden soll. Also ist wieder eine entsprechende *include*-Direktive von Nöten, die in Zeile 1 zu sehen ist. In den Zeilen 2 und 3 werden sowohl die SSID, als auch das Passwort den Konstanten zugewiesen.

```
1 #include <WiFi.h>
2
3 const char* ssid     = "HuddeliDu";
4 const char* password = "Geheim";
```

Somit ist der Grundstein zur Verbindungsaufnahme schon einmal gelegt. Innerhalb der setup-Funktion wird zur Kontrolle der WiFi-Verbindung die serielle Schnittstelle mit 115200 Baud initialisiert und das WiFi-Objekt mit den Zugangsdaten initialisiert. Innerhalb der while-Schleife kommt es zur kontinuierlichen Abfrage des Verbindungsstatus WL_CONNECTED, der dann gesetzt wird, wenn die WiFi-Verbindung etabliert wurde. Solange das nicht der

Fall ist, wird die while-Schleife nicht verlassen, wobei eine kurze Pause von 500ms eingelegt und zur optischen Kontrolle bei jedem Schleifendurchlauf ein Punkt ausgegeben wird.

```
void setup() {
  Serial.begin(115200);
  WiFi.begin(ssid, password);
  Serial.println("Connecting to WiFi...");
  while (WiFi.status() != WL_CONNECTED) {
    delay(500);          // Kurze Pause
    Serial.print("."); // Punkt ausgeben, wenn noch keine Verbindung
  }
  Serial.println("\nConnected to the WiFi network");
  Serial.print("IP address: ");
  Serial.println(WiFi.localIP());
}
```

Erfolgt keine Verbindung zum Router aufgrund falscher Zugangsdaten, dann sieht das Ergebnis im Serial Monitor wie folgt aus, wobei die Kolonne der Punkte immer länger wird.

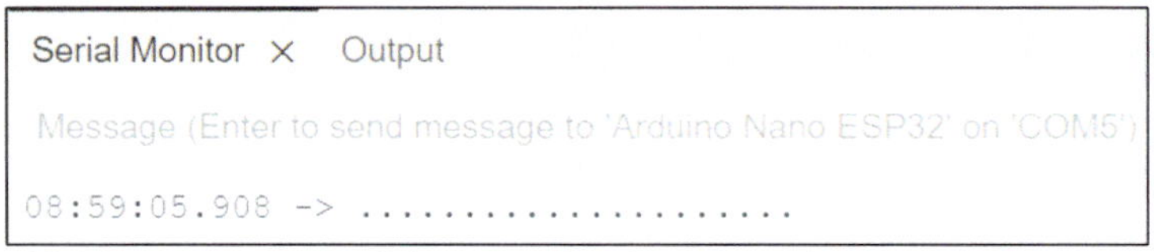

```
Serial Monitor ×   Output
Message (Enter to send message to 'Arduino Nano ESP32' on 'COM5')
08:59:05.908 -> .....................
```

Abbildung 1: Es ist noch keine Verbindung zwischen Nano ESP32 und dem Router erfolgt

Falls die Zugangsdaten hundertprozentig stimmen und es dennoch zu keiner WiFi-Verbindung kommt, sollte sichergestellt werden, dass am betreffenden Router das WiFi aktiviert wurde. Falls ja, kann es an einer Sicherheitseinstellung des Routers liegen, keine neuen WiFi-Verbindungen zuzulassen bis auf die, die dem Router schon bekannt sind. Ich zeige das hier am Beispiel der Fritz-Box. Nach dem Einloggen in die Box muss der Menüpunkt WLAN>Sicherheit ausgewählt werden.

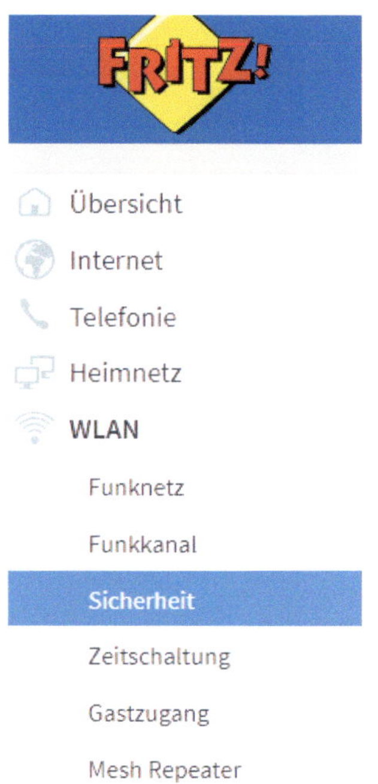

Abbildung 2: Das WLAN-Sicherheitsmenü

Auf der sich öffnenden Seite befindet sich der entscheidende Punkt ganz unten am Ende der Seite. Dort muss für den ersten Test kurzzeitig die obere Option aktiviert werden. Konnte dann eine WiFi-Verbindung aufgebaut werden, sollte die untere Option wieder aktiviert werden.

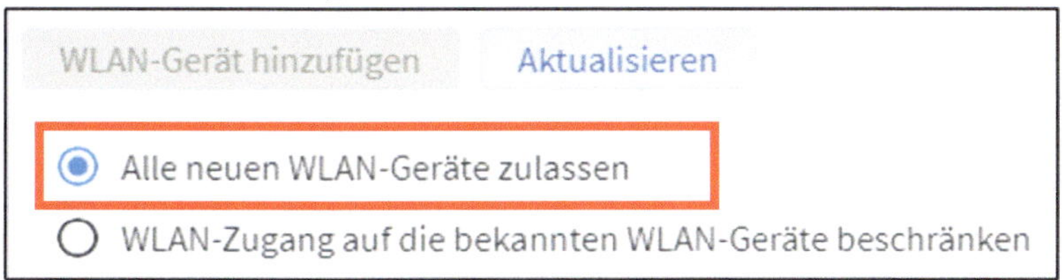

Abbildung 3: Die Sicherheitseinstellung von WLAN

Nach jeder durchgeführten Änderung bei den Einstellungen muss die Übernehmen-Schaltfläche angeklickt werden, die sich rechts unten auf der Seite befindet.

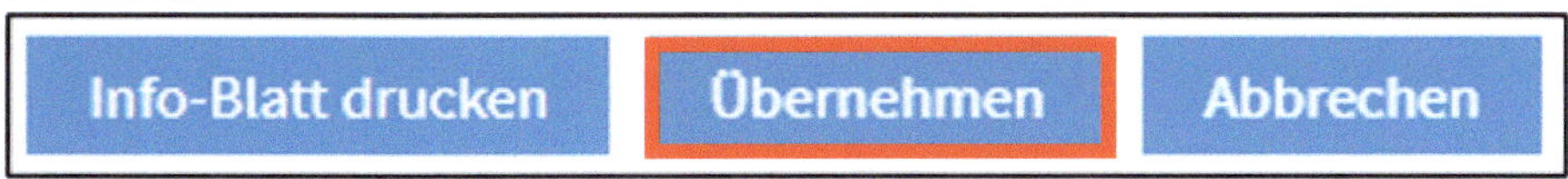

Abbildung 4: Die Übernehmen-Schaltfläche der Fritz-Box

Zeitweise kann es notwendig sein, den Reset-Button auf dem ESP32-Modul kurz zu betätigen. Klappt es aber mit der WiFi-Verbindung mehr oder weniger auf Anhieb, dann gestaltet sich die Anzeige im Serial Monitor wie folgt, wobei auch die vom Router vergebene IP-Adresse angezeigt wird.

```
Serial Monitor ×    Output

 Message (Enter to send message to 'Arduino Nano ESP32' on 'COM5')

08:37:34.877 -> .
08:37:34.877 -> Connected to the WiFi network
08:37:34.877 -> IP address: 192.168.178.43
```

Abbildung 5: Es wurde eine Verbindung zwischen Nano ESP32 und dem Router hergestellt

Die Temperaturmessung

Zur Messung der Umgebungstemperatur ist ein entsprechendes Bauteil erforderlich. Ich habe mich für den Typ DS18B20 entschieden, der über einen One-Wire-Bus angesteuert wird. Auf der folgenden Abbildung ist das Bauteil zu sehen, das die Bauform eines Transistors in einem TO-92-Gehäuse besitzt.

Abbildung 6: Der Temperatursensor DS18B20

Was ist ein 1-Wire-Bus?

Der 1-Wire- beziehungsweise One-Wire-Bus ist ein Ein-Draht-Bus und stellt eine serielle Schnittstelle dar, die durch die Firma Dallas Semiconductor Corp. entwickelt wurde. Eine Datenleitung dient sowohl als Stromversorgung als auch als Sende- und Empfangsleitung.

Die Pin-Belegung des Sensors sieht wie folgt aus.

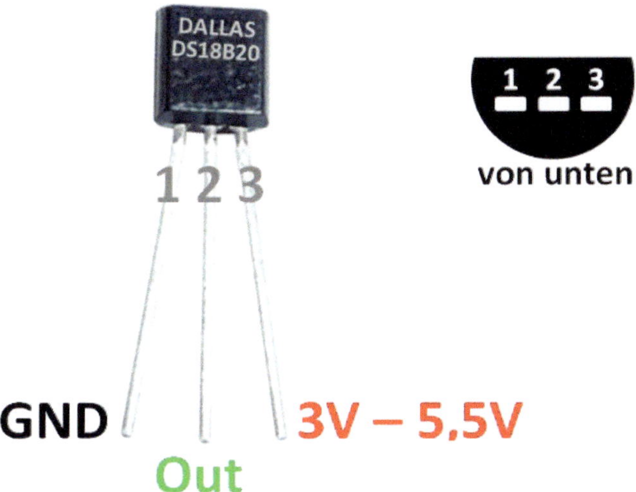

Abbildung 7: Die Pin-Belegung des DS18B20

Zur Nutzung dieses Bauteils ist eine entsprechende Library erforderlich. Über den Library Manager muss der Suchbegriff dallasTemperature eingegeben und dann das gezeigte Ergebnis installiert werden.

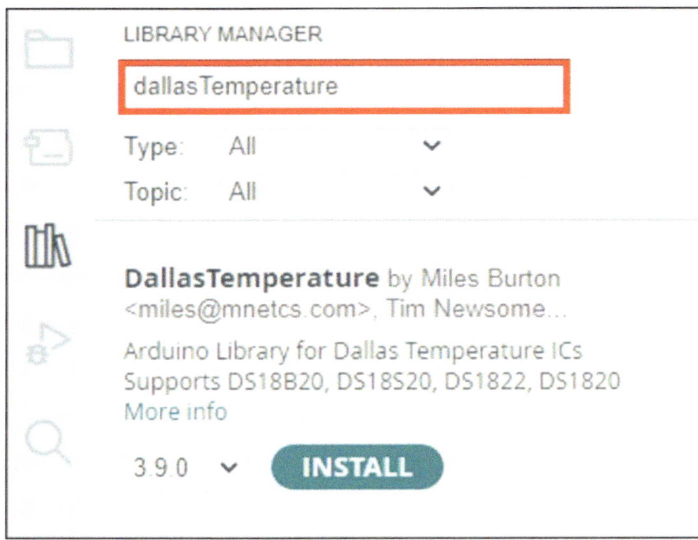

Abbildung 8: Die Installation der Dallas-Temperature-Library

Sehen wir uns zunächst den Schaltplan an.

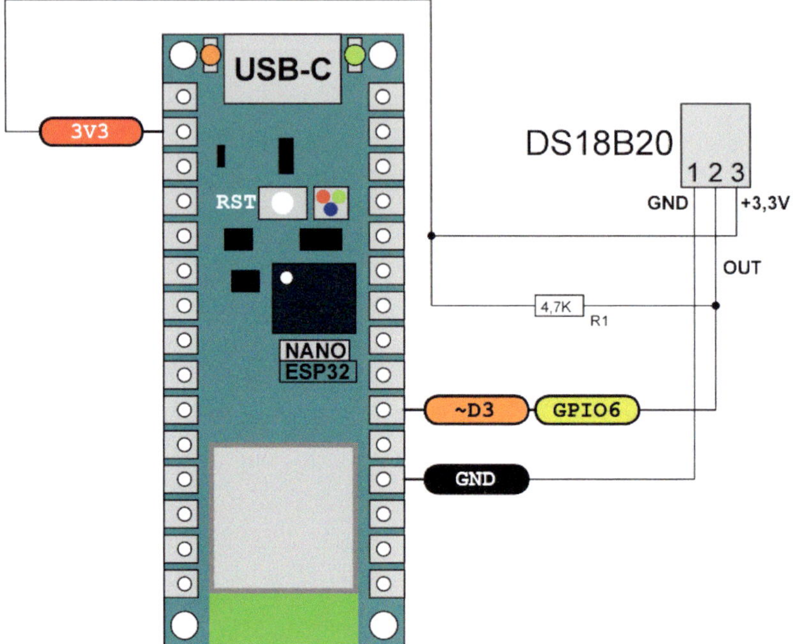

Abbildung 9: Der Schaltplan zur Abfrage des Temperatursensors

Auf diesem Schalplan ist zu sehen, dass der Temperatursensor am OUT-Pin mit einem Pullup-Widerstand von 4,7K versehen ist, was mit den Widerständen am I2C-Bus vergleichbar ist.

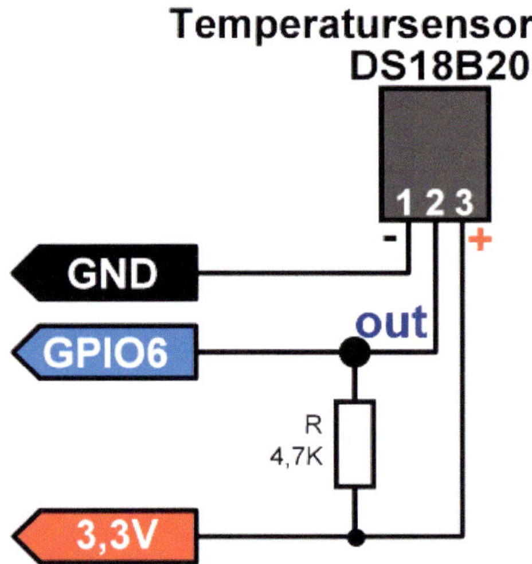

Abbildung 10: Der Pullup-Widerstand am One-Wire-Bus

Kommen wir zum Sketch. Es ist vorab zu bemerken, dass die Dallas-Library die GPIO-Pin-Nummerierung erwartet. In den Zeilen 6 und 7 müssen die entsprechenden WiFi-Daten zur Authentifizierung (SSID und Passwort) angegeben werden. Zur Nutzung des One-Wire-Busses und des Dallas-Temperatursensors ist das Einbinden der Libraries in den Zeilen 2 und 3 erforderlich. Der OUT-Pin des Sensors wird in Zeile 4 definiert. Zur Zeitsteuerung werden in den Zeilen 8 und 9 entsprechende Variablen definiert. Damit der Dallas-Sensor genutzt werden kann, müssen in den Zeilen 11 und 12 Objekte des One-Wire-Busses und des Temperatursensors initialisiert werden.

```
1  #include <WiFi.h>
2  #include <OneWire.h>           // 1-Wire-Bibliothek einbinden
3  #include <DallasTemperature.h> // Dallas-Bibliothek einbinden
4  #define ONE_WIRE_BUS 6         // DS18B20-Pin
5
6  const char* ssid = "...";
7  const char* password = "...";
8  unsigned long lastTime = 0;
9  unsigned long timerDelay = 1000;  // 1 Sekunde
10
11 OneWire oneWire(ONE_WIRE_BUS);         // One Wire initialisieren
12 DallasTemperature sensors(&oneWire);  // One-Wire-Referenz an Dallas übergeben
```

Der Inhalt der setup-Funktion wurde unverändert vom vorigen Beispiel übernommen.

```
void setup() {
  Serial.begin(115200);
  WiFi.begin(ssid, password);
  Serial.println("Connecting to WiFi...");
  while (WiFi.status() != WL_CONNECTED) {
    delay(500);          // Kurze Pause
    Serial.print(".");  // Punkt ausgeben, wenn noch keine Verbindung
  }
  Serial.println("\nConnected to the WiFi network");
  Serial.print("IP address: ");
  Serial.println(WiFi.localIP());
}
```

Innerhalb der loop-Funktion kommt es jetzt zur kontinuierlichen Abfrage des Sensors und der Anzeige im Serial Monitor. In Zeile 31 erfolgt eine Abfrage des Sensors für die Temperatur über die requestTemperatures-Methode und in der darauffolgenden Zeile 32 wird der Temperaturwert in Celsius über die getTempCByIndex-Methode abgerufen. Die Anzeige des Temperaturwerts im Serial Monitor erfolgt in Zeile 33.

```
void loop() {
  if ((millis() - lastTime) > timerDelay) {
    // WiFi-Status ok?
    if (WiFi.status() == WL_CONNECTED) {
      sensors.requestTemperatures();  // Temperaturmessung anfordern
      float temperatur = sensors.getTempCByIndex(0);
        Serial.println(temperatur);
    } else {
      Serial.println("WiFi Disconnected");
    }
    lastTime = millis();
  }
}
```

Nun kann man sich den Wert des Sensors nicht nur im Serial Monitor anzeigen lassen, sondern auch im Serial Plotter den zeitlichen Verlauf wie auf der folgenden Abbildung.

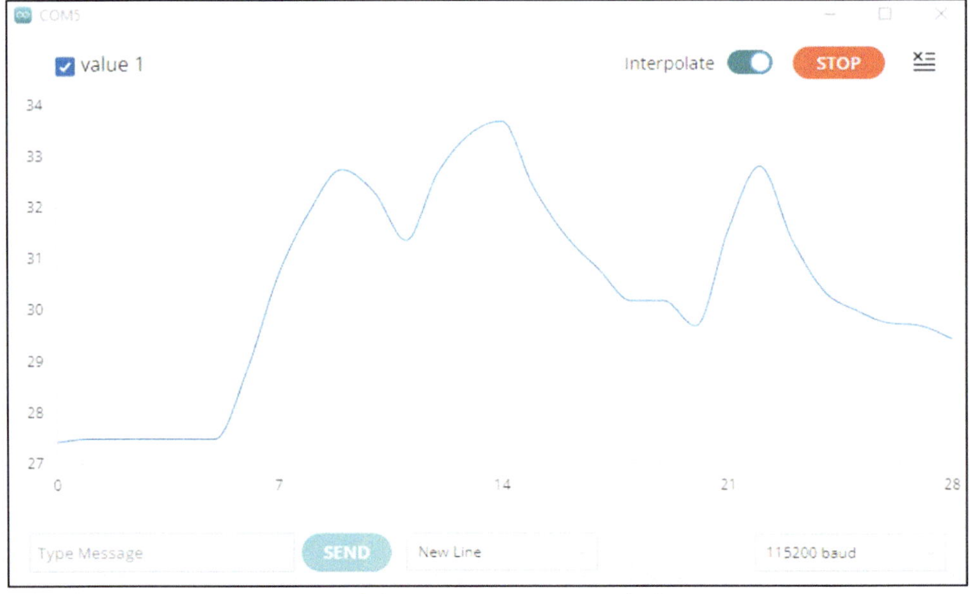

Abbildung 11: Der zeitliche Verlauf der Temperatur im Serial-Plotter

Auf der nachfolgenden Abbildung ist der Schaltungsaufbau zu sehen.

Abbildung 12: Der Schaltungsaufbau zur Temperaturmessung

Ich möchte in diesem Kapitel aber noch eine weitere Variante zeigen, wenn es um die Visualisierung von Messdaten geht. Das Stichwort ist hier Thing-Speak.

Der ThingSpeak-Server

Mit dem Service von ThingSpeak können Daten von IoT Geräten ausgewertet und grafisch angezeigt werden. Die Internetadresse lautet.

https://thingspeak.com/

Damit das geplante Vorhaben zur lokalen Datenerfassung und Datenübermittlung ins Internet auch funktioniert, muss auch ein entsprechender Gegenpart im Internet vorhanden sein, der als Server fungiert und mit dem lokalen Client eine Verbindung aufnehmen kann. Es geht also um die Erfassung der Temperatur und wie der Weg durch die Instanzen geplant ist.

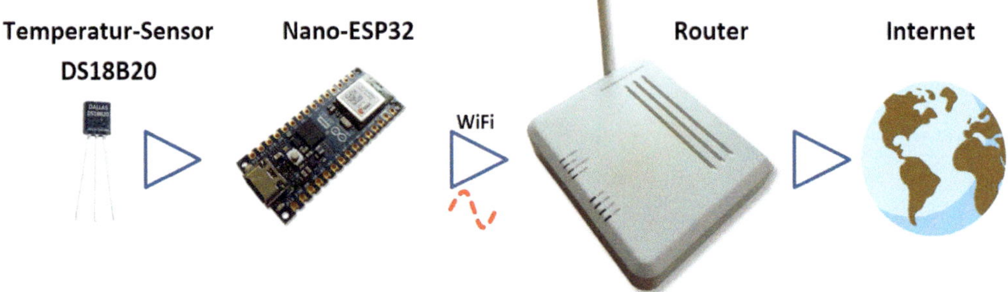

Abbildung 13: Der Weg der Temperatur durch die verschiedenen Instanzen bis ins Internet

Bevor es losgehen kann, ist eine kostenlose Registrierung von ThingSpeak erforderlich, die auf der Seite des Anbieters durchgeführt werden muss. Die Registrierung erfolgt nach der Bestätigung der angegebenen E-Mail-Adresse und dann kann es auch schon losgehen. Ist das erfolgt, muss ein sogenannter Channel erstellt werden, denn dort werden die Daten, die wir an diesen Server versenden, verwaltet und angezeigt. Über das Channels-Menü muss My Channels ausgewählt werden.

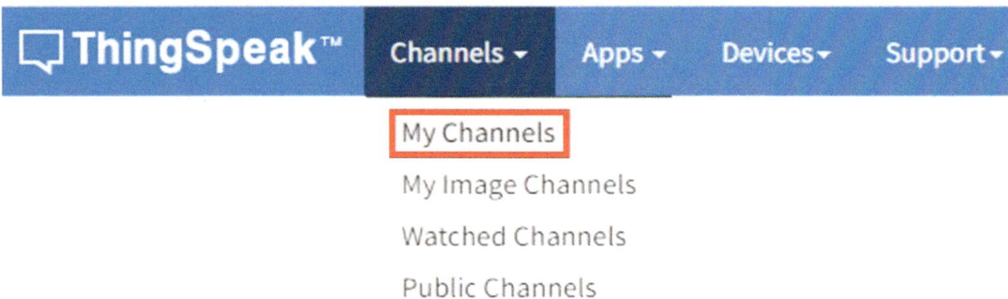

Abbildung 14: Die Channels bei TeamSpeak

Im Anschluss muss über die New Channel-Schaltfläche ein neuer Channel erstellt werden.

Abbildung 15: Die Erstellung eines neuen Channels

Anschließend müssen einige Felder ausgefüllt werden, die den Channel beschreiben.

New Channel

Name Dallas-Temperatur

Description Temperaturwerte vom DS18B20-Sensor

Field 1 Temperatur

Abbildung 16: Die Daten für den neuen Channel

Der Channel wird über die Save Channel-Schaltfläche angelegt, die sich am unteren Ende der Seite befindet.

Danach wird die Seite mit dem neuen Channel angezeigt. Wir sehen ein Diagramm mit den vergebenen Metadaten, das im Moment aber noch keine Daten enthält, was einleuchtet, denn es wurde noch nichts an den Server versendet.

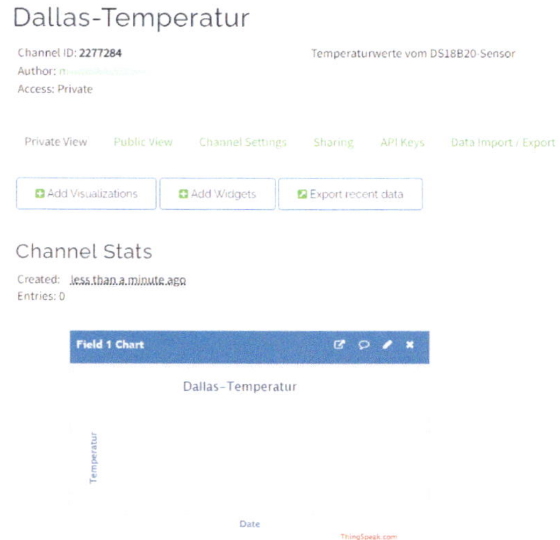

Abbildung 17: Die Dallas-Temperatur-Channel-Seite

Bevor wir Daten an den Server versenden können, muss ein Schlüssel generiert werden, der über den Reiter API Keys beim Aufruf erstellt wird.

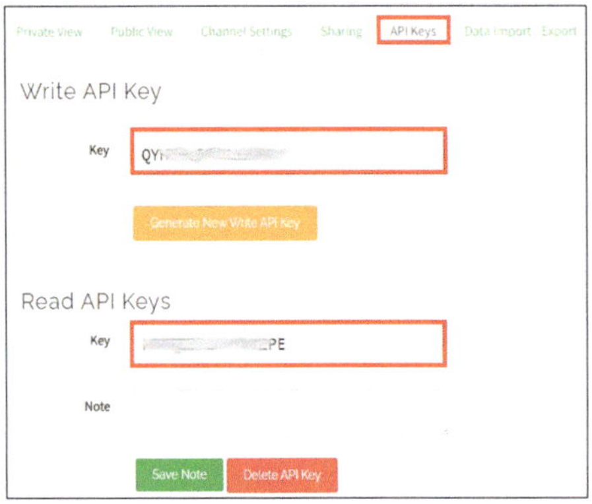

Abbildung 18: Die API-Key-Generierung

Der Write-API-Key ist für das Versenden der Messwerte auf den ThingSpeak-Server erforderlich. Für das manuelle Versenden eines einzigen Messwerts mithilfe des Browsers wird die folgende Schreibweise verwendet.

Update-Kommado API-Key Feld Wert

```
https://api.thingspeak.com/update?api_key=QYH7TT8873555MRR&field1=4
```

Hier muss der eigene API-Key eingesetzt werden. Die Feldbezeichnung findet sich im Tab-Reiter Channel-Settings wieder. Hinter der Feldbezeichnung muss in der URL noch ein Gleichheitszeichen mit dem entsprechenden Wert angehängt werden. Ist die Übertragung erfolgreich verlaufen, antwortet der Server mit einer Ziffer, die die Anzahl der versendeten Messwerte repräsentiert. Ich habe die folgenden Zeilen hintereinander in meinen Browser eingegeben.

- https://api.thingspeak.com/update?api_key=QYH7TT8873555MRR&field1=17
- https://api.thingspeak.com/update?api_key=QYH7TT8873555MRR&field1=21
- https://api.thingspeak.com/update?api_key=QYH7TT8873555MRR&field1=34
- https://api.thingspeak.com/update?api_key=QYH7TT8873555MRR&field1=4

Es muss beachtet werden, dass zwischen den einzelnen Eingaben immer eine Pause von mindestens zehn Sekunden eingelegt wird und es sich keine Leerzeichen in der Zeichenkette befinden, was mir schon ein paar Mal passiert ist und ich mich gewundert hatte, warum nichts passiert. Das Ergebnis in meinem Channel sieht wie folgt aus.

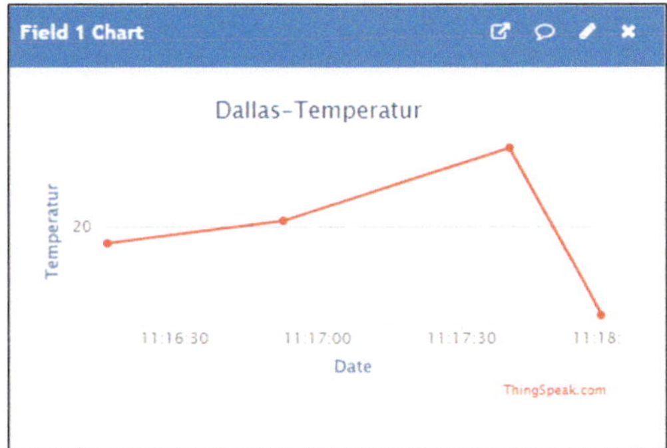

Abbildung 19: Die eingegangenen Werte

Fährt man mit dem Mauszeiger über einen der roten Messwertpunkte, dann wird ein Tooltip mit weiteren Hinweisen zum genauen Wert sowie das Datum und die Uhrzeit sichtbar. Nun haben wir gesehen, wie die Übermittlung von einzelnen Werten über den Browser funktioniert, doch das Nano-ESP32-Board soll diese Aufgabe automatisiert übernehmen. Im Prinzip ist es dasselbe Vorgehen, doch die Datenübertragung erfolgt über eine sogenannte HTTP-POST-Abfragemethode. Diese Anfrage, die in Richtung ThingSpeak-Server versendet wird, enthält zahlreiche Standardinformationen wie eine Kopfzeile, unseren API-Key mit Feldbezeichnung und ermittelte Werte. Kommen wir also zum Sketch. Um die http-Funktionalität nutzen zu können, ist in Zeile 3 eine entsprechende #include-Anweisung eingefügt worden. Zudem wurde in Zeile 10 der API-Key hinterlegt. Alles andere wurde wieder vom vorherigen Beispiel übernommen.

```
 1 #include <WiFi.h>
 2 #include <OneWire.h>            // 1-Wire-Bibliothek einbinden
 3 #include <HTTPClient.h>         // HTTP-Client-Bibliothek einbinden
 4 #include <DallasTemperature.h> // Dallas-Bibliothek einbinden
 5 #define ONE_WIRE_BUS 6          // DS18B20-Pin
 6
 7 const char* ssid       = "...";
 8 const char* password   = "...";
 9 const char* serverName = "http://api.thingspeak.com/update";
10 String apiKey = "...";
11
12 unsigned long lastTime = 0;
13 unsigned long timerDelay = 20000;  // 20 Sekunden
14
15 OneWire oneWire(ONE_WIRE_BUS);         // One Wire initialisieren
16 DallasTemperature sensors(&oneWire); // One-Wire-Referenz an Dallas übergeben
```

Die setup-Funktion ist wieder unverändert geblieben.

```
void setup() {
  Serial.begin(115200);
  WiFi.begin(ssid, password);
  Serial.println("Connecting to WiFi...");
  while (WiFi.status() != WL_CONNECTED) {
    delay(500);          // Kurze Pause
    Serial.print(".");  // Punkt ausgeben, wenn noch keine Verbindung
  }
  Serial.println("\nConnected to the WiFi network");
  Serial.print("IP address: ");
  Serial.println(WiFi.localIP());
}
```

Beginnen wir mit dem ersten Teil der loop-Funktion. Das ganze Geschehen der Abfrage des Temperatursensors und des Versendens des Messwerts findet hier statt. Der zeitliche Verlauf des Datenversands erfolgt hier nicht über den Aufruf der delay-Funktion, sondern über das Konstrukt mittels der millis-Funktion, das bereits bekannt ist.

```
void loop() {
  // HTTP POST request alle 10 Sekunden
  if((millis() - lastTime) > timerDelay) {
    // WiFi-Status ok?
    if(WiFi.status()== WL_CONNECTED) {
      HTTPClient http;          // http-Client
      http.begin(serverName); // http-Server
```

Abbildung 20: Die loop-Funktion - Teil 1

Hier nun ein paar Informationen zur HTTP-POST-Methode, die gleich aufgerufen wird. Diese sendet Daten an den Server. Der Typ des Body, also der zu versendenden Nachricht, der Anfrage wird durch den Content-Type-Header angegeben. Bei diesem Verfahren gibt es unterschiedliche Typen. Der Typ application/x-www-form-urlencoded, den wir verwenden, hat die folgende Bedeutung: Die Schlüssel und Werte sind in sogenannten Schlüssel-Werte-Paaren kodiert, die durch '&' getrennt und mit einem '=' zwischen dem Schlüssel und dem Wert versehen sind. Wir erinnern uns an diesen Teil der URL, den ich an den ThingSpeak-Server versendet hatte und der wie folgt lautete: key=QYH7TT8873555MRR&field1=4. Dort sind die genannten Schlüssel-Werte-Paare sehr gut zu erkennen. Genau diese Konfiguration des HTTP-Headers wird über die addHeader-Methode erreicht. Über die requestTemperatures-Methode der Sensor-Bibliothek wird der Temperaturwert angefordert und mittels der getTempCByIndex(0)-Methode der erste Sensor mit Index = 0 (wir haben nur einen einzigen) abgefragt und in der Variablen temperatur gespeichert. Der zu versendende HTTP-Request an den Server setzt sich aus mehreren Informationen wie API-Key, dem Datenfeld und dem Messwert zusammen. Dieser wird über die POST-Methode versendet und dabei ein Rückgabewert erwartet. Dieser gibt dann Aufschluss über den Ablauf beziehungsweise das Ergebnis der Anfrage. Bei einem Rückgabewert von 200 ist alles in Ordnung gewesen und die Daten sind an den Server übermittelt worden. Alle anderen Rückgabewerte deuten auf einen Fehler hin, den es zu analysieren gilt.

```
// Content-type header
      http.addHeader("Content-Type", "application/x-www-form-urlencoded");
      // Daten per HTTP-POST versenden
      sensors.requestTemperatures(); // Temperaturmessung anfordern
      float temperatur = sensors.getTempCByIndex(0);
      String httpRequestData = "api_key=" + apiKey + "&field1=" + String(temperatur);
      // HTTP-POST Request
      int httpResponseCode = http.POST(httpRequestData);
      if(httpResponseCode == 200) {
        Serial.print("Temperatur: ");
        Serial.println(temperatur);
        Serial.println("SUCCESS - HTTP Response code: 200 - Daten versendet!");
      }
      else {
        Serial.println("ERROR - Daten nicht versendet!");
        Serial.print("HTTP Response code: ");
        Serial.println(httpResponseCode);
      }
```

Abbildung 21: Die loop-Funktion - Teil 2

Abschließend werden noch http-Ressourcen freigegeben.

```
      // Resourcen freigeben
      http.end();
    }
    else {
      Serial.println("WiFi Disconnected");
    }
    lastTime = millis();
  }
}
```

Abbildung 22: Die loop-Funktion - Teil 3

Beobachten wir doch während der Datenübertragung den Serial Monitor und achten auf die korrekte Einstellung der Baud-Rate von 115200. Auf der folgenden Abbildung ist ein beispielhafter Datentransfer protokolliert.

```
Temperatur: 27.56
SUCCESS - HTTP Response code: 200 - Daten versendet!
Temperatur: 27.56
SUCCESS - HTTP Response code: 200 - Daten versendet!
Temperatur: 31.69
SUCCESS - HTTP Response code: 200 - Daten versendet!
Temperatur: 31.75
SUCCESS - HTTP Response code: 200 - Daten versendet!
Temperatur: 33.56
SUCCESS - HTTP Response code: 200 - Daten versendet!
Temperatur: 29.00
SUCCESS - HTTP Response code: 200 - Daten versendet!
Temperatur: 29.81
SUCCESS - HTTP Response code: 200 - Daten versendet!
Temperatur: 30.37
SUCCESS - HTTP Response code: 200 - Daten versendet!
Temperatur: 29.56
SUCCESS - HTTP Response code: 200 - Daten versendet!
```

Abbildung 23: Die Messwerte im Serial Monitor

Gleichzeitig können wir die eintreffenden Daten auf der ThingSpeak-Internetseite im entsprechenden Channel verfolgen. Hier ebenfalls ein paar Beispielwerte, die ich beim Anfassen des Temperatursensors übertragen habe.

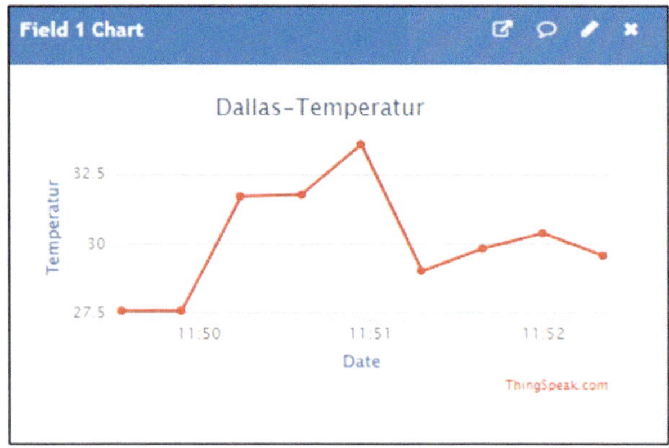

Abbildung 24: Die Messwerte im Channel

Wir sollten darauf achten, dass der Channel bei diversen Tests nicht mit Daten überläuft. Es ist auch möglich, diese Daten wieder zu löschen und ganz frisch zu beginnen. Ein Wechsel in den Tab-Reiter Channel-Settings hilft hier weiter und wir scrollen ganz nach unten.

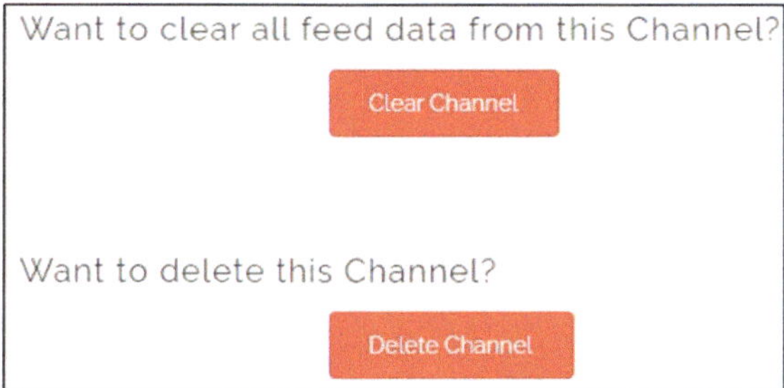

Hier sollte aufgepasst werden, auf welche der beiden roten Schaltflächen geklickt wird. Durch die obere, Clear Channel, werden alle bisherigen Daten gelöscht, wobei der Channel aber erhalten bleibt. Durch den unteren, Delete Channel, wird der Channel komplett gelöscht, womit sowohl der Channel als auch alle darin enthaltenen Daten verloren sind.

Projekt 11: Messwerte visualisieren

Ich möchte in diesem Kapitel ein ganz besonderes TFT-Display 1,28“ mit 240x240 Pixeln vorstellen, das sehr günstig, nämlich für circa 11€ zu bekommen ist. Es nennt sich Farb-TFT-Display-Modul GC9A01A von AZ-Delivery. Es sieht wie folgt aus, wobei ich schon etwas habe anzeigen lassen, das in diesem Kapitel programmiert werden soll.

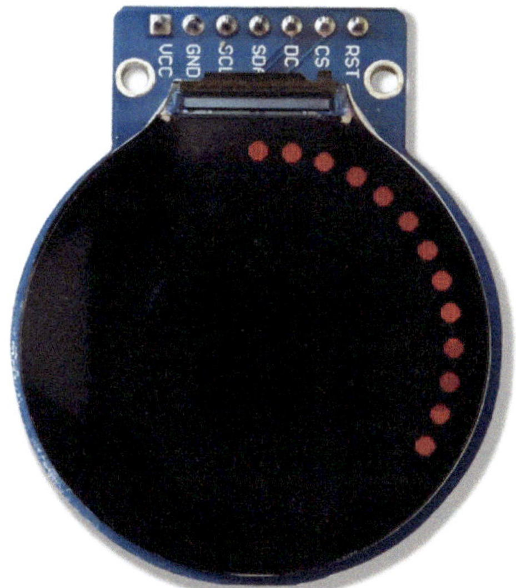

Abbildung 1: Das TFT Round Display von AZ-Delivery

Da es noch eine andere Variante gibt, ist darauf zu achten, dass das TFT-Display die folgenden Anschlüsse besitzt.

- Vcc
- GND
- SCL
- SDA
- DC
- CS
- RST

Wenn man die beiden Anschlüsse SCL und SDA sieht, sollte man glauben, es handle sich um eine Ansteuerung über den I2C-Bus, doch dem ist nicht so. Wer sich diese Verwirrung hat einfallen lassen, war wohl nicht ganz bei sich. Es hat nichts damit zu tun!

Ziel in diesem Kapitel ist es, einen geeigneten Einstieg zu finden, denn die Programmierung kann schon recht komplex werden. Es finden sich Beispiele bei YouTube, dass einem die Ohren schlackern! Jedenfalls war ich sehr begeistert von den Fähigkeiten. Ich möchte ein einfaches Beispiel zeigen, bei dem es um die Abfrage eines Potentiometers geht und sich der Messwert in Form eines kleinen Zeigers rundherum bewegt.

Die Vorbereitungen

Zur Nutzung des Displays sind zwei Libraries erforderlich, die es zu installieren gilt. Die erste kennen wir schon, sie nennt sich Adafruit GFX und dient als Grundlage für viele Grafikanzeigen auf diversen Displays.

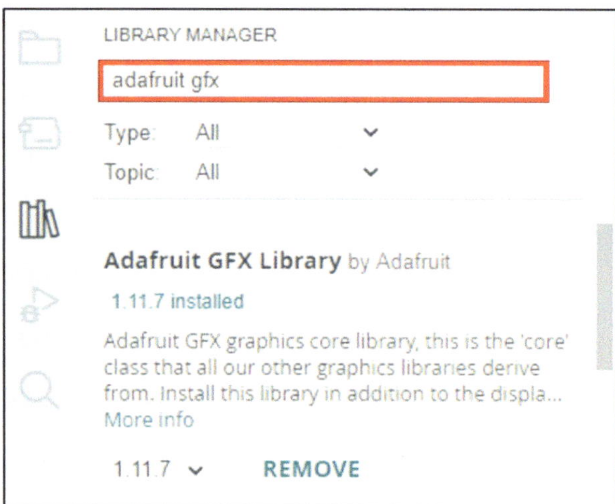

Abbildung 2: Die Adafruit GFX Library

Die zweite im Bunde kommt ebenfalls von Adafruit und nennt sich GC9A01A.

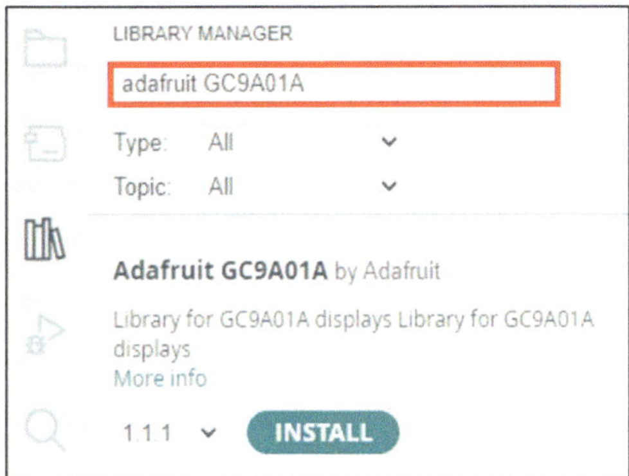

Abbildung 3: Die Adafruit GC9A01A Library

Nach der durchgeführten Installation kann es losgehen, doch zuvor ist es wichtig zu wissen, wie das Display mit dem Nano ESP32 verbunden werden muss.

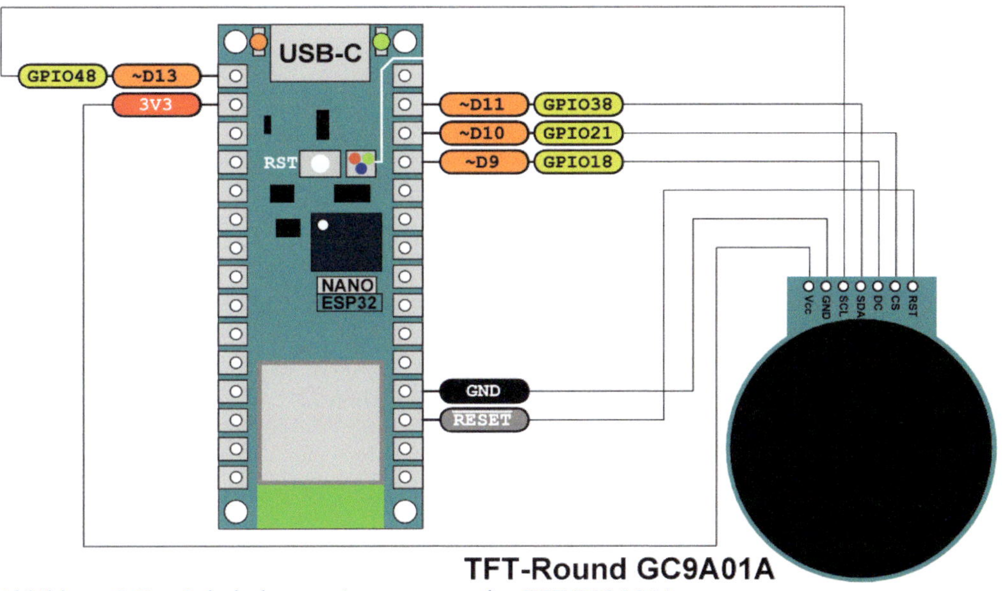

Abbildung 4: Der Schaltplan zur Ansteuerung des TFT GC9A01A

In der folgenden Tabelle sind die Pin-Funktionen noch einmal zusammengefasst.

Pin	Beschreibung
Vcc	Spannungsversorgung 3,3V
GND	Masse
SCL	SPI-Takt
SDA	SPI-MOSI-Daten
DC	Data/Command
CS	Chip-Select Low-Aktiv
RST	Reset

Tabelle 1: Die Pin-Funktionen des TFT-Displays

Nähere Informationen zur GC9A01A-Library sind unter der folgenden Internetadresse zu finden.

https://github.com/adafruit/Adafruit_GC9A01A

Ein erster Test

Wenn alles verdrahtet wurde, können wir einen ersten Test starten, um zu sehen, ob das Display überhaupt irgendetwas anzeigt. Sehen wir uns den Sketch dazu an. In Zeile 1 wird die SPI-Unterstützung eingebunden. Was SPI bedeutet, wurde im Kapitel über die verschiedenen Bus-Systeme erläutert. In den Zeilen 2 und 3 werden die beiden Adafruit-Libraries eingebunden, die für die grafische Unterstützung und Ansteuerung des TFT-Displays erforderlich sind. Die SDA- und SCL-Ansteuerung erwartet feste Pins, die hier für SDA der Pin 11 und für SCL der Pin 13 sind. Die Signale für DC und CS können konfiguriert werden, was in den Zeilen 4 und 5 erfolgt. Das TFT-Objekt wird in Zeile 7 mit der Angabe der zuvor definierten CD- und DC-Werte instanziiert.

```
1  #include "SPI.h"
2  #include "Adafruit_GFX.h"
3  #include "Adafruit_GC9A01A.h"
4  #define TFT_DC  9
5  #define TFT_CS 10
6
7  Adafruit_GC9A01A tft(TFT_CS, TFT_DC);
```

Kommen wir zur Funktion, die einen Text auf dem TDT-Display anzeigen soll. Um den Inhalt des Displays zu leeren, wird in Zeile 10 der gesamte Bereich mit der fillScreen-Methode und der Angabe der Farbe Schwarz (GC9A01A_BLACK) gelöscht. Um den Text auch an einer bestimmten Stelle positionieren zu können, kommt die setCursor-Methode mit den Parametern X und Y in Zeile 11 zum Einsatz. Damit der Text die gewünschte Farbe zeigt, nutzen wir die setTextColor-Methode in Zeile 12 mit der Angabe der Farbe Rot Schwarz (GC9A01A_RED). Um den Text nicht zu lein zu gestalten, kann über die setTextSize-Methode in Zeile 13 die Größe definiert werden. Der anzuzeigende Text wird über die print- oder println-Methode in Zeile 14 sichtbar.

```
 9 void displayTFT(){
10   tft.fillScreen(GC9A01A_BLACK);
11   tft.setCursor(50, 100);
12   tft.setTextColor(GC9A01A_RED);
13   tft.setTextSize(2);
14   tft.print("Hello World!");
15 }
```

Der Aufruf der Displayfunktion erfolgt einmalig innerhalb der setup-Funktion in Zeile 20. Damit jedoch das TFT-Display überhaupt genutzt werden kann, muss es zuvor in Zeile 19 über die begin-Methode initialisiert werden. Die loop-Funktion besitzt keinen Code, denn es soll in diesem ersten Test zu keiner fortlaufenden Abarbeitung von irgendetwas kommen.

```
17 void setup() {
18   Serial.begin(115200); // Serial-Init
19   tft.begin();          // TFT-Init
20   displayTFT();
21   }
22
23 void loop() {/* ... */}
```

Sehen wir uns die Ausgabe des Texts an. Der Text ist okay, doch die Orientierung steht auf dem Kopf, ist also um 180° falsch dargestellt. Komisch, oder? Nicht wirklich, denn ich habe das Display auf dem Breadboard willkürlich in dieser Ausrichtung mit den Anschluss-Pins nach oben angeordnet. Woher soll das Display auch wissen, wie herum gedreht ich es haben möchte.

```
17 void setup() {
18   Serial.begin(115200); // Serial-Init
19   tft.begin();          // TFT-Init
20   tft.setRotation(2);   // 0=0, 1=90, 2=180, 3=270
21   displayTFT();
22   }
```

Abbildung 5: Die Anzeige des Texts (um 180° gedreht)

Damit das Ganze jedoch ohne Umpositionierung funktionieren kann, gibt es eine Rotationsmethode, die unter der Angabe eines Werts die gewünschte Ausrichtung herstellt. In Zeile 20 habe ich unmittelbar nach der TFT-Initialisierung die setRotation-Methode mit dem Wert 2 aufgerufen, was eine Rotation um 180° bewirkt.

Das Display zeigt den Text jetzt richtig herum an.

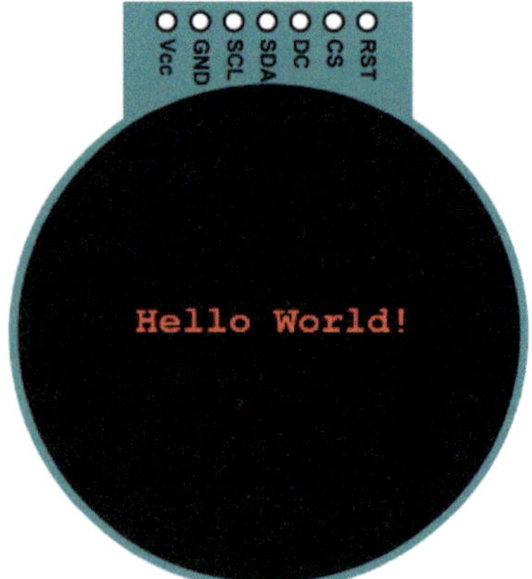

Abbildung 6: Die Anzeige des Texts (jetzt richtig herum)

Die Bedeutung der Werte zur Rotatio.

Wert	Rotation
0	Keine Rotation
1	Um 90° nach rechts rotiert
2	Um 180° nach rechts rotiert
3	Um 270° nach rechts rotiert

Tabelle 2: Die Rotationswerte der setRotation-Methode

Das sollte als kleine Einführung genügen. Im nächsten Schritt sehen wir, wie man einen analogen Messwert mit ein bisschen Aufwand schön darstellen kann.

Die Darstellung eines Messwerts

Um einen Messwert eines analogen Eingangs darzustellen, benötigen wir zusätzlich ein Potentiometer von zum Beispiel 10KΩ, dessen Schleifer ich mit dem analogen Eingang A7 verbunden habe. Sehen wir uns zunächst den Schaltplan an.

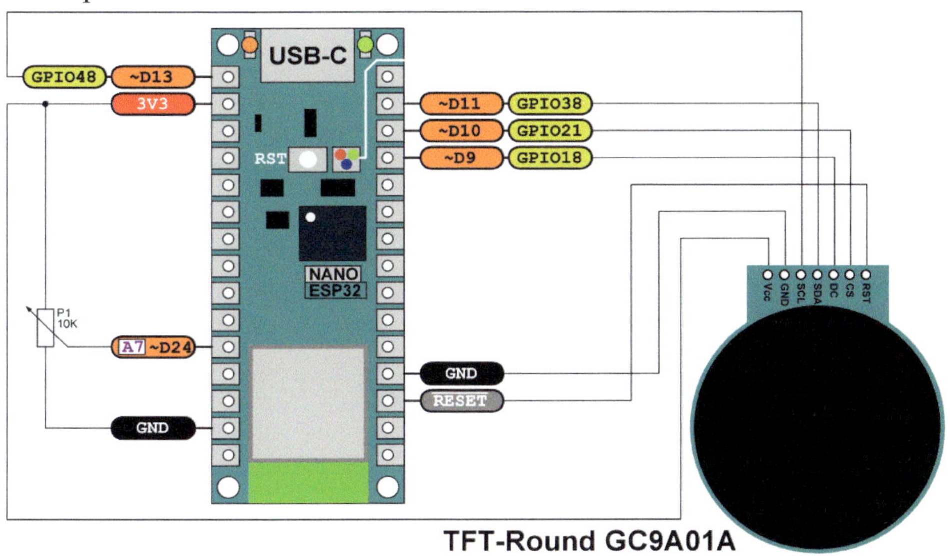

Abbildung 7: Der Schaltplan für die Messwerterfassung

Die Anzeige soll also demnach maximal 36 Punkte darstellen, die im Abstand von 10° angeordnet werden.

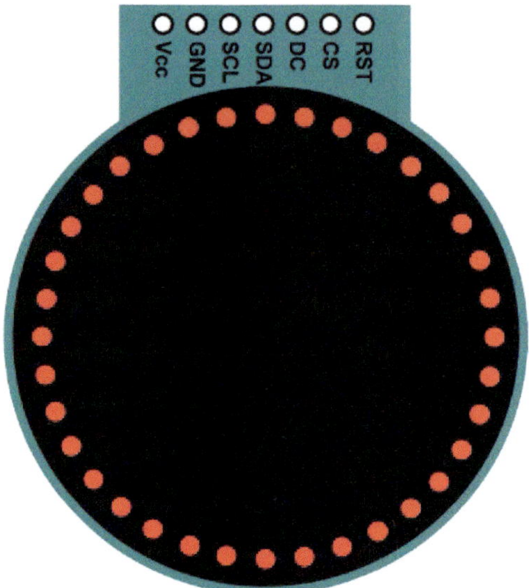

Abbildung 8: Die 37 Punkte

Nun zum Sketch. In den ersten Zeilen gibt es nichts Neues. Lediglich die Zeilen 10 und 11 nutzen die width- und height-Methode, um die maximale Auflösung zu bestimmen, was eigentlich nicht erforderlich wäre, denn diese ist mit 240x240 fest vorgegeben.

```
1  #include "SPI.h"
2  #include "Adafruit_GFX.h"
3  #include "Adafruit_GC9A01A.h"
4  #define TFT_DC  9
5  #define TFT_CS 10
6
7  Adafruit_GC9A01A tft(TFT_CS, TFT_DC);
8  #define POT A7 // Potentiometer-Pin
9
10 const int mx = tft.width()  / 2;
11 const int my = tft.height() / 2;
12 const int r  = tft.width()  / 2;
```

Auch die setup-Funktion beinhaltet schon bekannte Zeilen für die Initialisierung des TFT-Displays, die Rotation um 180° und das Löschen des Displays.

```
14 void setup() {
15     tft.begin();                          // TFT-Init
16     tft.setRotation(2);                   // 180 degree rotation
17     tft.fillScreen(GC9A01A_BLACK);        // Clear screen
18 }
```

Das Zeichnen der einzelnen Punkte erfolgt in der selbst programmierten drawValue-Funktion mit den Parametern für Winkel und Farbe. Der Winkel sollte klar sein, doch warum noch die Farbe, die doch rot sein soll? Die Farbe muss individuell einstellbar sein, denn ein einmal gesetzter Punkt muss ja auch wieder über schwarz gelöscht und damit unsichtbar gemacht werden. Der Abstand der einzelnen Punkte auf der Kreisbahn wird innerhalb der for-Schleife über die Laufvariable i und deren Inkrementierung bestimmt, wobei das im Moment über den Wert 10 erfolgt. Ich zeige gleich noch eine Modifikation, um die Werte etwas genauer und in kleineren Abständen darzustellen. In der Funktion kommt innerhalb der Zeilen 22 und 23 zur Umrechnung des Winkelwerts in das Bogenmaß diesmal das Makro DEG_TO_RAD zum Einsatz, was einem Wert von PI/2 entspricht. Um den Abstand der Punkte auf der Kreisbahn vom Displayrand festzulegen, kann der Wert 10 in den Zeilen 22 und 23 modifiziert werden. Der Radius der Kreise wird in Zeile 24 über den Wert 5 festgelegt. Je kleiner er ist, desto kleiner werden auch die Punkte.

```
20 void drawValue(int angle, int color){
21   for (int i = 0; i < angle; i += 10) {
22           float x = cos((i - 90) * DEG_TO_RAD) * (r - 10);
23           float y = sin((i - 90) * DEG_TO_RAD) * (r - 10);
24           tft.fillCircle(mx + x, my + y, 5, color);
25       }
26 }
```

Kommen wir zum Aufruf der drawValue-Funktion aus der loop-Funktion heraus. Damit nicht fortlaufend der Inhalt des Displays für neue Messwerte gelöscht werden muss, denn einmal gesetzte Punkte müssen bei kleiner werdenden Messwerten auch wieder verschwinden, gibt es eine Abfrage, ob der aktuelle Wert in der Variablen angle einen gewissen Unterschied zum vorher gespeicherten in der Variablen anglePrev aufweist. Das erfolgt in der if-Anweisung in Zeile 32. Es sind dort die Sprünge in Zehnerschritten vorgegeben. Wichtig zu erwähnen ist für die Variable anglePrev, dass sie nicht nur den Datentyp int besitzt, sondern auch noch als static deklariert wurde.

Was bedeutet static in einer Variablendeklaration?

Über das Schlüsselwort static wird es ermöglicht, dass Variablen nur für eine Funktion sichtbar sind. Anders als bei lokalen Variablen, die bei jedem Funktionsaufruf neu initialisiert werden, behalten statische Variablen ihren Wert über das Funktionsende hinaus bei.

Man hätte diese Variable auch ganz zu Beginn als globale Variable deklarieren können, doch ich wollte eine kleine Variation hineinbringen. In Zeile 30 wird der Messwert am analogen Eingang A7 erfasst und in Zeile 31 dann auf den Wertebereich des Vollkreises von 360° gemappt. Kommen wir zum Löschen und Anzeigen der Kreise, was genau in dieser Reihenfolge in den Zeilen 33 und 34 über die Angabe der Winkel (zum Löschen der vorherige und zum Anzeigen der aktuelle Winkel) und Farbwerte erfolgt. Am Ende wird in Zeile 37 noch eine Pause von 100ms eingelegt.

```
28 void loop() {
29    static int anglePrev;
30    int value = analogRead(POT);
31    int angle = map(value, 0, 4095, 0, 360);
32    if (angle / 5 != anglePrev / 5) {
33       drawValue(anglePrev, GC9A01A_BLACK); // Clear
34       drawValue(angle, GC9A01A_RED);       // Draw
35       anglePrev = angle; // Save actual angle
36    }
37    delay(100); // Short delay 100ms
38 }
```

Der Schaltungsaufbau sieht wie folgt aus.

Abbildung 9: Der Schaltungsaufbau zur Messwerterfassung und Anzeige auf dem TFT-Display

Ich versprach eine kleine Modifikation zur feineren Messwertaufname und -darstellung. Sagen wir, es soll anstatt in Zehnerschritten alles in Fünferschritten erfolgen und die Punkte dafür etwas kleiner sein. Zuerst müssen wir in der drawValue-Funktion die markierten Werte anpassen. Der obere Wert 5 steht für die Abstände und der untere Wert 2 für den kleineren Durchmesser des Kreises.

```
void drawValue(int angle, int color){
  for (int i = 0; i < angle; i += 5) {
        float x = cos((i - 90) * DEG_TO_RAD) * (r - 10);
        float y = sin((i - 90) * DEG_TO_RAD) * (r - 10);
        tft.fillCircle(mx + x, my + y, 2, color);
     }
}
```

Damit auch kleinere Abweichungen registriert werden, müssen auch innerhalb der loop-Funktion die markierten Stellen angepasst werden.

```
void loop() {
   static int anglePrev;
   int value = analogRead(POT);
   int angle = map(value, 0, 4095, 0, 360);
   if (angle / 5 != anglePrev / 5) {
      drawValue(anglePrev, GC9A01A_BLACK); // Clear
      drawValue(angle, GC9A01A_RED);       // Draw
      anglePrev = angle; // Save actual angle
   }
   delay(100); // Short delay 100ms
}
```

Die Anzeige auf dem TFT-Display sieht dann wie folgt aus.

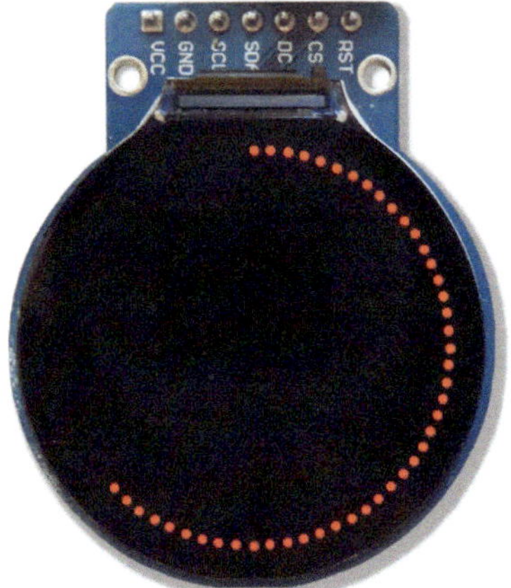

Abbildung 10: Die Anzeige mit einer höheren Genauigkeit

MicroPython-Workshop: Installationen

Neben der Programmierung des Arduino-Nano-ESP32-Boards mit der Programmiersprache C++ gibt es noch eine Alternative, die wirklich reizvoll ist und mit der das Programmieren locker von der Hand geht. Es handelt sich um die Sprache MicroPython. Python ist eine sehr beliebte und verbreitete Programmiersprache, die 1991 von Guido Rossum entwickelt wurde. Sie ist eine universelle und in der Regel interpretierte, höhere Sprache. Wenn ich einem Anfänger eine Antwort auf die Frage geben müsste, mit welcher Programmiersprache er beginnen sollte, dann wäre meine Antwort garantiert: Fang mit Python an! Es gibt so viele Vorteile.

- Sie ist sehr leicht zu erlernen.
- Im Vergleich zu anderen Programmiersprachen hat sie recht kurzen Code.
- Es gibt eine riesige Standardbibliothek mit wiederverwendbarem Code.
- Sie läuft auf allen Betriebssystem-Plattformen wie Linux, MacOS, Windows.
- Sie läuft auf Ein-Platinen-Computern wie Raspberry Pi und zahlreichen Mikrocontrollern.
- Sie kann flexibel sowohl prozedural als auch funktional oder objektorientierten Code verstehen.

Es gäbe noch viel mehr dazu zu sagen, doch das ist hier kein Python-Kapitel. Es geht hier um eine kleine Einführung und Handhabung der Programmiersprache MicroPython.

Ich habe das MicroPython-Thema in fünf Kapitel zerlegt: Zunächst beschreibe ich in diesem Kapitel, wie MicroPython installiert wird. Im folgenden Kapitel stelle ich die Grundlagen der Sprache MircoPython dar. Im darauf folgenden Abschnitt erläutere ich ausführlich, wei ein MicroPython-Skript aufgebaut bist. Dann zeige ich im nächsten Kapitel auf, wie in MicroPython die Pins angesprochen werden. Zum Abschluß meiner kleinen Einführung in MicorPython zeige ich auf, wie man ein OLED-Display unter MicroPython angesteuert werden kann; ein praktisches Beispiel, das ich in diesem Buch bereits mit der Arduino-IDE realisiert habe. Ich stelle dem Leser dabei auch die Python-Entwicklungsumgebung Thonny vor, die einsteigerfreundlich ist.

Wie der Name vermuten lässt, ist es ein kleiner Ableger von Python. Es handelt sich dabei um eine Softwareimplementierung, die weitgehend kompatibel mit dem Sprachumfang von Python 3.4 und für den Einsatz auf Mikrocontrollern optimiert ist. MicroPython ist ein in der Programmiersprache C geschriebener Python-Compiler mit einer Laufzeitumgebung, die auf unterschiedlichster Mikrocontroller-Hardware läuft. Ein Python-Programmierer sollte also hier mit keinen großen Problemen rechnen.

Die Installation der MicroPython-Firmware

Da bei der Nutzung von MicroPython kein bestimmtes Programm auf dem Mikrocontroller läuft, wie wir das zum Beispiel bei einem Blink-Sketch gesehen haben, bei dem der Code kompiliert und dann hochgeladen wird, läuft das hier etwas anders. Damit das Arduino-Nano-ESP32-Board mit allen MicroPython-Programmen umgehen kann, muss eine entsprechende Firmware (der MicroPython Bootloader) installiert werden, die dann in der Lage ist, auf das jeweilige MicroPython-Programm reagieren zu können. Im Grunde genommen werden in der Python-Umgebung die Ansammlung von mehreren Befehlen oder Befehlszeilen nicht Programm, sondern Script (deutsch Skript) genannt! Der MicroPython Bootloader für unser Board ist unter der folgenden Internetadresse zu finden.

https://github.com/arduino/lab-micropython-installer/releases

Dort befinden sich für alle gängigen Betriebssysteme wie Windows, MacOS und Linux die passenden Installer.

micropython-installer_1.2.1_Linux.deb

MicroPython.Installer-1.2.1.Windows-Setup.exe

MicroPython.Installer-macOS-x64-1.2.1.zip

MicroPythonInstaller-1.2.1-full.nupkg

Abbildung 1: Die unterschiedlichen MicroPython-Installer

Ich habe den Installer für Windows heruntergeladen und ausgeführt. Vorher habe ich das Nano-ESP32-Board über USB mit dem Computer verbunden, denn das erleichtert die Installation, weil das Board dann automatisch erkannt wird.

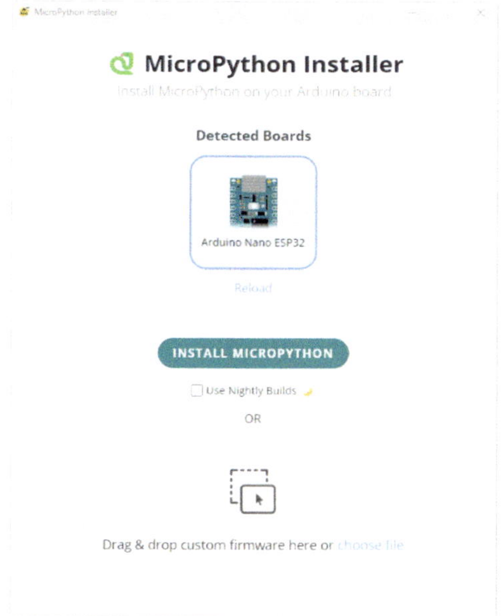

Abbildung 2: Die Installation des MicroPython Bootloaders - Teil 1

Nach einem Klick auf die grüne INSTALL MICROPYTHON-Schaltfläche geht es los, was mit einigen Meldungen einhergeht.

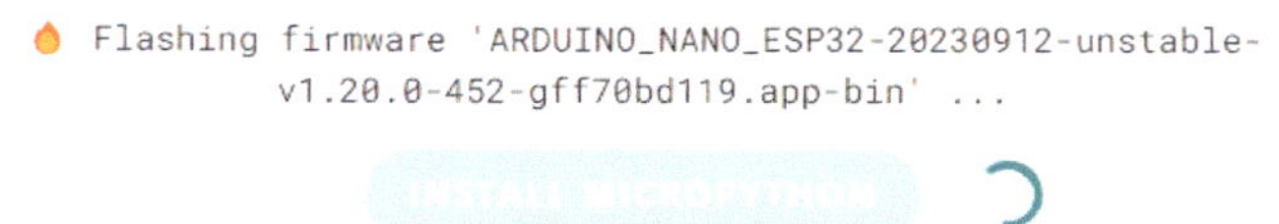

Abbildung 3: Die Installation des MicroPython Bootloaders - Teil 2

Wurde die Firmware heruntergeladen, ist die INSTALL MICROPYTHON-Schaltfläche wieder verfügbar und kann angeklickt werden.

INSTALL MICROPYTHON

Nach Abschluss der Installation zeigt sich die folgende Meldung und fordert zu einem Reset des Boards auf.

```
🎉 Done! You may need to reboot the board.
```

Währen der ganzen Installationsprozedur glimmt die blaue RGB auf und ab und ist nach dem Reset wieder aus.

Die Arduino-MicroPython-Entwicklungsumgebung

Zur Programmierung unter MicroPython wird eine spezielle Entwicklungsumgebung benötigt, was mit der Arduino Entwicklungsumgebung 2 nicht machbar ist. Arduino bietet zu diesem Zweck eine eigene ein, die sich Arduino Lab for MicroPython nennt und unter der folgenden Internetadresse zu bekommen ist.

https://labs.arduino.cc/en/labs/micropython

Diese Entwicklungsumgebung muss nicht installiert werden, und es reicht aus, die ZIP-Datei zu entpacken, um das Programm Arduino Lab for Micropython.exe dann aufzurufen, worauf es nach kurzer Zeit schon erscheint.

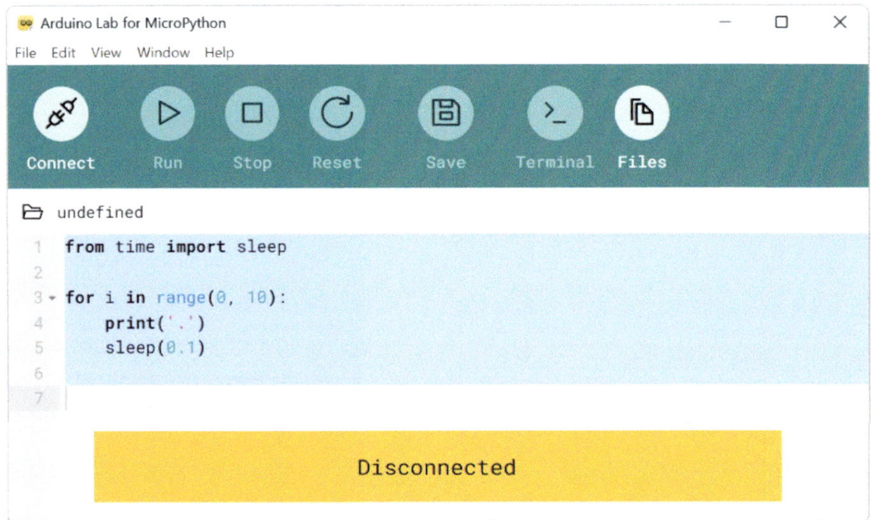

Abbildung 4: Die Entwicklungsumgebung Arduino Lab for MicroPython

Im Moment besteht noch keine Verbindung zum Nano-ESP32-Board, was am Schriftzug Disconnected zu erkennen ist. Nach einem Klick auf das Connect-Symbol in der oberen Leiste werden alle vorhandenen COM-Ports angezeigt.

Abbildung 5: Das Herstellen einer Verbindung zum Nano-ESP32-Board

Es erscheint nach kurzer Zeit die folgende Auswahl, aus der COM46 angeklickt werden muss.

```
COM46

Refresh
```

Abbildung 6: Ein COM-Port ist verfügbar

Im Anschluss ändert sich das linke Symbol von Nicht verbunden auf Verbunden und zeigt eine etablierte Verbindung zum Board an.

Abbildung 7: Die Verbindung zum Nano-ESP32-Board wurde hergestellt

Zusätzlich laufen im unteren Bereich einige Meldungen auf, die Aufschluss über den installierten MicroPython Bootloader (gleich zweimal!) geben und wie zum Beispiel eine Hilfe aufgerufen werden kann.

```
>>>
>>>
>>>
MicroPython v1.20.0-452-gff70bd119 on 2023-09-12; Arduino Nano ESP32 with ESP32S3
Type "help()" for more information.
>>>
raw REPL; CTRL-B to exit
>OK[['boot.py', 32768, 0, 139], ['lib', 16384, 0, 0]]
>
MicroPython v1.20.0-452-gff70bd119 on 2023-09-12; Arduino Nano ESP32 with ESP32S3
Type "help()" for more information.
>>>
```

Abbildung 8: Die Informationen im Output-Fenster

Im oberen Bereich ist der Editor, in dem der Quellcode in Form von Skripten eingegeben werden kann und der sich schon automatisch gefüllt hat. Das Skript dort zeigt eine Einbindung einen benötigten Library in Zeile 1 und eine for-Schleife in den Zeilen 3 bis 5.

```
undefined
from time import sleep

for i in range(0, 10):
    print('.')
    sleep(0.1)
```

Abbildung 9: Der Editorbereich

Nach dem Start des Skripts über das Run-Symbol erscheint im Output-Fenster die entsprechende Ausgabe der Skript-Abarbeitung.

Abbildung 10: Das Starten eines Skripts über das RUN-Symbol

Es sind zwar nur acht Punkte zu sehen, aber in Wirklichkeit sind es zehn.

```
.
.
.
.
.
.
.
.
>
MicroPython v1.20.0-452-gff70bd119 on 2023-09-12; Arduino Nano ESP32 with ESP32S3
Type "help()" for more information.
>>>
```

Abbildung 11: Die Ausgabe des MicroPython-Skripts

Machen wir jetzt einen ersten Test zur Ansteuerung einer LED, bevor es dann in weiteren Kapiteln richtig zur Sache geht. Es geht im Moment noch nicht darum, was die Befehle im Einzelnen bedeuten, obwohl das natürlich wohl die meisten ahnen, die noch nichts mit MicroPython am Hut hatten. Zuerst wird eine Library eingebunden, dann ein Pin als Ausgang konfiguriert und dieser dann mit einem HIGH- und dann mit einem LOW-Pegel versehen. Bei der Pin-Nummer 48 handelt es sich um die OnBoard-LED 13, die aber in MicroPython über die GPIO-Nummerierung 48 angesprochen werden muss.

```
>>> import machine
>>> led = machine.Pin(48, machine.Pin.OUT)
>>> led.value(1)
>>> led.value(0)
>>>
```

Abbildung 12: Das An- und Ausschalten einer LED

Die LED sollte also unmittelbar nach der Eingabe der Zeile led.value(1) leuchten und nach der Eingabe led.value(0) wieder erlöschen. Wenn das funktioniert, sind wir schon einmal auf der richtigen Spur.

Neben der Arduino-Entwicklungsumgebung gibt es eine sehr interessante Python-Entwicklungsumgebung, die sich Thonny nennt. Die möchte ich im folgenden Abschnitt gern beschreiben.

Die Thonny-MicroPython-Entwicklungsumgebung

Wenn es um die Erstellung von MicroPython-Skripten geht, dann kommt man um die ultimative Python-Entwicklungsumgebung Thonny nicht herum. Diese ist für Linux, MacOS und Windows unter der folgenden Internetadresse zu bekommen.

https://thonny.org/

Die Software gibt es sowohl als Portable-Version, also ohne vorher erforderliche Installation, oder als Installationspaket. Nach dem Start, hier der Portable-Version, wird in einem Eröffnungsdialog gefragt, welche Sprache in der Entwicklungsumgebung verwendet werden soll.

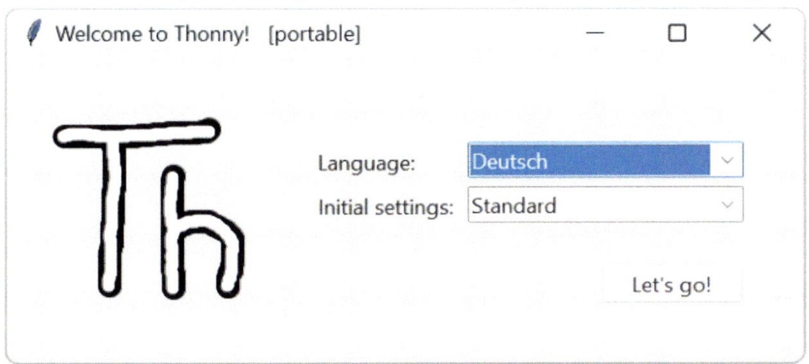

Abbildung 13: Die Sprache für Thonny

Nach Auswahl und Klicken auf die Let's go!-Schaltfläche öffnet sich die Anwendung. Im ersten Schritt müssen wir eine Konfiguration vornehmen, denn die Sprache und der korrekte Port, an dem sich das Nano-ESP32-Board befindet, muss ausgewählt werden. Das Board habe ich zu diesem Zeitpunkt schon mit dem USB-Anschluss verbunden.

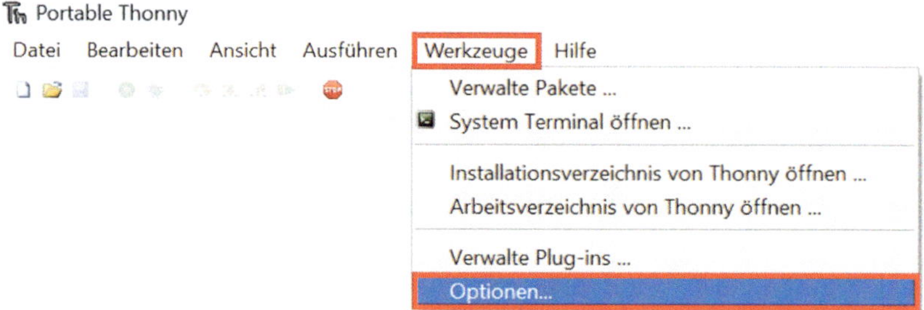

Abbildung 14: Die Konfiguration von Thonny

Im nachfolgenden Dialog müssen im Reiter Interpreter zwei Dinge eingestellt werden. Zum einen muss die Art des gewünschten Interpreters gewählt werden, was hier MicroPython (ESP32) sein muss. Zum anderem muss das Skript wissen, an welchen COM-Port die Daten übertragen werden sollen. Bei mir ist das COM46, was individuell verschieden sein kann. Hinsichtlich des Namens am COM-Port kann sich das schon mal ändern, aber ich weiß nicht, woran das liegt.

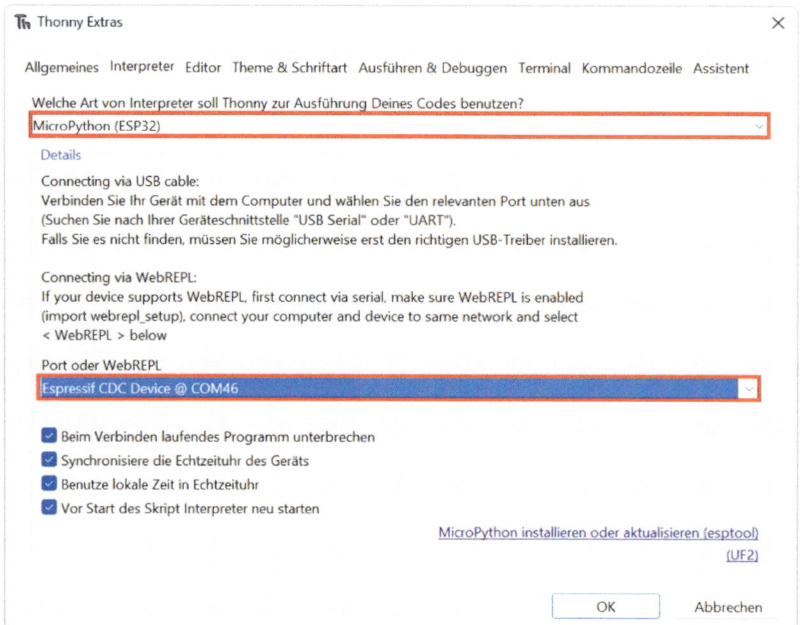

Abbildung 15: Die Konfiguration des Interpreters

Nach dem Herstellen der Verbindung in der Kommandozeile sieht man den Hinweis zur vorhandenen Firmware.

Kommandozeile

```
MicroPython v1.20.0-452-gff70bd119 on 2023-09-12; Arduino Nano ESP32 with ESP32S3
Type "help()" for more information.
>>> |
```

Abbildung 16: Die Meldung der Firmware-Version

Nachfolgend sind die drei in Thonny wichtigen Bereiche zu sehen.

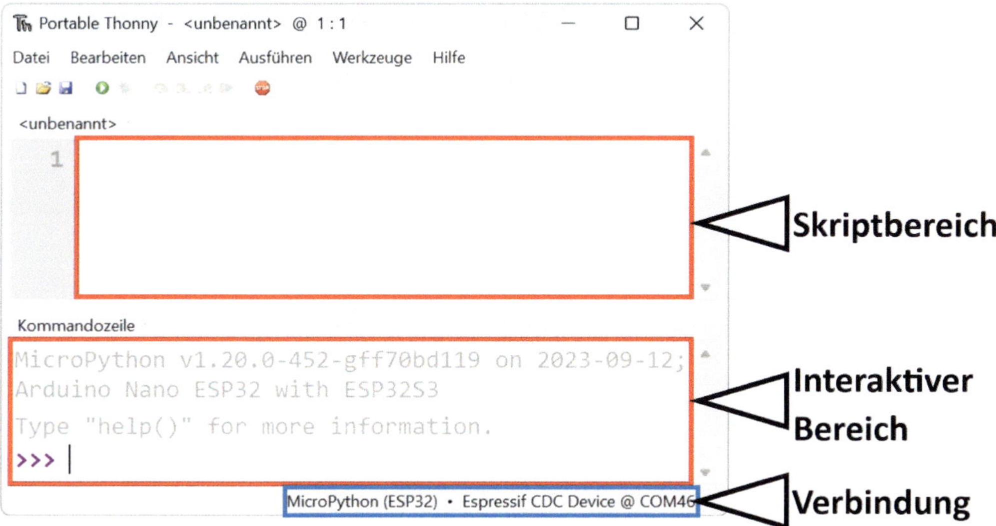

Abbildung 17: Die Bereiche der Thonny-Entwicklungsumgebung

Im oberen Bereich werden die Skripte eingegeben, die später im Dateisystem hinterlegt oder direkt auf das Board übertragen werden können. Der untere Bereich ist dazu da, direkt mit MicroPython oder dem Board zu kommunizieren und Rückmeldungen zu erhalten. Am unteren Rand befindet sich die Statuszeile, die Verbindungsinformationen zum verwendeten Board und dem aktuell verbundenen COM-Port enthält.

Da ich in weiteren MicroPython-Kapiteln nur noch Thonny verwende, zeige ich zu gegebener Zeit die einzelnen Funktionen auf. Für dieses Kapitel soll es erst einmal reichen.

Die Installation des Arduino Bootloaders

Wenn das Nano-ESP32-Board seine Aufgabe als MicroPython-Umgebung erfüllt hat, möchte man sicher auch mal wieder Sketche in C++ programmieren. Wie aber kommt man zurück zur Arduino-Seite? Dazu muss der Arduino Bootloader installiert werden. Folgende Schritte sind dazu erforderlich.

Das Nano-ESP32-Board in den Bootloader Mode versetzen

Um das Nano-ESP32-Board in den Arduino Bootloader Mode zu versetzen, muss der Pin B1 mit Masse verbunden werden. Im Anschluss wird der Reset-Taster einmal gedrückt und danach die Brücke von B1 nach Masse wieder entfernt. Als Reaktion darauf leuchtet die RGB-LED grün/rot (lila).

Abbildung 18: Das Nano-ESP32-Board in den Bootloader Mode versetzen (BGND)

Im Anschluss muss in die Arduino-Entwicklungsumgebung gewechselt werden. Dort ist das Board nicht als Nano-ESP32-Board zu sehen, weil noch MicroPython installiert ist und es kann zum Beispiel der folgende Eintrag zu sehen sein.

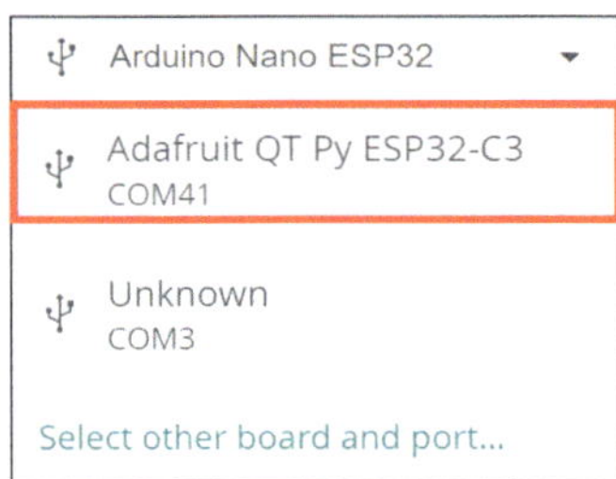

Abbildung 19: Es ist ein Nano-ESP32-Board zu sehen

Nachfolgend muss das Nano-ESP32-Board über die Wahl des unteren Menüpunkts Select other board and port… gesucht werden.

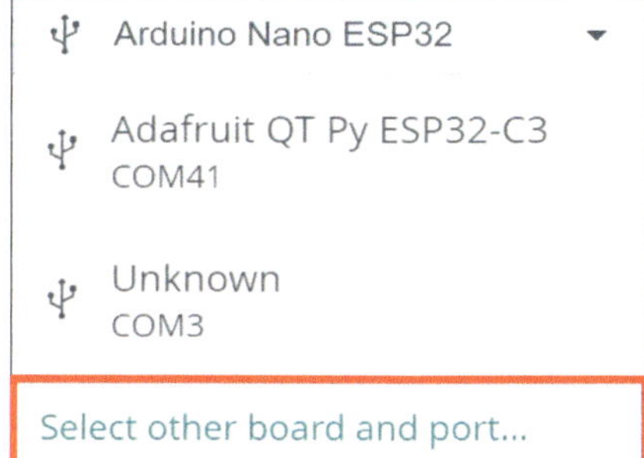

Abbildung 20: Das Suchen des Nano-ESP32-Boards

Durch die Eingabe des Suchbegriffs nano esp32 ist das Board schnell gefunden.

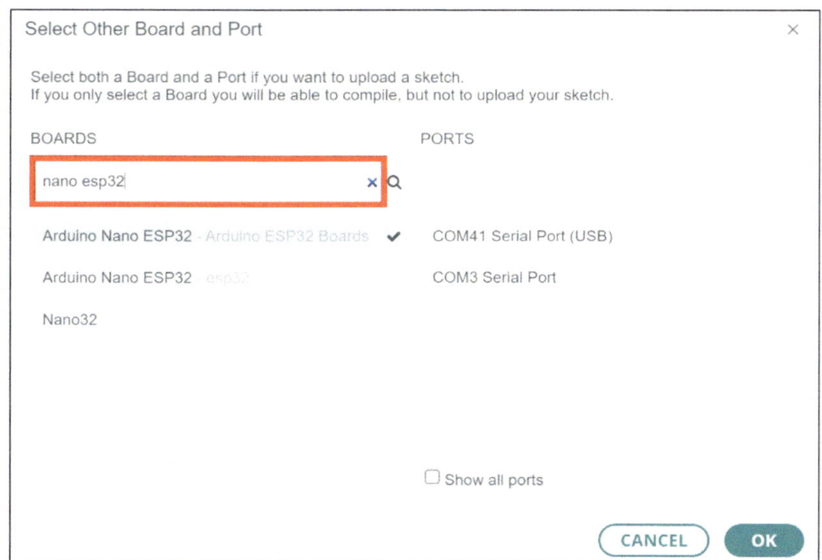

Abbildung 21: Die Filterung nach Nano ESP32

Nach der Bestätigung durch die OK-Schaltfläche ist das Nano-ESP32-Board ausgewählt. Die Auswahl ist im oberen Bereich zu sehen.

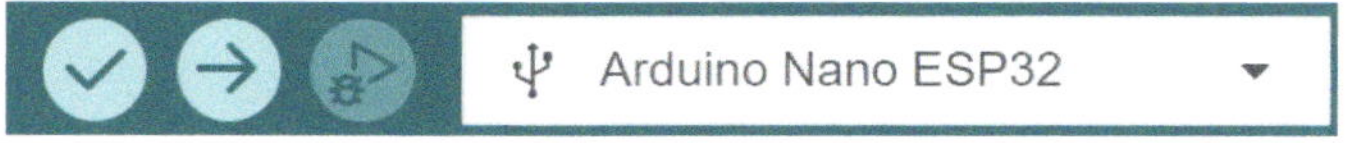

Um das Hochladen des Arduino Bootloaders vorzubereiten, muss über den Menüpunkt Tools>Programmer der Haken bei Esptool gesetzt werden.

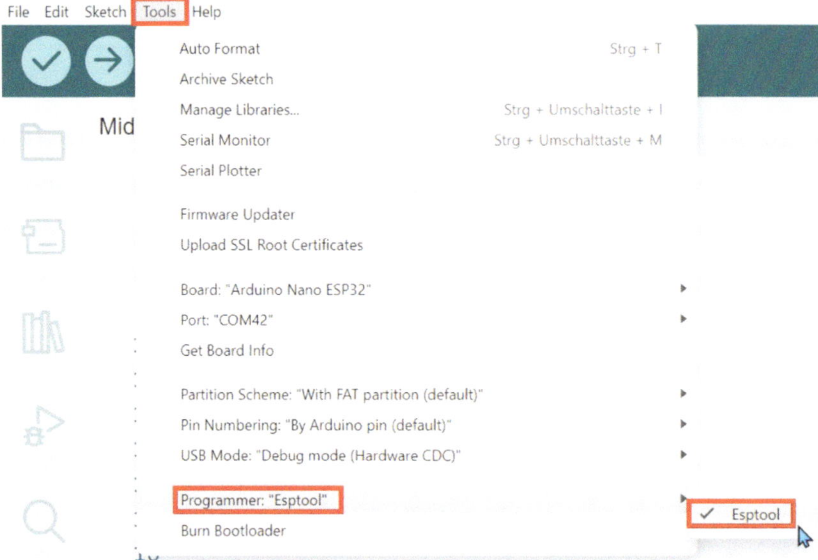

Abbildung 22: Die Auswahl des Esptool Programmers

Nun wählen wir zum Beispiel den Blink-Sketch aus, der geladen werden soll. Abschließend wird der Menüpunkt Sketch>Upload Using Programmer gewählt.

Abbildung 23: Das Hochladen starten

Die Anzeige im Output-Fenster zeigt den Verlauf des Bootloader-Uploads an.

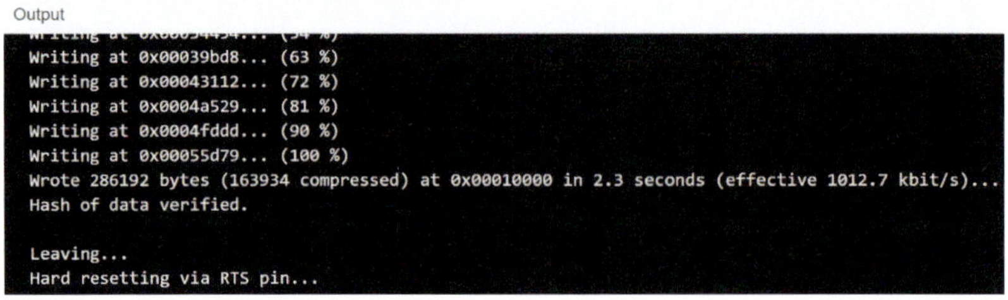

Output

```
Writing at 0x00039bd8... (63 %)
Writing at 0x00043112... (72 %)
Writing at 0x0004a529... (81 %)
Writing at 0x0004fddd... (90 %)
Writing at 0x00055d79... (100 %)
Wrote 286192 bytes (163934 compressed) at 0x00010000 in 2.3 seconds (effective 1012.7 kbit/s)...
Hash of data verified.

Leaving...
Hard resetting via RTS pin...
```

Abbildung 24: Der Bootloader-Upload-Prozess

Als letzte Meldung steht dort Hard resetting via RTS pin. Im Anschluss muss das Board kurz vom USB-Port getrennt und wieder angesteckt werden. Die OnBoard-LED sollte blinken und zeigt darüber an, dass ab jetzt die Programmierung von Arduino-Sketchen wieder möglich ist.

MicroPython-Workshop: Grundlagen

Bevor wir mit MicroPython auf dem Arduino-Nano-ESP32-Board richtig loslegen können, muss man ein paar essentielle Grundlagen verstehen. Python und auch MicroPython erlauben es, den Skript-Code direkt über die angebotene Shell, also das Ein-/Ausgabefenster mit dem Python-Prompt >>>, einzugeben. Dieses Merkmal wird REPL (Read-Evaluate-Print Loop) genannt und ist eine Vorgehensweise, die mit einer compilerbasierten Sprache in dieser Form nicht möglich wäre. Bei Python handelt es sich also um einen Interpreter und keinen Compiler.

Was ist ein Interpreter?

Bei einem Interpreter handelt es sich um ein Programm, das im Gegensatz zu einem Compiler nicht vorher den ganzen Code, sondern jede Zeile in der Eingabe oder eines Quellprogramms nacheinander einzeln ausführt, ohne dass der Code zuvor übersetzt werden muss.

Fangen wir also an, wobei es sich hier verständlicherweise um keinen umfassenden MicroPython-Lehrgang handelt. Nützliche Hinweise in Form eines Python-Tutorials sind unter der folgenden Internetadresse zu finden.

https://www.w3schools.com/python/

Ich werde mich also auf die wichtigsten und für die Kapitel notwendigen Sprachelemente konzentrieren. Im Folgenden sind einige Beispiele aufgeführt.

- Variablen
- Datentypen
- Schleifen
- Operatoren
- I/O-Zugriff

Die Groß- und Kleinschreibung

Python ist eine Programmiersprache, die zwischen Groß- und Kleinschreibung unterscheidet, was bedeutet, dass Groß- und Kleinbuchstaben unterschiedlich behandelt werden. Dieses Verhalten wird Case-Sensitiv genannt.

Die Variablen

In Python müssen für die Verwendung von Variablen keine Datentypen angegeben werden, was bedeutet, dass bei der Eingabe beziehungsweise einer Zuweisung eines Werts an eine Variable der Python-Interpreter erkennt, um welchen Datentyp es sich handelt. Sehen wir uns das an ein paar Beispielen genauer an. Ich werde dazu unterschiedliche Variablen mit verschiedenen Werten initialisieren, um dann zu ermitteln, welcher Datentyp sich dahinter verbirgt. Ich habe die folgenden Eingaben vorgenommen und es handelt sich immer um die 17. Man sieht, dass die einzelnen Anweisungen nicht über ein Semikolon abgeschlossen werden müssen wie bei C++. Der Abschluss erfolgt über einen Zeilenumbruch.

```
>>> a = 17
>>> b = 17.0
>>> c = "17"
>>> |
```

Über die print- und type-Funktion können wir uns jetzt die Datentypen anzeigen lassen. Die print-Funktion sorgt nach dem Aufruf für einen automatischen Zeilenumbruch.

```
>>> print("a = ", type(a))
 a =  <class 'int'>
>>> print("b = ", type(b))
 b =  <class 'float'>
>>> print("c = ", type(c))
 c =  <class 'str'>
>>> |
```

Die einzelnen Variablentypen sind als Klasse definiert, was mit der objektorientierten Programmierung zu tun hat. Die gerade gezeigten Zeilen können jedoch viel einfacher gestaltet werden, denn in der Python-Shell reicht es zur Anzeige von Variableninhalten aus, wenn der Name, gefolgt von der Return-

```
>>> type(a)
<class 'int'>
>>> type(b)
<class 'float'>
>>> type(c)
<class 'str'>
>>> |
```

Taste eingegeben wird. Es geht also auch so, wobei dann zwar nicht die führenden Informationen zu sehen sind, was aber auch nicht unbedingt erforderlich ist.

Das Casting

Wenn eine Variable mit einem bestimmten Datentyp angelegt wurde, dann ist das nicht in Stein gemeißelt. Angenommen, es wird eine Variable a mit dem Wert 17 initialisiert, was bedeutet, dass der Datentyp, wir haben es schon gesehen, int lautet. Was geschieht aber, wenn zu dieser Variablen der Fließkommawert 0.5 addiert wird? Würde die Variable weiterhin den Datentyp int besitzen, könnte der Wert 1.5 nicht gespeichert werden. Sehen wir uns das an. Nach der Initialisierung mit 17 haben wir den Datentyp int vorliegen. Nach der Addition mit dem Wert 0.5 ändert sich der Datentyp automatisch, also implizit nach float und demnach wird auch der korrekte Wert 17.5 gespeichert.

```
>>> a = 17
>>> type(a)
<class 'int'>
>>> a = a + 0.5
>>> type(a)
<class 'float'>
>>> a
17.5
```

Wir haben es hier mit einer sogenannten Typumwandlung, Casting genannt, zu tun, bei dem ein vorhandener Datentyp in einen anderen konvertiert wird.

Es gibt folgende Typumwandlungsarten.

- Explizite Typumwandlung: Die Typumwandlung wird ausdrücklich angewiesen.
- Implizite Typumwandlung: Die Typumwandlung wird automatisch vom Interpreter durchgeführt.

Der Interpreter hat in unserem Beispiel also die Typumwandlung implizit in Eigenregie durchgeführt. Wenn aber eine Zahl in einen anderen Datentyp konvertiert werden soll und wir eine Vorgabe machen, handelt es sich um eine explizite Typenumwandlung, wie das folgende Beispiel zeigt. Es wird die Fließkommazahl 42.7 vom Datentyp float über die int-Funktion in den Datentyp int gezwungen, also konvertiert. Das Ergebnis sieht wie folgt aus, wobei es bei der Konvertierung zu keiner Rundung kommt. Der Nachkommateil wird einfach abgeschnitten.

```
>>> a = 42.7
>>> type(a)
<class 'float'>
>>> b = int(a)
>>> type(b)
<class 'int'>
>>> b
42
>>> |
```

Die Konvertierung in den Datentyp int

Nachfolgend sind einige int-Konvertierungsbeispiele mit den entsprechenden Ergebnissen zu sehen.

```
>>> a = int(7)
>>> b = int(2.9)
>>> c = int("17")
>>> print(a, b, c)
 7 2 17
>>> |
```

Es gibt für alle anderen grundlegenden Datentypen ähnliche Konvertierungsfunktionen.

Die Konvertierung in den Datentyp float

Nachfolgend sind einige float-Konvertierungsbeispiele mit den entsprechenden Ergebnissen zu sehen.

```
>>> a = float(4.2)
>>> b = float(9)
>>> c = float("8")
>>> d = float("9.3")
>>> print(a, b, c, d)
 4.2 9.0 8.0 9.3
>>> |
```

Die Konvertierung in den Datentyp str

Nachfolgend sind einige str-Konvertierungsbeispiele mit den entsprechenden Ergebnissen zu sehen. Die angezeigten Werte sind in einfachen Anführungszeichen eingeschlossen.

```
>>> a = str(4)
>>> b = str(4.9)
>>> c = str("c4")
>>> a;b;c
'4'
'4.9'
'c4'
>>> |
```

Zeichenketten und Arrays

Zeichenketten beziehungsweise Strings werden in Python entweder von einfachen oder von doppelten Anführungszeichen umgeben.

```
>>> a = 'Hallo zusammen'
>>> b = "Noch mal Hallo"
>>> a;b
'Hallo zusammen'
'Noch mal Hallo'
>>> |
```

Sollen mehrere Zeichenketten in einer Variablen zusammengefasst werden, müssen drei doppelte Anführungszeichen verwendet werden. Über die print-Funktion wird der Text korrekt angezeigt, wohingegen die einfache Anzeige ohne print auch die Steuerzeichen und Codes für Umlaute zutage fördert.

```
>>> a = """Hallo, dass ist eine mehrzeilige
    Ausgabe von Wörtern,
    die sich über drei Zeilen erstreckt"""
>>> print(a)
 Hallo, dass ist eine mehrzeilige
 Ausgabe von Wörtern,
 die sich über drei Zeilen erstreckt
>>> a
'Hallo, dass ist eine mehrzeilige\nAusgabe von W\xf6rtern,\n
die sich \xfcber drei Zeilen erstreckt'
>>> |
```

Kommen wir jetzt zu den Arrays in Verbindung mit den Zeichenketten. Wie auch in anderen Programmiersprachen sind Zeichenketten in Python Arrays (eine Sammlung von Zeichen) aus Bytes, die Unicode-Zeichen darstellen. In Python ist ein einzelnes Zeichen einfach eine Zeichenkette mit der Länge 1. Um auf einzelne Zeichen (Elemente des Arrays) einer Zeichenkette zugreifen zu können, können eckige Klammern verwendet werden, um darüber auf die einzelnen Elemente der Zeichenkette zuzugreifen zu können. In der Variablen wurde die angegebene Zeichenkette gespeichert und über a[1] wird auf das zweite Zeichen von links zugegriffen. Ja, es ist das zweite Zeichen, denn der Index beginnt in der Zählung bei 0.

```
>>> a = 'Hier spricht Python'
>>> a[1]
'i'
>>> |
```

Die Kommentare

Auch in Python können Kommentare verwendet werden. Dazu wird für einzeilige Kommentare das Doppelkreuz # verwendet. Alles, was danach erscheint, wird von Python ignoriert. Für mehrzeilige Kommentare werden drei doppelte Anführungszeichen verwendet.

```
>>> # Ein einzeilger Kommentar
>>> """
    Hier kommt ein
    mehrzeiliger Kommentar
    """
```

Die Schleifen

Auch in Python gibt es Schleifen und wir wollen uns die for-Schleife mit dem schon gezeigten Beispiel einer Zeichenkette ansehen. In anderen Programmiersprachen wie zum Beispiel C++ wird ein Blockbild von Code durch das geschweifte Klammerpaar bewirkt. In Python ist das jedoch anders. Hier wird der entsprechende Code nach rechts eingerückt, was automatisch dann im Editor erfolgt, wenn der Doppelpunkt am Ende der for-Schleife eingegeben wird. Jede weitere Anweisung wird dann eigenrückt dargestellt und ist unter der Kontrolle der for-Schleife. Soll diese Blockbildung verlassen werden, muss zweimal hintereinander die Return-Taste gedrückt werden. Dann befindet sich der Cursor wieder an der linken Position im Editor. Beim Aufruf der print-Funktion gibt es normalerweise nach jedem Aufruf einen Zeilenumbruch, der jedoch durch den Zusatz end=‘‘ unterbunden wird, sodass alle Zeichen hintereinander statt untereinander ausgegeben werden. Das Schlüsselwort in bedeutet, dass alle Elemente in der Zeichenkette aufgerufen werden.

```
>>> a = 'Hier spricht Python'
>>> for x in a:
        print(x, end='')


Hier spricht Python
>>> |
```

Wenn es darum geht, einen bestimmten Wertebereich in einer for-Schleife abzufahren, muss das folgende Konstrukt verwendet werden. Die for-Schleife gibt die Zahlen von 1 bis 4 mit der range-Funktion aus, wobei i eine temporäre Variable ist, die über die Zahlen von 1 bis 4 iteriert. Diese Schleife wird verwendet, um durch den Zahlenbereich von 1 bis 4 (inklusive) zu iterieren. Die range-Funktion erzeugt dabei eine Zahlenfolge, die mit dem ersten Argument 1 beginnt und bis zum zweiten Argument 5 (exklusiv) reicht, dieses jedoch nicht einschließt.

```
>>> for i in range(1, 5):
        print(i)


1
2
3
4
>>> |
```

Die Operatoren

Um auch rechnen zu können, sind sogenannte Operatoren erforderlich. Nachfolgend sind einfache Operationen in den vier Grundrechenarten (+, -, *, /) zu sehen.

```
>>> a = 3
>>> b = 17
>>> print(a + b)
20
>>> print(a - b)
-14
>>> print(a * b)
51
>>> print(a / b)
0.1764706
>>> |
```

In der nachfolgenden Tabelle sind die arithmetischen Operatoren aufgelistet.

Operator	Name	Beispiel
+	Addition	a + b
-	Subtraktion	a - b
*	Multiplikation	a * b
/	Division	a / b
%	Modulo	a % b
**	Potenzierung	a ** b
//	Bodendivision	a // b

Tabelle 1 - Arithmetische Operatoren

Die Zuweisungsoperatoren

Um in Python einer variablen einen Wert zuzuweisen, sind die Zuweisungsoperatoren notwendig. Die Operatoren untescheiden sich nicht sonderlich von anderen Programmiersprachen.

Operator	Beispiel	Vergleichbar mit
=	a = 10	a = 10
+=	a +=5	a = a + 5
-=	a -= 9	a = a - 9
*=	a *= 2	a = a * 2
/=	a /= 19	a = a / 19
%=	a %= 3	a = a % 3
//=	a //= 3	a = a // 3
**=	a **= 4	a = a ** 4
&=	a &= 2	a = a & 2
|=	a |= 5	a = a | 5
^=	a ^= 3	a = a ^ 3
>>=	a >>= 2	a = a >> 2
<<=	a <<= 8	a = a << 8

Tabelle 2 - Zuweisungsoperatoren

Vergleichsoperatoren

Um Werte miteinander zu vergleichen, werden die Vergleichsoperatoren eingesetzt.

Operator	Name	Beispiel
==	Gleich	a == b
!=	Ungleich	a != b
>	Größer als	a > b
<	Kleiner als	a < b
>=	Größer oder gleich als	a >= b
<=	Kleiner oder gleich als	a<= b

Tabelle 3 - Vergleichsoperatoren

Logische Operatoren

Operator	Name	Beispiel
and	Liefert true zurück, wenn beide true sind.	a > 5 and a < 10
or	Liefert true zurück, wenn einer der beiden true ist.	a > 56 or b < 17
not	Invertiert den Wahrheitswert.	not(a < 5 and b > 3)

Tabelle 4 - Logische Operatoren

Ich denke, dass dies für den Einstieg in Python und der folgenden MicroPython-Kapitel reichen sollte, weil ich neue Sprachkonstrukte genau dann benenne, wenn sie gebraucht werden. Es macht in meinen Augen wenig Sinn, zuerst alle Grundlagen ohne direkten Bezug zu einem konkreten Thema herunter zu beten, wie das auch noch gängige Praxis in den Schulen ist. Eben praxisfern!

MicroPython-Workshop: Die Nano-Board-Programmierung

Werden wir nun konkret und programmieren unser Nano-ESP32-Board. Im Gegensatz zur Programmierung des Boards über die Arduino-Entwicklungsumgebung läuft die Sache nun ein wenig anders ab. Der Sketch-Code wird im MicroPython-Kontext Skript genannt und es ist möglich, ohne vorheriges Kompilieren die Befehle direkt auszuführen. Diese können jedoch auch in einem Skript zusammengefasst werden, um dieses entweder im Dateisystem des Computers oder sogar auf dem Board selbst zu speichern wie zum Beispiel bei einem USB-Laufwerk. Bei der Nutzung des Nano-ESP32-Boards unter MicroPython werden für den Zugriff auf die I/O-Pins nur die GPIO-Nummerierungen verwendet.

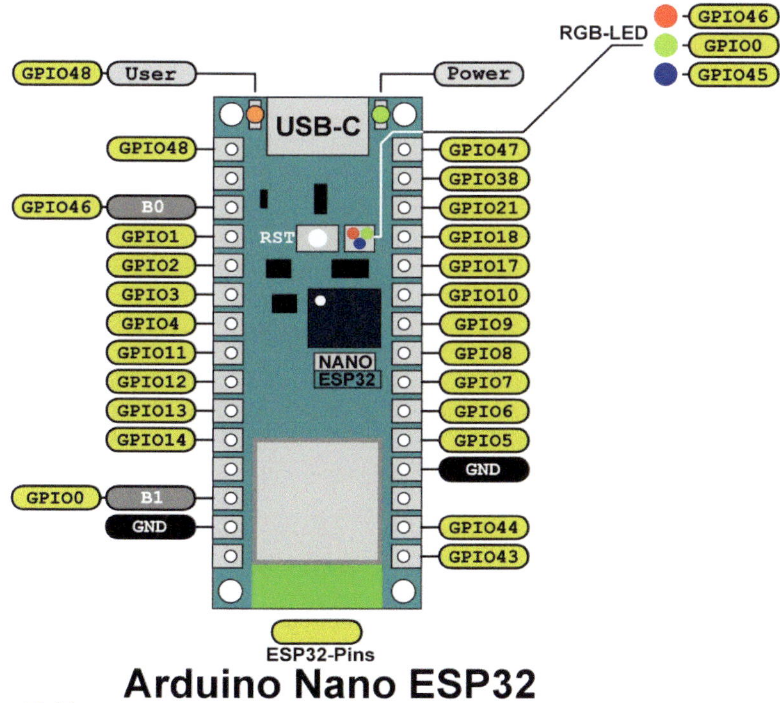

Abbildung 1: Die GPIO-Pins

Ich fange wieder mit Hello-World für Mikrocontroller an und zeige, wie eine LED anzusteuern ist. Im Anschluss wollen wir aus der direkten Kommunikation heraus und das Ganze in ein Skript verpacken.

Die Ansteuerung eines I/O-Pins

Zur Nutzung eines Pins ist die Einbindung einer speziellen Library erforderlich. Doch halt! Unter Python wird das anders benannt. Es geht in diesem Kontext um die sogenannte Modularisierung.

Was bedeutet Modularisierung?

Unter Modularisierung wird die Aufteilung des Quellcodes in sogenannte Module verstanden. Ein Python-Modul ist nichts anderes als eine Datei, die einen vorgefertigten Python-Code beinhaltet.

Der Modulcode kann neben Funktionen auch Variablen und viele weitere Informationen enthalten. Der Vorteil besteht darin, dass der Code in jedem Projekt verwendbar ist, indem man ihn über eine import-Anweisung einbindet. Diese Anweisung besteht aus dem Schlüsselwort import und der Angabe des gewünschten Moduls.

Abbildung 2: Die import-Anweisung

Über die gezeigte Syntax ist es möglich, alle Funktionen eines Moduls in den Code zu importieren. Es kann jedoch auch sein, dass nur einige wenige Funktionen oder nur eine einzige importiert werden soll. In diesem Fall muss die from-Anweisung verwendet werden, denn darüber kann eine detaillierte Auswahl der gewünschten Funktionen im Code erfolgen. Die Syntax dazu lautet.

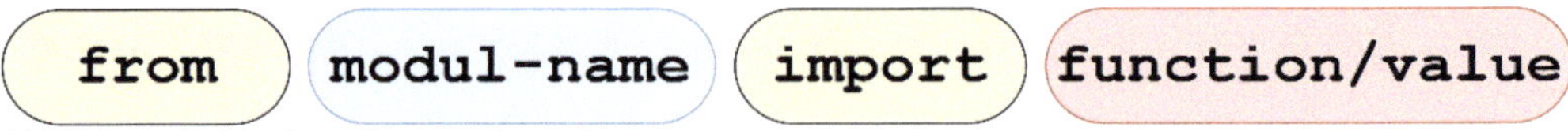

Abbildung 3: Die from-import-Anweisung

Kommen wir zu einem konkreten Beispiel, denn es soll ein I/O-Pin angesteuert werden. Das für uns wichtige Modul nennt sich machine und stellt eine

Sammlung von nützlichen Funktionen bereit, die den Zugriff auf Hardware-Ressourcen wie zum Beispiel GPIO-Pins und Schnittstellen ermöglicht. Sehen wir uns doch über den help-Befehl mit der Angabe des Modulnamens die enthaltenen Elemente (Funktion, Klassen und so weiter) an.

```
>>> import machine
>>> help(machine)
object <module 'machine'> is of type module
  __name__ -- machine
  mem8 -- <8-bit memory>
  mem16 -- <16-bit memory>
  mem32 -- <32-bit memory>
  freq -- <function>
  reset -- <function>
  soft_reset -- <function>
  unique_id -- <function>
  sleep -- <function>
  lightsleep -- <function>
  deepsleep -- <function>
  idle -- <function>
  bootloader -- <function>
  disable_irq -- <function>
  enable_irq -- <function>
  bitstream -- <function>
  time_pulse_us -- <function>
  dht_readinto -- <function>
  Timer -- <class 'Timer'>
  WDT -- <class 'WDT'>
  SDCard -- <class 'SDCard'>
  SLEEP -- 2
  DEEPSLEEP -- 4
  Pin -- <class 'Pin'>
```

Abbildung 4: Die Anzeige der Modulelemente von machine - verkürzte Liste

Die Liste ist nicht vollständig und am unteren Ende ist die Pin-Klasse zu sehen. Diese Klasse werden wir jetzt nutzen. Ich zeige nachfolgend zwei unterschiedliche Ansätze. Zuerst wird dieses Modul komplett eingebunden. Die Pin-Klasse verfügt garantiert über sehr hilfreiche Funktionen und diese können wir uns ebenfalls mit einem entsprechenden help-Befehl anzeigen lassen.

```
>>> help(machine.Pin)
 object <class 'Pin'> is of type type
   init -- <function>
   value -- <function>
   off -- <function>
   on -- <function>
   irq -- <function>
   board -- <class 'board'>
   IN -- 1
   OUT -- 3
   OPEN_DRAIN -- 7
   PULL_UP -- 2
   PULL_DOWN -- 1
   IRQ_RISING -- 1
   IRQ_FALLING -- 2
   WAKE_LOW -- 4
   WAKE_HIGH -- 5
   DRIVE_0 -- 0
   DRIVE_1 -- 1
   DRIVE_2 -- 2
   DRIVE_3 -- 3
>>> |
```

Aha, da sind Funktionen enthalten, die vielversprechend lauten, wie zum Beispiel value oder on bzw. off. Auch die Definitionen IN beziehungsweise OUT könnten wir für unser Vorhaben nutzen. Geben wir also folgende Befehle über die Kommandozeile nacheinander ein. Wohlgemerkt handelt es sich dabei noch um kein Skript, sondern um die unmittelbare Ausführung von Befehlen, denn das sind ja die Vorzüge des Python-Interpreters.

```
>>> import machine
>>> led = machine.Pin(48, machine.Pin.OUT)
>>> |
```

Das sehen wir uns erst genauer an. Um etwas aus einer Klasse zu nutzen, muss eine sogenannte Instanz erzeugt werden. Es handelt sich dabei um ein Objekt, das als Klassenobjekt oder Klasseninstanz bezeichnet wird. Auf die klassische Programmierung übertragen kann man vereinfacht sagen, dass es sich um eine Variable handelt. Die Spezialisten mögen mir verzeihen! Dieser Vorgang wird mit der folgenden Zeile erreicht.

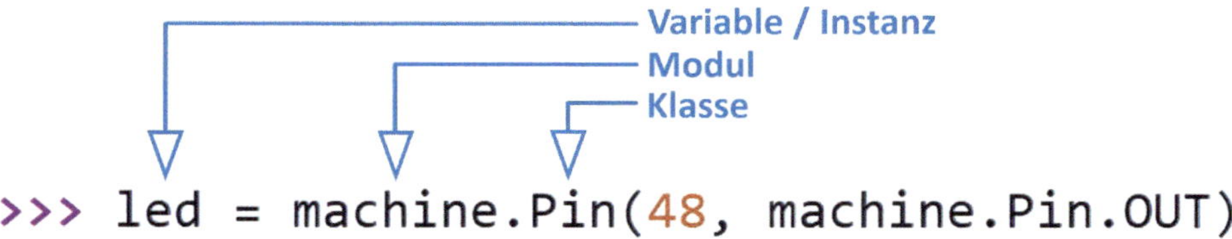

Wie sieht es mit den Werten innerhalb der Klammer aus? Hier wird zuerst die Pin-Nummer 48 (GPIO-Nummer) genannt, die die OnBoard-LED ansteuern soll und anschließend der Modus OUT, wie dieser Pin konfiguriert werden soll. Dies ist vergleichbar mit dem pinMode-Befehl aus der Arduino-Entwicklungsumgebung, der als zweites Argument OUTPUT erwarten würde, um den Pin als einen Ausgang arbeiten zu lassen.

Pin-Nummer Modus

```
>>> led = machine.Pin(48, machine.Pin.OUT)
```

Nach der Eingabe der beiden Befehle bleibt die LED noch aus. Erst im nächsten Schritt werden wir durch den Aufruf der richtigen Funktion und einem Wert den Pin mit einem HIGH-Pegel versehen, sodass die LED leuchten wird. Die Funktion lautet value und das Argument in Form der 1 schaltet die LED an.

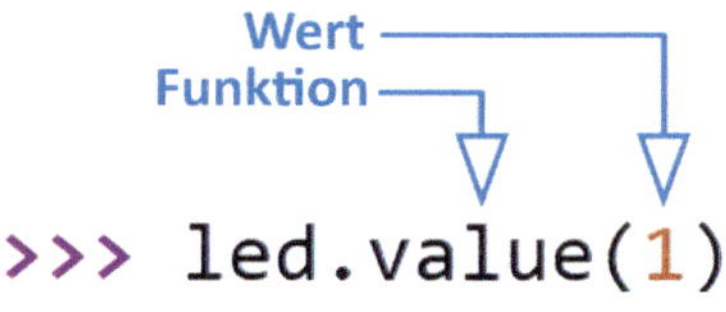

Nun wird es nicht schwer sein, die LED wieder auszuschalten, denn wenn 1 die LED einschaltet, wird 0 sie über einen LOW-Pegel wieder ausschalten. Nachfolgend sind beide Befehle noch einmal zu sehen.

```
>>> led.value(1)
>>> led.value(0)
>>> |
```

An dieser Stelle noch ein kleiner, aber nützlicher Hinweis zur Eingabe der Befehle. Thonny unterstützt ebenfalls die automatische Codevervollständigung. Wird nach der Eingabe die Tastenkombination Strg + Leertaste gedrückt, erscheinen die sinnvollen Auswahlmöglichkeiten, die über die Maus oder die Tastatur durch die Pfeiltasten ausgewählt werden können.

```
>>> led.
        value
        DRIVE_0
        DRIVE_1
        DRIVE_2
        DRIVE_3
        IN
        IRQ_FALLING
        IRQ_RISING
        OPEN_DRAIN
        OUT
```

Kommen wir jetzt zur angekündigten zweiten Form der Einbindung von Modulen über die from-import-Anweisung. Durch diese Form kann man sich das wiederholte Nennen von machine ersparen, denn aus dem machine-Modul wurde exklusiv nur die Pin-Klasse selektiert.

```
>>> from machine import Pin
>>> led = Pin(48, Pin.OUT)
>>> led.value(1)
>>> led.value(0)
>>>
```

So viel zum ersten Teil dieses Kapitels, denn jetzt soll es ja um die kontinuierliche Ansteuerung der LED gehen, die automatisch abläuft, um die LED im Sekundenrhythmus an- und auszuschalten. Dazu wird noch ein weiteres Modul zur Zeitsteuerung benötigt.

Die LED soll blinken

Zur Zeitsteuerung wird das time-Modul benötigt, in der unter anderem die sleep-Funktion enthalten ist. Sehen wir uns das wieder genauer an.

```
>>> import time
>>> help(time)
 object <module 'time' from 'time.py'> is of type module
   __file__ -- time.py
   mktime -- <function>
   time_ns -- <function>
   strftime -- <function strftime at 0x3c174040>
   sleep -- <function>
   ticks_us -- <function>
   __name__ -- time
   sleep_ms -- <function>
   gmtime -- <function>
   sleep_us -- <function>
   ticks_ms -- <function>
   localtime -- <function>
   const -- <function>
   ticks_cpu -- <function>
   time -- <function>
   ticks_add -- <function>
   __version__ -- 0.1
   ticks_diff -- <function>
```

Hier nun wieder die einzelnen Schritte. Nachfolgend ist erst einmal alles bekannt.

```
>>> from machine import Pin
>>> import time
>>> led = Pin(48, Pin.OUT)
>>> |
```

Jetzt sollen die kontinuierlichen Schritte folgen, um die LED an- und auszuschalten.

- value(1)
- value(0)

Das kann man am besten über eine Endlosschleife realisieren. Eine while-Schleife mit dem Wert True ist hier die erste Wahl. Nach der folgenden Eingabe positioniert sich der Eingabe-Cursor zur Blockbildung an die nächste Tab-Position.

```
>>> while True:
        |
```

Jetzt können die Befehle eingegeben werden, die unter der Kontrolle der while-Schleife stehen sollen. Erst, wenn zweimal hintereinander die Return-Taste betätigt wird, kommt es zum Verlassen der Blockbildung beziehungsweise der Einrückung. Der Code gestaltet sich in der Kommandozeile also wie nachfolgend zu sehen ist. Fängt die LED hier schon an zu blinken? Nein, denn der Cursor befindet sich immer noch in der eingerückten Position und wartet auf eventuelle weitere Befehle. Erst bei einem weiteren Betätigen der Return-Taste beginnt die Abarbeitung der eingegebenen Zeilen. Während des Blinkens der LED ist das Prompt >>> nicht zu sehen, was bedeutet, dass die Ausführung gerade erfolgt. Die while-Schleife besitzt die Bedingung in Form des fest definierten Wahrheitswerts True. Diese wird sich niemals ändern und deswegen haben wir es mit einer Endlosschleife zu tun.

```
>>> while True:
        led.value(1)
        time.sleep(1)
        led.value(0)
        time.sleep(1)
        |
```

Sehen wir uns zunächst die while-Schleife an. Solange die Bedingung wahr, also True ist, wird die Schleife abgearbeitet.

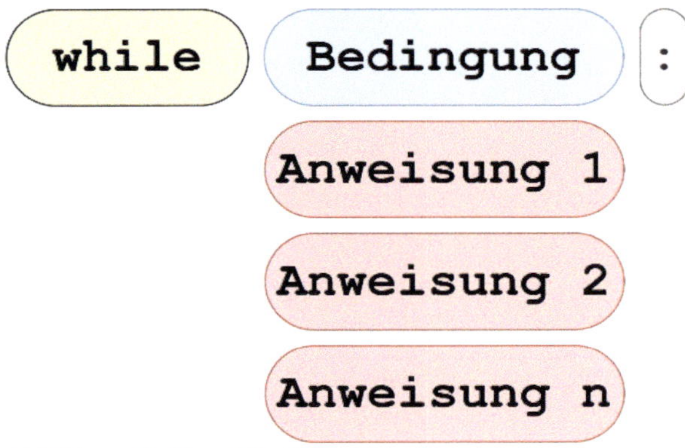

Abbildung 5: Die while-Schleife

Des Weiteren sehen wir die sleep-Funktion, die eine Unterbrechung bewirkt. Die Angabe des Werts wird in Sekunden interpretiert.

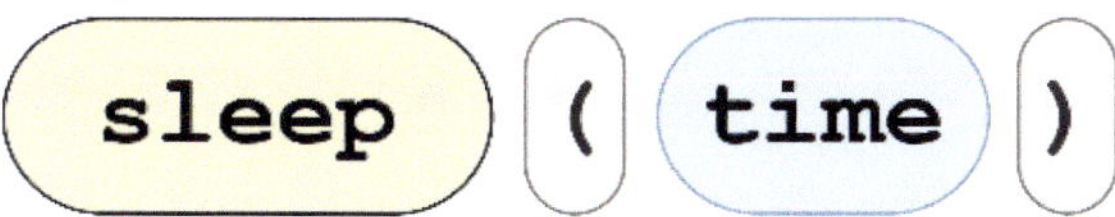

Solange die while-Schleife abgearbeitet wird, blinkt die LED vor sich hin. Wie kann man eine Unterbrechung bewirken? Die Tastenkombination Strg + C ist hier hilfreich. Im Anschluss läuft die folgende Nachricht auf und das Prompt >>> wird wieder sichtbar. Es zeigt, dass die Kontrolle zurückgegeben wurde und weitere Befehle angenommen werden.

```
Traceback (most recent call last):
  File "<stdin>", line 3, in <module>
KeyboardInterrupt:
>>> |
```

Abbildung 6: Die Unterbrechungsmeldung

Durch die Tastenkombination ist ein Ereignis aufgetreten, das sich KeyboardInterrupt nennt. Es ist möglich, dieses Ereignis abzufangen, um das Laufen eines Skripts bei dieser Tastenkombination kontrolliert zu beenden. Ein Skript einfach so auf diese Weise abzubrechen, ist unschön, denn vielleicht sind vor der Beendigung weitere Befehle wichtig, um das eine oder andere noch zu erledigen.

MicroPython-Skripte

Was würde wohl passieren, wenn während der Ausführung des Skripts ein Reset durchgeführt oder das Board vom Computer getrennt würde? Nach dem Reset oder dem Wiederverbinden des Boards wird das zuvor eingegebene Skript nicht mehr ausgeführt, denn es wurde nicht gespeichert. Das ist unerfreulich. Für eine spätere Ausführung nach dem Reset oder einem Spannungsverlust muss das entsprechende Skript nicht auf der Festplatte des Rechners abgelegt, sondern auf das Board übertragen werden. Sehen wir uns das genauer an. Anstatt des unteren Bereichs, der die Kommandozeile repräsentiert, nutzen wir jetzt zur Eingabe des Skripts den oberen Editorbereich und tippen dort den gesamten Code ein.

<unbenannt> *

```
from machine import Pin
import time
led = Pin(48, Pin.OUT)
while True:
    led.value(1)
    time.sleep(1)
    led.value(0)
    time.sleep(1)
```

Abbildung 7: Das Python-Skript im Editor

Speichern von Skripten

Wie wir am Tab-Reiter sehen, der die Bezeichnung unbekannt trägt, ist der eingegebene Code noch nicht gespeichert. Zur Speicherung wird jetzt entweder die Tastenkombination Strg + S gedrückt oder das entsprechende Diskettensymbol angeklickt.

Im Anschluss erscheint ein Dialog, denn wir müssen eine Auswahl treffen, ob das Skript im Dateisystem (Dieser Computer) oder auf dem Nano-ESP32-Board (MicroPython device) gespeichert werden soll.

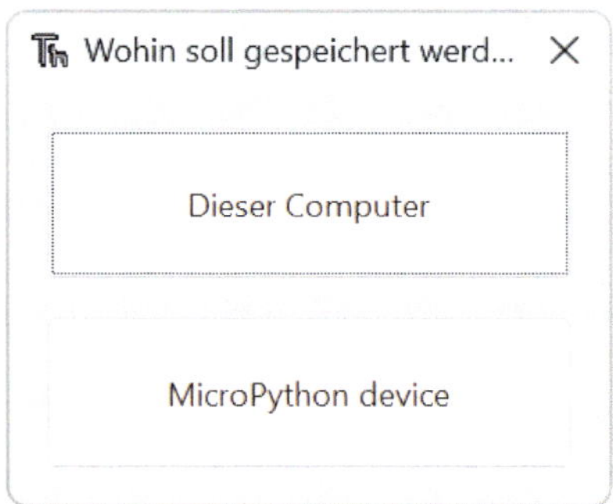

Abbildung 8: Die Wahl des Speichermediums

Bei der oberen Wahl öffnet sich ein Dialog, der das Skript im Dateisystem des Computers speichert, wobei eine Datei dabei die Endung .py besitzen muss. Ich verwende einmal die untere Schaltfläche, um das Skript direkt auf dem Board abzulegen. Mit sehr großer Wahrscheinlichkeit wird die folgende Fehlermeldung sichtbar.

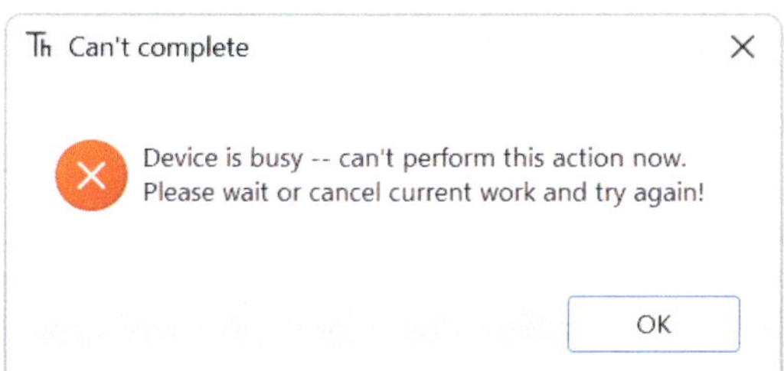

Abbildung 9: Ein Fehler beim Hochladen des Skripts

Irgendwie ist das Hochladen blockiert worden und nach der Betätigung der Tastenkombination Strg + C und einem erneuten Versuch erscheint der gewünschte Dialog zur Speicherung. Erkennbar ist das am fehlenden MicroPython-Prompt, weil die Abarbeitung der while-Schleife noch aktiv war. Folgendes ist zu sehen.

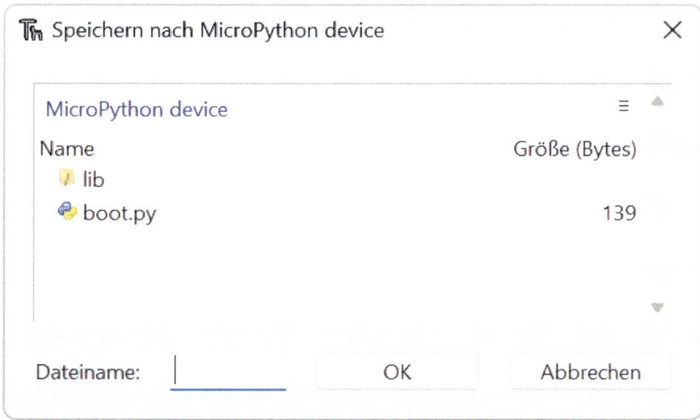

Abbildung 10: Der Speichern-Dialog von Thonny

Hier sehen wir, dass sich schon ein Skript mit dem Namen boot.py auf dem Board befindet. Dieses Skript besitzt eine besondere Funktion, auf die ich noch gesondert eingehen werde, doch der Name lässt ahnen, was die Funktion des Skripts sein soll. Ich gebe jetzt für mein Blink-Skript den Namen blink.py in das Feld rechts neben dem Schriftzug Dateiname ein und klicke auf die OK-Schaltfläche.

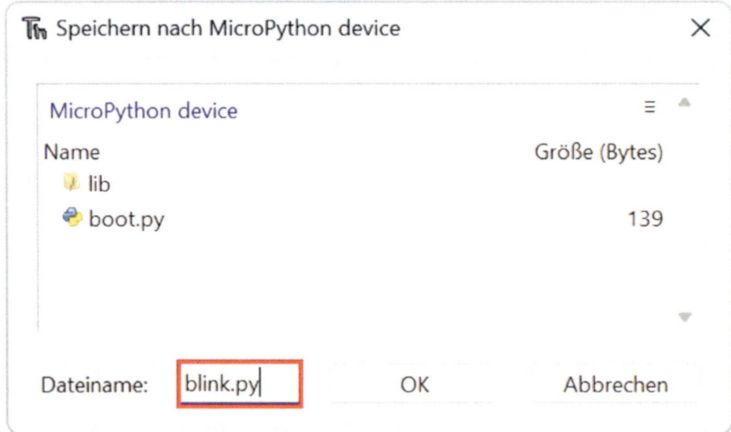

Abbildung 11: Das Abspeichern des Skripts

Im Anschluss erscheint sehr kurz der Dialog über den Prozess des Speicherns.

Abbildung 12: Das Speichern auf das Nano-ESP32-Board wird ausgeführt

Starten des Skripts

Erst nach diesem Speichern ist das Skript ausführbar, wobei Thonny weitere Änderungen am Code nach Drücken des Startsymbols automatisch abspeichert und ausführt.

Abbildung 13: Das Starten des Skripts

Um also zum Beispiel die Pausenzeiten von time.sleep anzupassen, reicht es aus, diese im Skript anzupassen und das Starten-Symbol anzuklicken. Es reicht auch aus, die Taste F5 zu drücken. Die Auswirkung ist unmittelbar auf dem Board beziehungsweise an der Schaltung zu erkennen.

Stoppen des Skripts

Es ist hier wieder anzumerken, dass zur Laufzeit des Skripts alle weiteren Eingaben in der Kommandozeile blockiert sind. Erst nach dem Anklicken der Stopp/Restart-Schaltfläche in der Symbolleiste oder nach dem Drücken der Tastenkombination Strg + C gelangt die Kontrolle zurück in die Kommandozeile, was natürlich auch bedeutet, dass die Ausführung des Skriptes unterbrochen wird.

Abbildung 14: Das Stoppen des Skripts

Laden von Skripten

Einmal gespeicherte Skripte, sei es im Dateisystem oder auf dem XIAO-Board, können auch wieder in den Editor geladen werden. Ich rate, Thonny zum Testen vorher einmal zu schließen und dann wieder zu öffnen, sodass der Editor leer ist.

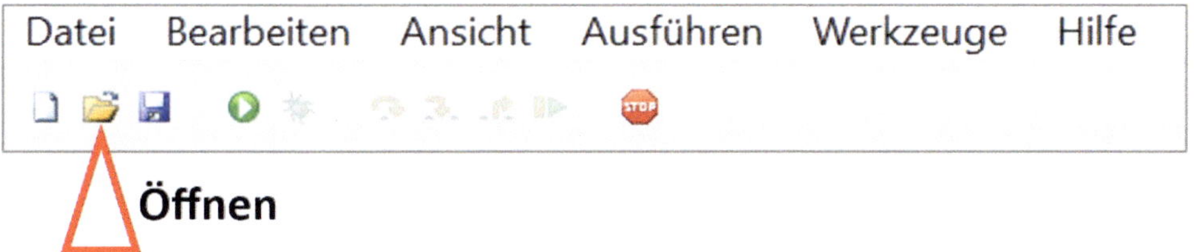

Abbildung 15: Das Laden eines Skripts

Über den nachfolgenden Dialog muss wieder die Quelle gewählt werden.

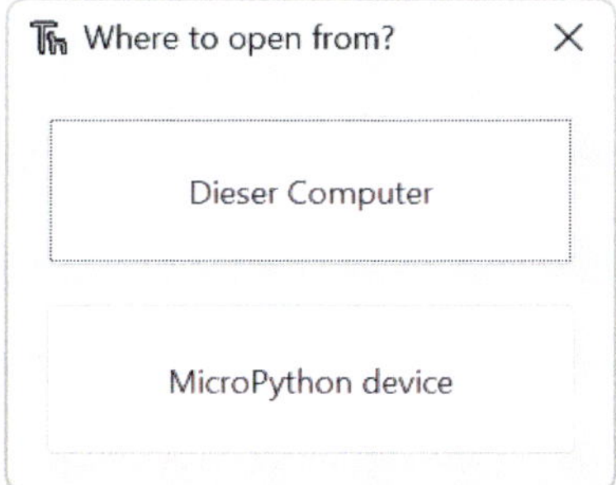

Abbildung 16: Die Wahl der Quelle des zu ladenden Skriptes

Ich wähle hier wieder über die untere Schaltfläche mein Nano-ESP32-Board aus. Falls wieder eine Fehlermeldung erscheint, dass das Device blockiert ist, wissen wir, was zu tun ist.

Abbildung 17: Das Laden eines Skripts

Man sieht, dass sich dort das zuvor gespeicherte Skript mit entsprechendem Namen befindet und kann es von dort nach Auswahl und Bestätigung über die OK-Schaltfläche wieder zurück in den Editor laden.

Löschen von Skripten

Skripte können nach dem Speichern, sei es im Dateisystem oder auf dem Nano-ESP32-Board, wieder gelöscht werden. Sehen wir uns das am Beispiel des Nano-ESP32-Boards an. Über das Kontextmenü des betreffenden Dateieintrags muss der Menüpunkt Löschen ausgewählt werden.

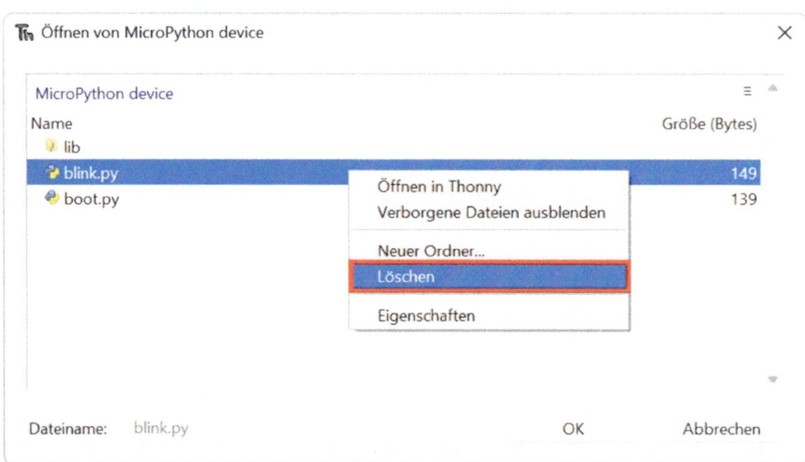

Abbildung 18: Das Löschen eines Skripts

Wird der nachfolgende Dialog mit Ja bestätigt, erfolgt ein endgültiges Löschen des Skripts.

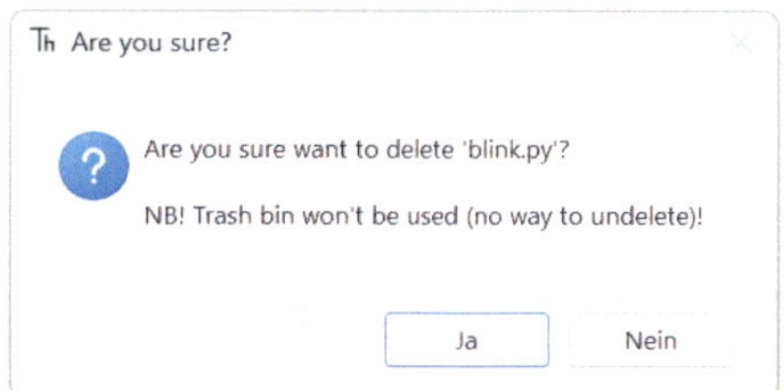

Abbildung 19: Das endgültige Löschen des Skripts

Das Boot-Skript

Kommen wir jetzt zum schon erwähnten Skript mit dem Namen boot.py. Da es sich schon auf dem Board befindet, können wir nachsehen, welchen Code es beinhaltet. Wir wählen also noch einmal das Öffnen-Symbol an und wählen MicroPython Device. Im Anschluss ist folgender Dialog zu sehen.

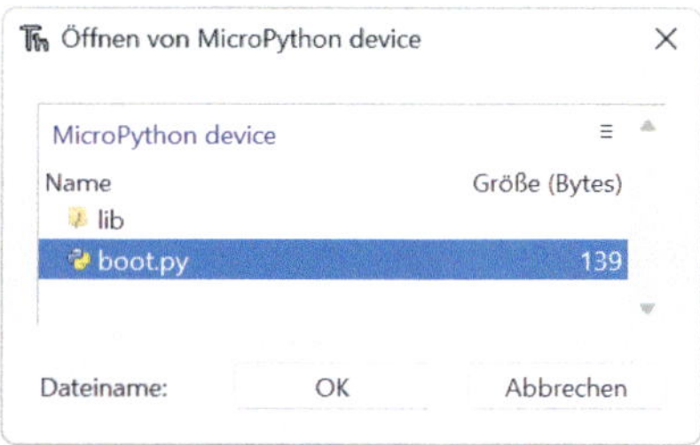

Abbildung 20: Das Boot-Skript laden

Nach einem Doppelklick auf die Zeile ist der folgende Inhalt im Editor zu sehen.

[boot.py]

```
# This file is executed on every boot (including wake-boot from deepsleep)
#import esp
#esp.osdebug(None)
#import webrepl
#webrepl.start()
```

Abbildung 21: Der Inhalt von boot.py

Dieses Skript wird bei jedem Booten ausgeführt. Im Moment sind alle Zeilen noch Kommentarzeilen und deswegen ist auch nach dem Verbinden des Boards nichts Sichtbares passiert. Zudem waren auch keine externen Bausteile angeschlossen, an denen eine Reaktion sichtbar gewesen wäre. Wir können testweise das Blink-Skript unter dem Namen boot.py speichern und wir sehen dann, was nach jedem Booten passiert. Erweitern wir doch einfach mal das Blink-Skript etwas und speichern es als Boot-Skript ab.

[boot.py]

```
from machine import Pin
import time
led = Pin(48, Pin.OUT)
try:
    while True:
        led.value(1)
        time.sleep(1)
        led.value(0)
        time.sleep(1)
except KeyboardInterrupt:
    print("Und Tschüß...")
```

Abbildung 22: Das angepasste Blink-Skript

Wir sehen, dass die while-Schleife mit einem weiteren Konstrukt umfasst wurde und so ebenfalls als Block für die try-except-Anweisung arbeitet. Nachfolgend ist die allgemeine und etwas vereinfachte Syntax von try-except zu sehen.

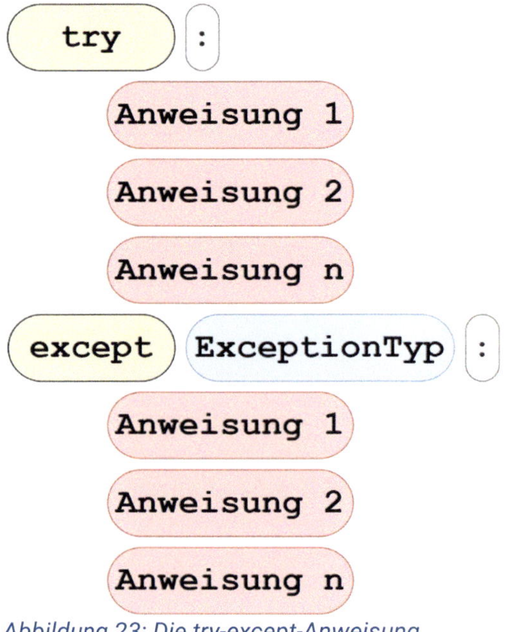

Abbildung 23: Die try-except-Anweisung

Der try-Block wird durch das entsprechende Schlüsselwort und einen Doppelpunkt eingeleitet. Der nachfolgende eingerückte Codeblock wird zuerst ausgeführt. Tritt innerhalb des Codeblocks eine Exception (ein Ereignis) auf, wird seine Ausführung sofort beendet und der Codeblock des except-Zweigs aufgerufen.

Der except-Zweig wird durch das entsprechende Schlüsselwort eingeleitet, gefolgt von einer optionalen Liste von Exception-Typen, für die dieser Zweig ausgeführt werden soll. Abschließend muss wiederum der Doppelpunkt am Ende stehen.

Wenn jetzt das Blink-Skript ausgeführt und die Tastenkombination Strg + C gedrückt wird, so wird die auftretende KeyboardInterrupt-Exception abgefangen und Zeile 11 mit der print-Anweisung ausgeführt.

```
Und Tschüß...
MicroPython v1.20.0-452-gff70bd119 on 2023-09-12;
Type "help()" for more information.
>>>
```

MicroPython-Workshop: Pins ansteuern

Im vorigen Einstiegs-Kapitel haben wir gesehen, wie zum Beispiel eine LED angesteuert wird und wie man sie zum Blinken bringt. In diesem Kapitel geht es unter anderem um das Abfragen von Pins.

Die Abfrage eines Tasters

Sehen wir uns zunächst den Schaltplan an und erinnern uns, dass die GPIO-Nummerierung verwendet werden muss.

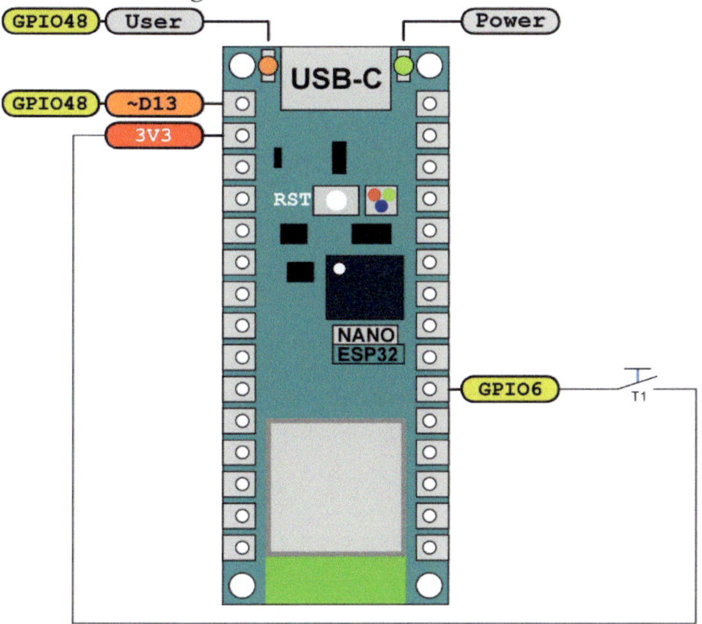

Abbildung 1: Der Schaltplan für die Tasterabfrage

Das Skript ist wie folgt aufgebaut. Es ist hier etwas mehr Code enthalten, als für den Moment erforderlich wäre. Die OnBoard-LED wurde in Zeile 3 schon definiert. Doch sehen wir uns den Rest an. In Zeile 4 ist die Variable pinButton definiert, die den betreffenden Pin als Input mit aktiviertem Pulldown-Widerstand konfiguriert. Innerhalb der while-Endlosschleife kommt es in Zeile 6 zur kontinuierlichen Abfrage des Tasterstatus über die value-Funktion und der Anzeige über die print-Funktion in der Kommandozeile. Eine derartige Endlosschleife ist vergleichbar mit der loop-Funktion bei der Programmierung in C++ in der Arduino-Entwicklungsumgebung. Es muss ein fortlaufendes Abarbeiten gewährleistet sein.

```
1 from machine import Pin
2 import time
3 pinLed = Pin(48,Pin.OUT)
4 pinButton  = Pin(6, Pin.IN, Pin.PULL_DOWN)
5 while True:
6     print(pinButton.value())
7     time.sleep(1)
```

Abbildung 2: Das Skript zur Abfrage eines Eingangs

Sehen wir uns das genauer an, wobei Zeile 3 zur Ansteuerung einer LED schon im vorangegangenen Kapitel erläutert wurde. Kommen wir zu Zeile 4. Über die Pin-Klasse werden die Pin-Nummer (GPIO), der Modus für den Pin (hier Input) und optional die Aktivierung des Pullup- oder Pulldown-Widerstandes (hier Pulldown) angegeben.

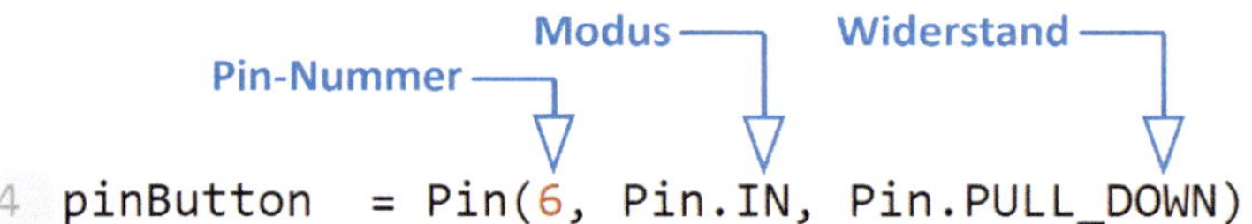

Ähnlich wie zur Ansteuerung einer LED über die value-Funktion erfolgt in diesem Fall die Abfrage des Pin-Status ebenfalls über die value-Funktion. In Zeile 7 habe ich zur besseren Kontrolle noch eine Sekunde Pause über die sleep-Funktion eingebaut. Es sollte beachtet werden, dass der Tasterstatus etwas verzögert angezeigt wird. Nun ist es ein Leichtes, die OnBoard-LED mithilfe des Tasterstatus anzusteuern.

```
1 from machine import Pin
2 import time
3 pinLed = Pin(48,Pin.OUT)
4 pinButton  = Pin(6, Pin.IN, Pin.PULL_DOWN)
5 while True:
6     print(pinButton.value())
7     pinLed.value(pinButton.value())
8     time.sleep(1)
```

Abbildung 3: Das Skript zur Abfrage eines Eingangs und der Ansteuerung der LED

Es sollte bedacht werden, dass es, wenn das zuvor gezeigte Skript noch läuft, beim Versuch, eine Änderung zu speichern, zu einer Fehlermeldung kommt.

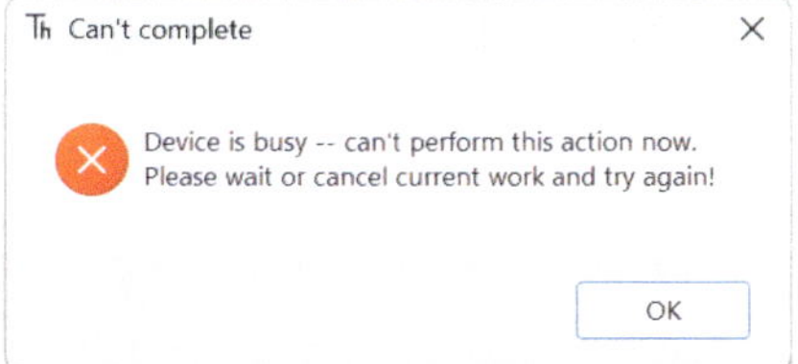

Abbildung 4: Die Fehlermeldung beim Speichern

Den ersten Hinweis zur Lösung des Problems werden wir nicht in Betracht ziehen, denn zu warten ist hier eine schlechte Vorgehensweise. Nach der Bestätigung über die OK-Schaltfläche kommt schon die nächste Fehlermeldung, die auf die eigentliche Ursache des Problems hinweist. Das Back-end, also das Board, ist nicht bereit fürs Speichern des Skripts.

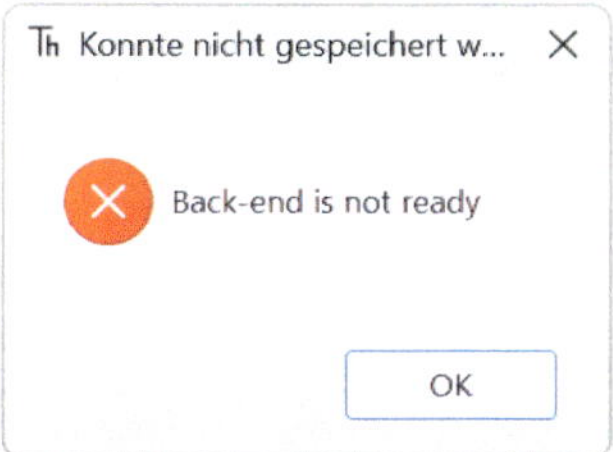

Es liegt daran, dass das Skript gerade noch läuft und wir es zuerst stoppen müssen, also zuerst das Stopp-Symbol anklicken oder die Tastenkombination Strg + F2 drücken. Erst jetzt kann nochmal das Speichern des Skripts erfolgen. Nach anklicken des Start-Symbols oder drücken der Taste F5 wird das Skript ausgeführt. Die LED sollte, mit einer kleinen Verzögerung wegen der sleep-Funktion, dem Tastendruck folgen. Auch hier kann das Skript wieder so erweitert werden, dass auf eine Unterbrechung mit try-except reagiert wird.

Einen Status vorgeben

Bei der Initialisierung eines Pins kann bei der Definition ein Status übergeben werden, der nach der Ausführung zum Tragen kommt. Möchte man zum Beispiel einen Pin vorab schon einmal mit einem HIGH-Pegel versehen, so kann das über die Angabe value mit der entsprechenden Zuweisung erfolgen.

```
pinLed = Pin(48,Pin.OUT, value=1)
```

Eine Zeitverzögerung

Bei der sleep-Funktion haben wir gesehen, dass sich darüber eine Unterbrechung des Skriptablaufs im Sekundenbereich erzielen lässt. Für kleinere Zeitunterbrechungen werden hier keine Kommazahlen angegeben. Angenommen, es ist erforderlich, eine Unterbrechung von einer Millisekunde (einer Tausendstelsekunde) zu erreichen, dann kann nicht sleep(0.001) geschrieben werden. Zu diesem Zweck gibt es die sleep_ms-Funktion, die aber ebenso eine blockierende Instanz darstellt wie die sleep-Funktion. Für noch kleinere Zeiteinheiten kann die sleep_us-Funktion genutzt werden, die eine Unterbrechung von Mikrosekunden (Millionstelsekunden) bewirkt. Hier noch mal zum Überblick alle drei Funktionen.

Abbildung 5: Die Zeitverzögerungsfunktionen

Ein Lauflicht

Wenn man mehrere LEDs hintereinander ansteuern möchte, dann ist ein Array sinnvoll. Auf diese Weise können alle Elemente des Arrays komfortabel angesteuert werden. Ich möchte sechs LEDs kontinuierlich hintereinander ansteuern. Doch bevor es nun losgeht, hier ein einfaches Beispiel zur Definition eines Arrays. In der Regel wird ein Array durch das eckige Klammerpaar [] dargestellt, wobei [für den Anfang und] für das Ende des Arrays steht.

Kommandozeile

```
>>> boards =["Arduino Uno","Arduino Due","Arduino Nano ESP32"]
>>> print(boards)
['Arduino Uno', 'Arduino Due', 'Arduino Nano ESP32']
>>> |
```

Um jetzt die einzelnen Elemente des Arrays auszugeben, kann das for-in-Konstrukt verwendet werden.

```
>>> for b in boards:
        print(b)

 Arduino Uno
 Arduino Due
 Arduino Nano ESP32
>>> 
```

Um einzelne Elemente direkt anzusprechen, wird der Index, der sich in eckigen Klammern befindet, angegeben. Das erste Element beginnt wieder bei Index 0.

```
>>> print(boards[0])
 Arduino Uno
>>> print(boards[2])
 Arduino Nano ESP32
>>> 
```

Kommen wir also mit dieser kleinen Array-Einführung zu unserem konkreten Beispiel. Der Schaltplan dazu sieht wie folgt aus.

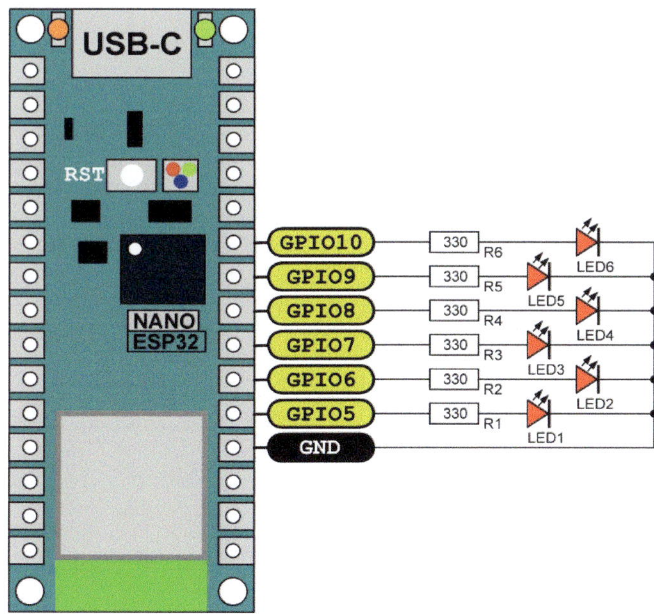

Abbildung 6: Der Schaltplan zur Ansteuerung der sechs LEDs

Kommen wir zum Skript und bauen es schrittweise auf. Die Zeilen 1 und 2 sollten klar sein. Die Initialisierung des Arrays in den Zeilen 3 bis 9 sind jetzt Neuland, können aber mit der obigen Array-Einführung verstanden werden. Die Definitionen der einzelnen Pins in den Zeilen 4 bis 9 sollten kein Problem darstellen. Diese Sammlung von sechs Pins wird über das eckige Klammerpaar über Kommata getrennt angegeben.

```
1 from machine import Pin
2 import time
3 leds = [
4     Pin( 5, Pin.OUT, value=0),
5     Pin( 6, Pin.OUT, value=0),
6     Pin( 7, Pin.OUT, value=0),
7     Pin( 8, Pin.OUT, value=0),
8     Pin( 9, Pin.OUT, value=0),
9     Pin(10, Pin.OUT, value=0)]
```

Es wäre nun einfach, die einzelnen Elemente abzurufen. Dazu kann der Index verwendet werden, der ebenfalls in eckigen Klammern angegeben werden muss. Es ist zu beachten, dass die Zählung, ich sagte es schon, bei 0 beginnt. Pin 7 würde demnach das zweite Element bedeuten. Sehen wir nach.

Kommandozeile

```
>>> print(leds[2])
Pin(7)
>>>
```

Um jedes Array-Element abzurufen, nutzen wir das for-in-Konstrukt. Zudem kommt jetzt die schon angesprochene sleep_ms-Funktion zum Einsatz, um eine Pause von 100ms zwischen den LED-Wechseln einzulegen.

```
11 try:
12     while True:
13         for p in leds:
14             p.value(1)
15             time.sleep_ms(100)
16             p.value(0)
17 except KeyboardInterrupt:
18     print("Skript beendet.")
```

Abschließend werfen wir noch einen Blick auf den Schaltungsaufbau.

Abbildung 7: Der Schaltungsaufbau für das Lauflicht

Ein einfaches Roulettespiel

Von einem Lauflicht zu einem Roulettespiel ist es nicht weit. Erhöhen wir die Anzahl der LEDs von sechs auf zwölf und ordnen sie im Kreis an. Zusätzlich muss noch ein Taster vorhanden sein, der das Spiel startet und wieder stoppt. Wir werden zudem sehen, dass analoge Pins sowohl als digitale Ein- als auch als Ausgänge konfiguriert werden können. Werfen wir zuerst einen Blick auf den Schaltplan.

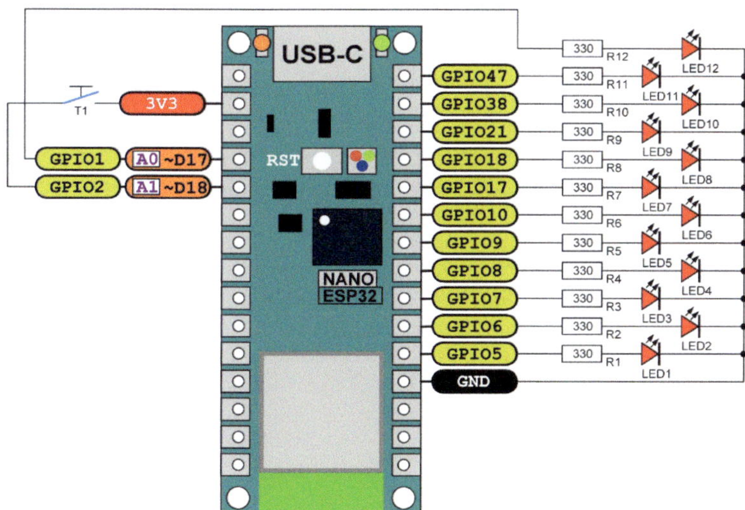

Abbildung 8: Der Schaltplan für das Roulettespiel

Ich habe absichtlich die beiden digitalen Pins für RX0 und TX0 außen vor gelassen, um zu zeigen, dass die analogen Pins ebenso als digitale Pins arbeiten können. Kommen wir zum Skript. In Zeile 3 erfolgt die Konfiguration des Tasters an GPIO-Pin 2 mit aktiviertem Pulldown-Widerstand. Die Konfiguration des LED-Arrays kennen wir schon und es wurde um die zusätzlichen Pins erweitert.

```
1  from machine import Pin
2  import time
3  button = Pin(2, Pin.IN, Pin.PULL_DOWN)
4  leds = [
5      Pin( 5, Pin.OUT, value=0),
6      Pin( 6, Pin.OUT, value=0),
7      Pin( 7, Pin.OUT, value=0),
8      Pin( 8, Pin.OUT, value=0),
9      Pin( 9, Pin.OUT, value=0),
10     Pin(10, Pin.OUT, value=0),
11     Pin(17, Pin.OUT, value=0),
12     Pin(18, Pin.OUT, value=0),
13     Pin(21, Pin.OUT, value=0),
14     Pin(38, Pin.OUT, value=0),
15     Pin(47, Pin.OUT, value=0),
16     Pin( 1, Pin.OUT, value=0)]
```

Die Variable i wird jetzt als Index arbeiten und in Zeile 17 mit dem Wert 0 initialisiert. Innerhalb der while-Endlosschleife in Zeile 18 geschieht erst einmal nichts, bis nicht der Taster gedrückt wird. Wenn dem so ist, werden die Zeilen 19 bis 25 abgearbeitet. Die LEDs werden über den Index angesteuert und in Zeile 20 angeschaltet. In Zeile 21 kommt es zu einer Verzögerung von 20ms, bis dann in Zeile 22 die LED wieder erlischt. In Zeile 23 wird der Index um den Wert 1 erhöht. Damit es nicht zu ungültigen Indexwerten bei der Addition des Werts 1 kommt, wird in Zeile 24 der Wert kontrolliert und beim Überschreiten in Zeile 25 wieder auf 0 gesetzt. Damit beim Loslassen des Tasters noch die zuletzt aktivierte LED leuchtet, wird diese in Zeile 26 wieder angeschaltet.

```
i = 0 # LED-Index
while True:
    while button.value()==True:
        leds[i].value(1)
        time.sleep_ms(20)
        leds[i].value(0)
        i += 1
        if i > 11:
            i = 0
    leds[i].value(1) # Letzte LED an
```

Nun ist das Spiel schon recht gut und die virtuelle Kugel bleibt schlagartig nach dem Loslassen des Tasters an einer beliebigen Stelle stehen. Ich möchte es jedoch etwas realistischer gestalten und die Kugel nach dem Loslassen immer langsamer werden lassen, bis sie dann am Ende zum Liegen kommt. Das macht die Sache noch etwas spannender. Bei dieser Erweiterung kommen einige neue Python-Konstrukte beziehungsweise -Aspekte zum Vorschein. Das sind Folgende.

- Funktionen
- Lokale und globale Variablen

Das verbesserte Roulettespiel

Sehen wir uns zunächst die Funktionen und dann die lokalen und globalen Variablen an.

Die Funktionen

Funktionen sind für uns nichts Neues und wir haben sie schon mehrfach genutzt. Da ist zum Beispiel die print-Funktion, was eine integrierte Funktion von MicroPython ist. Andere Funktionen müssen vor ihrer Nutzung über interne und externe Module und Bibliotheken über einen import-Befehl geladen und dann aufgerufen werden. Dazu zählt zum Beispiel die sleep-Funktion. Falls der zur Verfügung gestellte Funktionsumfang für einen Programmierer nicht ausreichend ist, muss er sich eigene Funktionen erstellen. Funktionen ergeben immer dann einen Sinn, wenn bestimmter Code wiederholt im Programmcode verwendet werden soll. Der Vorteil besteht in der Programmierung von Funktionen und in der Wiederverwendbarkeit, was den Codeumfang reduziert und lesbarer gestaltet. Zudem steigert es die Wartbarkeit und minimiert Fehler.

Funktionen in MicroPython sind sogenannte benannte Codeblöcke, die über ihren Namen aufgerufen werden. Einer Funktion können beim Aufruf kein, ein oder mehrere Argumente mitgegeben werden. Zudem kann eine Funktion optional einen Rückgabewert an den Aufrufer liefern. Sehen wir uns eine Funktionsdefinition und deren Aufruf an. Eine Funktion wird definiert, indem das Schlüsselwort def, der Name der Funktion und die Parameter in Klammern angegeben werden. Die nachfolgende Funktion mit dem Namen message erwartet beim Aufruf keine Argumente, was am leeren Klammerpaar zu erkennen ist. Auch hier ist wieder eine Blockbildung über den Doppelpunkt am Ende der Definition zu sehen. Der Funktionsblock ist wie gewohnt eingerückt.

```
def message():
    print("Hallo, hier spricht MicroPython!")
    print("Es macht Spaß, damit zu programmieren.")

print(message())
print(message())
```

Abbildung 9: Die Funktionsdefinition und der zweimalige Aufruf

Die Ausgabe des Skripts sieht dann wie folgt aus und man sieht, dass der Nachrichtentext zweimal angezeigt wird. Zudem erkennt man, dass hinter jedem Text eine None zu sehen ist, was bedeutet, dass in der Funktion kein Rückgabewert definiert wurde.

```
Hallo, hier spricht MicroPython!
Es macht Spaß, damit zu programmieren.
None
Hallo, hier spricht MicroPython!
Es macht Spaß, damit zu programmieren.
None
>>> |
```

Ein etwaiger Rückgabewert wird über das Schlüsselwort return an den Aufrufer zurückgeliefert, was in diesem Fall der Wahrheitswert True ist.

```
def message():
    print("Hallo, hier spricht MicroPython!")
    print("Es macht Spaß, damit zu programmieren.")
    return True

print(message())
```

Die Ausgabe des Skripts zeigt neben dem Text auch den Rückgabewert an.

```
Hallo, hier spricht MicroPython!
Es macht Spaß, damit zu programmieren.
True
>>>
```

Wie sieht es mit Übergabewerten aus? Diese werden innerhalb der runden Klammern angegeben. Angenommen, man möchte die Summe von zwei Werten ermitteln, dann wäre das über die folgende Funktion zu realisieren.

```
def add(a, b):
    return a + b

print(add(3, 7))
```

Das Ergebnis wird dann unmittelbar angezeigt.

```
10
>>>
```

Es gäbe noch viel mehr über Funktionen zu erzählen, doch für uns reicht dieses Wissen erst einmal. Kommen wir zu den lokalen und globalen Variablen.

Lokale und globale Variablen

Im folgenden Beispiel sieht man, wie innerhalb der Funktion msg auf eine global definierte Variable n zugegriffen wird. Weil es keine lokale Variable mit dem Namen n gibt, das heißt keine Zuweisung an n innerhalb des Funktionsrumpfs von msg erfolgt, wird der Wert der globalen Variablen n benutzt.

```
>>> n = "Hier spricht man global"
>>> def msg():
        print(n)

>>> msg()
Hier spricht man global
>>> |
```

Nun kann der gleiche Variablenname n auch innerhalb der Funktion definiert werden, was sie zu einer lokalen Variablen macht. Die print-Funktion innerhalb der Funktionsdefinition greift jetzt auf die lokale Variable n zu und zeigt sie an.

```
>>> n = "Hier spricht man global"
>>> def msg():
        n = "Hier spricht man lokal"
        print(n)

>>> msg()
 Hier spricht man lokal
>>> |
```

So weit, so gut. Wie sieht es mit dem folgenden Beispiel aus? Da erhalten wir eine Fehlermeldung. Die erste print-Anweisung will auf den globalen Wert der Variablen n zugreifen und ihn anzeigen. Im Anschluss der darauffolgenden Zeile erfolgt eine neue Zuweisung an die Variable n, was diese Variable zu einer lokalen Variablen macht. Wir hätten dadurch eine totale Verwirrung geschaffen, denn es gäbe innerhalb des Funktionsrumpfs sowohl eine globale als auch eine lokale Variable mit dem Namen n. Das würde eine Mehrdeutigkeit schaffen, die MicroPython nicht zulässt und es kommt zu der gezeigten Fehlermeldung.

```
>>> n = "Hier spricht man global"
>>> def msg():
        print(n)
        n = "Hier spricht mal lokal"
        print(n)

>>> msg()
 Traceback (most recent call last):
   File "<stdin>", line 1, in <module>
   File "<stdin>", line 2, in msg
 NameError: local variable referenced before assignment
>>> |
```

Eine Variable kann demnach nicht sowohl lokal als auch global innerhalb derselben Funktion sein. Aus diesem Grund betrachtet MicroPython n als eine lokale Variable innerhalb des Funktionsrumpfs und da jetzt auf diese lokale Variable zugegriffen wird, ohne sie zuvor zu definieren und sie damit noch keinen Wert besitzt, erfolgt die Fehlermeldung.

Es ist jedoch möglich, auf globale Variablen schreibend innerhalb einer Funktion zuzugreifen. Dazu muss man sie wie im folgenden Beispiel explizit über das Schlüsselwort global als solche deklarieren.

```
>>> n = "Hier spricht man global"
>>> def msg():
        global n
        print(n)
        n = "Hier spricht mal lokal"
        print(n)

>>> msg()
 Hier spricht man global
 Hier spricht mal lokal
>>> |
```

Wie der Name lokal schon sagt, ist eine derartige Variable innerhalb einer Funktion nur dort gültig und sichtbar. Ein Zugriff von außen ist nicht möglich. Nur über den Funktionsaufruf ist der Zugriff auf die lokale Variable n möglich.

```
>>> n = "Hier spricht man global"
>>> def msg():
        n = "Hier spricht mal lokal"
        print(n)

>>> msg()
 Hier spricht mal lokal
>>> print(n)
 Hier spricht man global
>>> |
```

Nun sind wir soweit, dass die Programmierung des verbesserten Roulettespiels beginnen kann.

Die Programmierung des Skripts

Die folgenden Zeilen sind zum vorangegangenen Roulette-Skript unverändert übernommen worden.

```
 1 from machine import Pin
 2 import time
 3 button = Pin(2, Pin.IN, Pin.PULL_DOWN)
 4 leds = [
 5     Pin( 5, Pin.OUT, value=0),
 6     Pin( 6, Pin.OUT, value=0),
 7     Pin( 7, Pin.OUT, value=0),
 8     Pin( 8, Pin.OUT, value=0),
 9     Pin( 9, Pin.OUT, value=0),
10     Pin(10, Pin.OUT, value=0),
11     Pin(17, Pin.OUT, value=0),
12     Pin(18, Pin.OUT, value=0),
13     Pin(21, Pin.OUT, value=0),
14     Pin(38, Pin.OUT, value=0),
15     Pin(47, Pin.OUT, value=0),
16     Pin( 1, Pin.OUT, value=0)]
```

Nachfolgend sind einige globale Variablen definiert, die später genutzt werden. Die variable i ist wieder für den Index der anzusteuernden LEDs zuständig, die Variable b zeigt an, ob der Taster gedrückt beziehungsweise losgelassen wurde. Die Variable s ist für die anfängliche Zeitverzögerung zwischen den LED-Wechseln verantwortlich und darüber wird die Variable d initialisiert.

```
18 i = 0      # LED-Index
19 b = False  # Button pressed
20 s = 20     # Init-Delay
21 d = s      # Actual-Delay
```

Kommen wir zur Funktionsdefinition, die für die Ansteuerung der LEDs verantwortlich ist und den Parameter d für die Zeitverzögerung zwischen den LED-Wechseln besitzt. Um auf die globale Variable i zugreifen zu können, muss diese in Zeile 24 als solche deklariert werden, denn sonst käme es zur schon erwähnten Fehlermeldung über die Doppeldeutigkeit der Variablen i und einem Zugriff ohne vorige Initialisierung. Der Rest des Codes in den nachfolgenden Zeilen wurde schon erläutert.

```
23 def roll(d):
24     global i
25     leds[i].value(1) # LED on
26     time.sleep_ms(d) # Delay
27     leds[i].value(0) # LED off
28     i += 1
29     if i > 11:
30         i = 0
```

In Zeile 32 haben wir es wieder mit besagter Endlosschleife zu tun. Erst wenn der Taster gedrückt wird, erfolgt der Aufruf der roll-Funktion zur Ansteuerung der LEDs mit der vorgegebenen Delay-Zeit, die beim Start in Zeile 21 initialisiert wurde. Gleichzeitig wird die Variable b in Zeile mit dem Wert True initialisiert, um den Eintritt nach dem Loslassen des Tasters in den verlangsamten LED-Wechsel zu ermöglichen, der durch die if-Anweisung eingeleitet wird. Es gibt hier sehr viele Realisierungsmöglichkeiten und jeder kann sich an einer Verbesserung versuchen. Ich wollte es so klar wie möglich und nicht gerade elegant umsetzen, obwohl beide Aspekte sich nicht unbedingt ausschließen müssen. Über das for-in-range-Konstrukt kommt es nach und nach zu einer Erhöhung der Delay-Zeit in Zeile 40, was den LED-Wechsel verlangsamt und gänzlich unterbricht. Am Ende wird in Zeile 43 die Delay-Zeit wieder mit dem Startwert initialisiert, sodass es mit der ursprünglichen Verzögerungszeit beim Beginn des Spiels losgeht.

```
32 while True:
33     while button.value()==True:
34         b = True
35         roll(d)
36         leds[i].value(1)
37     if b == True: # Button released
38         b = False # Reset Button pressed
39         for j in range(0, 30):
40             d += 5 # Increase delay
41             roll(d)
42             leds[i].value(1)
43         d = s # Re-Init Delay
```

MicroPython-Workshop: WLAN und OLED

Wir haben unter C++ schon gesehen, wie ein OLED anzusteuern ist. Das Gleiche möchte ich der Vollständigkeit halber auch unter MicroPython durchführen. Von Hause aus kennt die Entwicklungsumgebung Thonny den SSD1306-Treiber nicht und ich nutze diesen Umstand dazu, eine derartige Installation in Thonny durchzuführen. Ziel ist es, über WLAN Informationen zur IP-Adresse und der aktuellen Zeit anzuzeigen. Gehen wir schrittweise vor.

Die Paketverwaltung unter Thonny

Um ein neues Paket der Entwicklungsumgebung Thonny hinzuzufügen, muss der Menüpunkt Werkzeuge>Verwalte Pakete… aufgerufen werden.

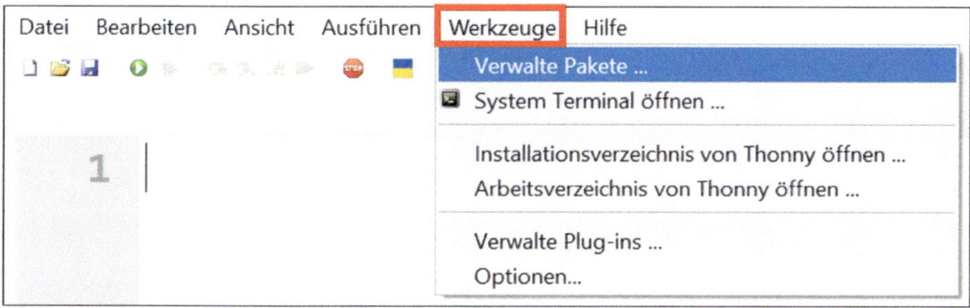

Abbildung 1: Die Paketverwaltung unter Thonny

Im Anschluss wird der Name des zu installierenden Paketes, hier ssd1306, in das Suchfeld eingetragen und auf die Search-Schaltfläche geklickt.

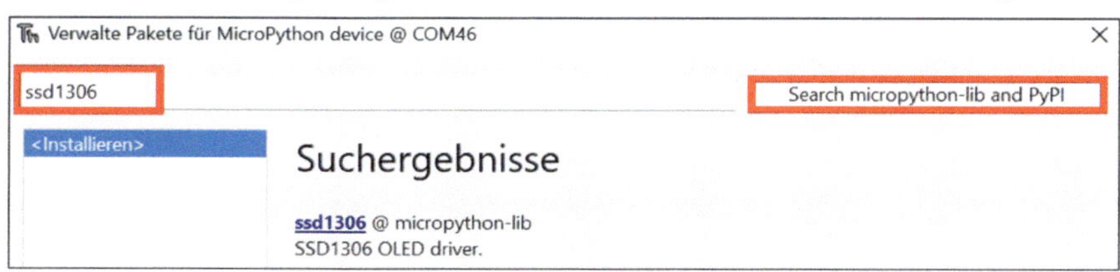

Abbildung 2: Die Suche nach dem gewünschten Paket

Wurde das Paket gefunden, kann es durch die Installieren-Schaltfläche der Entwicklungsumgebung hinzugefügt werden.

Abbildung 3: Die Installation des Pakets

Die erfolgreiche Installation wird mit einem entsprechenden Dialog beendet.

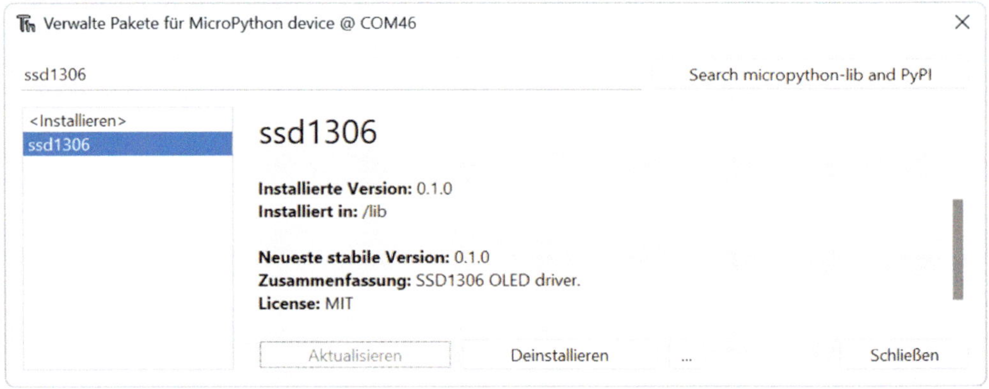

Abbildung 4: Die Installation wurde erfolgreich beendet

Nun können wir einen ersten Test starten.

Der erste Test des SSD1306-OLED

Sehen wir uns dazu das folgende Skript an. In Zeile 1 werden zwei Pakete eingebunden. Zum einen müssen wir auf den I²C-Bus zugreifen und für die Pin-Konfiguration benötigen wir Pin. Die eigentliche Steuerung beziehungsweise Kommunikation über den I²C-Bus erledigt SoftI2C (vormals nur I²C). Die Nutzung des OLED wird in Zeile 2 durch den entsprechenden Import ssd1306 erledigt. Dieses Paket wurde gerade eben installiert.

Abbildung 5: Das OLED

Die Konfiguration des I²C-Objekts erfolgt in Zeile 4 mit dem Aufruf der SoftI2C-Klasse und der Angabe der Pin-Parameter. Das OLED wird in der darauffolgenden Zeile 5 konfiguriert und display zugewiesen. Über display ist direkter Zugriff auf das OLED möglich. Der anzuzeigende Text wird in Zeile 6 über den Aufruf der text-Methode und den Positionierungsinformationen festgelegt. Die Anzeige des Texts übernimmt in Zeile 7 die display-Methode.

```
1 from machine import Pin, SoftI2C
2 import ssd1306
3
4 i2c = SoftI2C(sda=Pin(38), scl=Pin(47))
5 display = ssd1306.SSD1306_I2C(128, 64, i2c)
6 display.text("Hello World!", 0, 0, 1)
7 display.show()
```

Wenn der Text auf dem Display zu sehen ist, lief alles wie geplant. Zu einer kleinen Modifikation des Skripts rate ich jedoch, denn obwohl es auch so funktioniert, sollten die verwendeten Pins korrekt initialisiert werden, wenn keine externen Pullup-Widerstände eingesetzt werden.

```
from machine import Pin, SoftI2C
import ssd1306

i2c = SoftI2C(sda=Pin(38, Pin.OUT, Pin.PULL_UP), scl=Pin(47, Pin.OUT, Pin.PULL_UP))
display = ssd1306.SSD1306_I2C(128, 64, i2c)
display.text("Hello World!", 0, 0, 1)
display.show()
```

Nützliche Hinweise zur Nutzung des OLED mit dem SSD1306-Treiber sind unter der folgenden Internetadresse zu finden. Sie beziehen sich zwar auf das ESP8266-Board, was jedoch keine Rolle spielt.

https://docs.micropython.org/en/latest/esp8266/tutorial/ssd1306.html

Wie im Code zu sehen ist, kann man jegliche Pins für die I²C-Steuerung verwenden. Ich habe sogar Pins genommen, die eigentlich für die SPI-Kommunikation vorgesehen sind. Der Schaltplan sieht sehr einfach aus, und es sind keine sonst erforderlichen Pullup-Widerstände zu sehen.

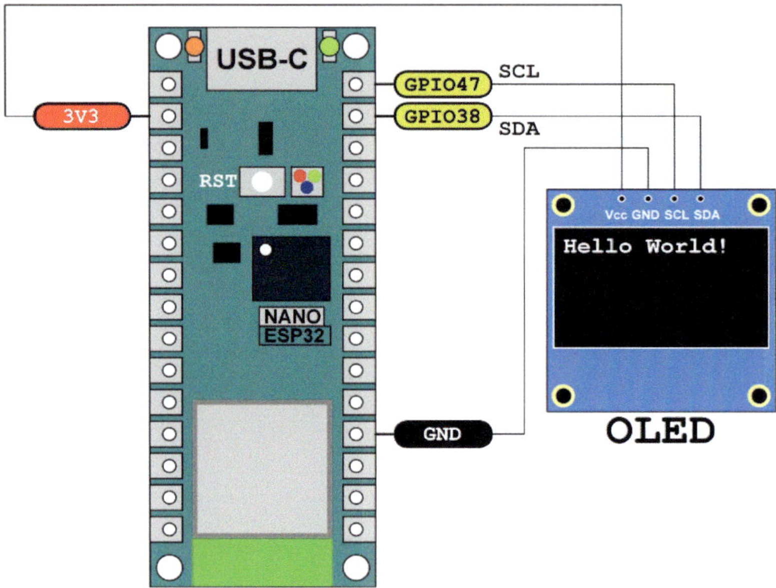

Abbildung 6: Der Schaltplan zur OLED-Ansteuerung

Nun ist das ja recht simpel und deswegen wollen wir das Kapitel hiermit nicht beschließen, sondern eine WLAN-Komponente einbauen.

Das WiFi aktivieren

Das WLAN haben wir unter C++ schon aktiviert, um damit eine Verbindung zum TeamSpeak-Server aufzunehmen. Wie sieht es mit WiFi unter MicroPython aus? Gehen wir die Schritte wieder einzeln durch, wobei am Router der DHCP-Modus aktiviert sein muss.

Was bedeutet DHCP?

Durch das DHCP (Dynamic Host Configuration Protocol) lässt sich die Zuweisung von TCP/IP-Konfigurationsinformationen zentral verwalten, wodurch Computern, die für die Verwendung von DHCP konfiguriert sind, automatisch IP-Adressen zum Beispiel durch einen Router zugewiesen werden.

Zuerst müssen wir das Modul für den Netzwerkzugriff einbinden, was in Zeile 2 erfolgt. Was eine SSID und das entsprechende Passwort ist und wo man es herbekommt, sollte uns geläufig sein. Jetzt gibt es zwei Schnittstellen, wie sich das Nano-ESP32-Board mit dem Netzwerk verbinden kann, eine für ein Device als Station, wenn es sich um eine Verbindung mit einem Router handelt, und eine andere für den Access Point, wenn andere Geräte sich mit dem ESP32 verbinden wollen.

- network.STA_IF (Station)
- network.AP_IF (Access Point)

Ersteres werden wir in Zeile 7 zur Initialisierung des wlan-Objekts nutzen. Um das WLAN-Interface aktiv zu schalten, wird es in Zeile 8 über die active-Methode mit dem Argument True aktiviert. Bislang ist jedoch noch keine Verbindung zum Router etabliert worden. Der Versuch dazu erfolgt erst in Zeile 10 mit dem Aufruf der connect-Methode und der Angabe der SSID und des Passworts. Ob das von erfolgreich ist, zeigt der Rückgabewert der isconnected-Methode in Zeile 11. Solange der Wert False ist, werden im Sekundenrhythmus Punkte angezeigt.

```
1  import time
2  import network
3
4  wlan_ssid     = "..." # SSID
5  wlan_passwort = "..." # WLAN-Passwort
6
7  wlan = network.WLAN(network.STA_IF)
8  wlan.active(True);
9  print("Mit WLAN verbinden...")
10 wlan.connect(wlan_ssid, wlan_passwort)
11 while not wlan.isconnected():
12     print(".", end="")
13     time.sleep(1)
14 print("WLAN: ", wlan.ifconfig())
```

Kommt es zu einer Verbindung über WLAN, dann erscheint auf der Kommandozeile die folgende Anzeige, die hier nur für mich persönlich gültig ist und vom verwendeten Router und dessen Einstellungen abhängt, wenn die IP-Adressen über DHCP automatisch verteilt werden. An den vier Punkten vor der Textausgabe von WLAN: ist zu sehen, dass es vier Sekunden gedauert hat, bis eine erfolgreiche Verbindung zustande gekommen ist.

Kommandozeile

```
>>> %Run -c $EDITOR_CONTENT

 MPY: soft reboot
 Mit WLAN verbinden...
 ....WLAN:  ('192.168.178.44', '255.255.255.0', '192.168.178.1', '192.168.178.1')
>>>
```

Was bedeuten die einzelnen Werte innerhalb der Klammer?

- 192.168.178.44 (die über DHCP vergebene IP-Adresse)
- 255.255.255.0 (die Netzmaske)
- 192.168.178.1 (die IP-Adresse des Gateways, was der Router selbst ist)
- 192.168.178.1 (die IP-Adresse des DNS oder Domain Name Servers)

Für uns sind Begriffe wie Netzmaske und DNS nicht relevant und bleiben deswegen außen vor. Ein besonderer Umstand während und nach der Verbindungsherstellung sollte nicht unerwähnt bleiben. Wurde eine Verbindung etabliert und später zum Beispiel die SSID oder das Passwort geändert, erfolgt nach einem erneuten Versuch, die Verbindung aufzubauen, immer wieder eine Erfolgsmeldung. Das passiert sogar dann, wenn mit der Authentifizierung etwas nicht stimmen sollte. Selbst über das Initiieren eines Soft-Reboots über die Tastenkombination Strg + D hat das keine Änderung bewirkt. Die Verbindung bleibt aktiv. Erst über das Deaktivieren über wlan.active(False) und erneutem Aktivieren funktioniert es. Es wäre also ratsam, den Code wie folgt abzuändern, wo immer zuerst eine Deaktivierung und dann eine Aktivierung vorgenommen wird.

```
wlan.active(False);
wlan.active(True);
```

Das nur am Rande, was jedoch nicht zu unterschlagen ist! Nun sollte man generell einen derartigen Verbindungsaufbau immer mit einem sogenannten Timeout versehen und den Versuch nicht ewig laufen lassen. Wird der definierte Timeout überschritten, erfolgt der Abbruch mit einer entsprechenden Fehlermeldung. Dazu muss jedoch der Teil, der den Verbindungsaufbau initiiert, am besten in eine Funktion verpackt werden.

```
import time
import network

wlan_ssid     = "..." # SSID
wlan_passwort = "..." # WLAN-Passwort

wlan = network.WLAN(network.STA_IF)
wlan.active(True);
print("Mit WLAN verbinden...")
wlan.connect(wlan_ssid, wlan_passwort)
while not wlan.isconnected():
    print(".", end="")
    time.sleep(1)
print("WLAN: ", wlan.ifconfig())
```

Funktion

Abbildung 7: Die Auslagerung des markierten Codes in eine Funktion

Der umrandete Codebereich wird nun ein wenig modifiziert und dann für einen späteren Aufruf in eine Funktion ausgelagert. Sehen wir uns das genauer an. Wir müssen innerhalb der Funktion eine Zeitverzögerung als Timeout einbauen, während ständig versucht wird, eine Verbindung zu etablieren. Das soll jedoch nicht durch eine zeitliche Verzögerung erfolgen, die mittels sleep-Funktion erreicht wird, denn währenddessen kann nichts passieren. Es kommt hier eine ähnliche Technik zum Einsatz wie wir das schon bei der Programmierung mit C++ gesehen haben. Ein Wert wird kontinuierlich hochgezählt und laufend kontrolliert, ob er einen bestimmten Schwellwert überschritten hat. Während des Hochzählens gerät der Programmablauf jedoch nicht ins Stocken und es können weitere Programmzeilen abgearbeitet werden. In MicroPython können wir dazu die time.ticks_ms-Funktion nutzen, die mit der millis-Funktion in der Arduino-Programmierung vergleichbar ist. Der zurückgelieferte Wert gibt die Ticks in Form von Millisekunden seit Systemstart zurück. Wenn diese Funktion zum Beispiel mehrfach hintereinander aufgerufen wird, ist zu erkennen, wie der Wert stetig steigt. Dividiert man diesen Wert noch durch 60.000, erhält man die Minuten, die seit dem Einschalten des Boards vergangen sind. Bei mir also ungefähr 25 Minuten.

```
>>> time.ticks_ms()
1516396
>>> time.ticks_ms()
1518406
>>> time.ticks_ms()
1520076
>>> |
```

In Zeile 10 wird die Variable start einmalig mit dem Rückgabewert dieser Funktion initialisiert. Während der Abarbeitung der while-Schleife in Zeile 15 kommt es fortlaufend zur Überprüfung, ob schon eine Verbindung hergestellt wurde und zusätzlich noch der start-Wert größer ist als die Summe des übergebenen Timeout-Werts und der aktuellen Ticks. Treffen beide Bedingungen zu, kommt es zur Ausführung des Funktionskörpers in Zeile 16. Dort ist das Schlüsselwort pass zu sehen, was für eine Null-Anweisung steht und bedeutet, dass hier nichts passieren soll und als Platzhalter für zukünftigen Code gesehen werden kann.

```
 9 def do_wlan_connect(t):
10     start = time.ticks_ms()
11     wlan.active(False);
12     wlan.active(True);
13     time.sleep(1)
14     wlan.connect(wlan_ssid, wlan_passwort)
15     while not wlan.isconnected() and start + t > time.ticks_ms():
16         pass
17 print("Mit WLAN verbinden...")
18 do_wlan_connect(10000) # Timeout 10 Sekunden
19 if wlan.isconnected():
20     print("WLAN: ", wlan.ifconfig())
21 else:
22     print("Error: Keine Verbindung zum WLAN")
23
```

Sehen wir uns kurz noch die Informationen zur schon gezeigten Ausgabe an.

```
Mit WLAN verbinden...
WLAN:  ('192.168.178.44', '255.255.255.0', '192.168.178.1', '192.168.178.1')
```

Die Anzeige ist das Ergebnis des ifconfig-Funktionsaufrufs. Was liefert die Hilfe dazu noch an Informationen?

```
>>> help(wlan.ifconfig())
object ('192.168.178.44', '255.255.255.0', '192.168.178.1', '192.168.178.1') is of type tuple
  count -- <function>
  index -- <function>
>>> |
```

Abbildung 8: Der Hilfetext zu ifconfig

Es handelt sich also um ein Objekt vom Typ tuple. Was aber ist ein Tuple?

Was ist ein Tuple?

Tuples werden verwendet, um mehrere Elemente in einer einzigen Variablen zu speichern.

Jetzt kommt vielleicht die Frage auf, worin der Unterschied zwischen einem Tuple und einem Array besteht.

Was ist der Unterschied zwischen einem Tuple und einem Array?

Die Elemente eines Arrays können geändert werden, indem bestimmten Indizes neue Werte zugewiesen werden. Tuples dagegen sind geordnete Sammlungen fester Größe von Elementen, deren Datentypen unterschiedlich sein können. Tuples sind in der Regel unveränderlich, was bedeutet, dass ihre Elemente nicht geändert werden können, sobald sie einmal zugewiesen wurden.

Um die einzelnen Elemente des ifconfig-Tuples abzurufen, muss der Index angegeben werden, der sich in diesem Fall von 0 bis 3 erstreckt.

```
>>> wlan.ifconfig()[0]
'192.168.178.44'
>>> wlan.ifconfig()[1]
'255.255.255.0'
>>> wlan.ifconfig()[2]
'192.168.178.1'
>>> wlan.ifconfig()[3]
'192.168.178.1'
>>> |
```

Abbildung 9: Das Abrufen der Elemente von ifconfig

Die aktuelle Zeit ermitteln

Um sich die aktuelle Zeit anzeigen zu lassen, wird die localtime-Funktion genutzt und wie folgt angewendet. Das Ergebnis ist wieder ein Tuple; die Abfrage der einzelnen Zeitelemente ist wieder sehr leicht über den Index zu realisieren.

```
>>> import time
>>> time.localtime()
(2023, 9, 22, 9, 30, 41, 4, 265)
>>> |
```

Um also zum Beispiel Jahr, Monat und Tag zu extrahieren, können die folgenden Zeilen eingegeben werden.

```
>>> print("Jahr: ", time.localtime()[0])
Jahr:  2023
>>> print("Monat: ", time.localtime()[1])
Monat:  9
>>> print("Tag: ", time.localtime()[2])
Tag:  22
>>> |
```

Dass diese Zeitangaben jedoch so stimmen, ohne sie irgendwie mit einem Zeitserver synchronisiert zu haben, ist bei mir Zufall, denn das ESP32-Modul hat dies im Hintergrund beim Zugriff auf das Netzwerk erledigt. Dies muss jedoch nicht der Fall sein und deswegen bauen wir diesen Vorgang der Zeitsynchronisierung über NTP in unseren Code mit ein.

Was bedeutet NTP?

NTP ist eine Abkürzung für Network Time Protocol. Es handelt sich um ein Standard-Internetprotokoll (IP) zur Synchronisierung von Computeruhren über das Netzwerk. Dieses Protokoll synchronisiert alle vernetzten Geräte innerhalb weniger Millisekunden auf die koordinierte Weltzeit UTC. Diese Zeit ist die heute gültige, im Jahr 1972 eingeführte Weltzeit. Um die Mitteleuropäische Zeit zu erhalten, addiert man eine Stunde zur UTC, die zeitweise zum Beispiel in den Ländern wie Deutschland, Österreich und der Schweiz gilt.

Zur Abfrage dieser UTC-Zeit muss das ntptime-Modul importiert werden. Korrekt lautet dann die Abfrage wie folgt. Die settime-Funktion von ntptime sorgt für die Synchronisation der localtime des ESP32-Chips.

```
>>> import ntptime
>>> import time
>>> ntptime.settime()
>>> time.localtime()
(2023, 9, 22, 7, 47, 35, 4, 265)
>>> |
```

Mit diesen Grundlagen können wir zur Realisierung unseres Kapitelziels schreiten, um die IP-Adresse und die lokale Zeit anzuzeigen.

Die Anzeige der Zeit auf dem OLED

Wir werden die einzelnen Schritte wieder in entsprechende Funktionen auslagern, um diese dann leicht an verschiedenen Stellen des Skripts aufrufen zu können. Die folgenden Zeilen sollten klar sein. Es wurde lediglich der Import für die ntptime in Zeile 1 hinzugefügt.

```
1  import ntptime
2  import time
3  import network
4  from machine import Pin, SoftI2C
5  import ssd1306
6
7  wlan_ssid     = "..." # SSID
8  wlan_passwort = "..." # WLAN-Passwort
9
10 wlan = network.WLAN(network.STA_IF)
11 i2c = SoftI2C(sda=Pin(38, Pin.OUT, Pin.PULL_UP), scl=Pin(47, Pin.OUT, Pin.PULL_UP))
12 display = ssd1306.SSD1306_I2C(128, 64, i2c)
```

Die do_wlan_connect-Funktion wurde ebenfalls unverändert übernommen.

```
14 def do_wlan_connect(t):
15     start = time.ticks_ms()
16     wlan.active(False);
17     wlan.active(True);
18     time.sleep(1)
19     wlan.connect(wlan_ssid, wlan_passwort)
20     while not wlan.isconnected() and start + t > time.ticks_ms():
21         pass
```

Um die lokale Zeit mit dem NTP-Server zu synchronisieren, gibt es jetzt eine neue Funktion mit Namen sync_time, die später noch aufgerufen wird.

```
23 def sync_time():
24     ntptime.settime()
```

Kommen wir zur print_OLED-Funktion, die für den Inhalt auf dem Display verantwortlich ist. Hier werden zahlreiche Variablen initialisiert, die später in zusammengesetzter Form auf dem Display angezeigt werden sollen. Erwähnenswert sind die Zeilen 32, 33 und 34, die unter anderem Formatanweisungen enthalten und dafür zuständig sind, dass bei einstelligen Werten eine führende 0 mit angezeigt wird. In einigen Programmiersprachen werden die geschweiften Klammerpaare {} dazu verwendet, um den Programmcode zu strukturieren beziehungsweise zu formatieren. So auch in Python und MicroPython. Der Wert 02 gibt an, dass die Ausgabe zweistellig sein soll und eine führende 0 beinhalten soll. Was sicherlich auffällt, ist die Addition des Werts 2 am Ende der Zeile 32, was eine Korrektur der Zeitzone und Sommer- beziehungsweise Winterzeit bedeutet. Dieser Wert muss gegebenenfalls angepasst werden.

Die text-Funktion für das Display erwartet vier Argumente, wobei das erste den anzuzeigenden Text repräsentiert und die darauffolgenden zwei die Koordinaten (x,y), wobei sich der Nullpunkt in der linken oberen Ecke befindet. Das letzte Argument ist für den key, was für uns irrelevant ist. Die Aufrufe der text-Funktionen in den Zeilen 36, 37 und 38 zeigen den Text noch nicht an und es ist lediglich eine Bereitstellung innerhalb des internen Speichers des OLED. Erst der Aufruf der show-Funktion zeigt die Informationen auf dem Display an. Damit beim nächsten Aufruf, der ja kontinuierlich erfolgt, die vorhandenen Pixel nicht mit neuen angereichert werden und es unleserlich wird, sorgt die fill-Funktion in Zeile 40 für das Füllen des kompletten Displays mit der Farbe 0, also schwarz. Der Inhalt des Displays wird somit gelöscht.

```
26 def print_OLED():
27     ip   = wlan.ifconfig()[0]
28     year  = str(time.localtime()[0])
29     month = str(time.localtime()[1])
30     day   = str(time.localtime()[2])
31     d     = "Date: " + day + "." + month + "." + year
32     h     = str("{:02}".format(time.localtime()[3] + 2))
33     m     = str("{:02}".format(time.localtime()[4]))
34     s     = str("{:02}".format(time.localtime()[5]))
35     t     = "Time: " + h + ":" + m + ":" + s
36     display.text(ip, 0, 0, 1) # Show IP-Address
37     display.text(d, 0, 20, 1) # Show Date
38     display.text(t, 0, 30, 1) # Show Time
39     display.show()  # Show all content
40     display.fill(0) # Fill screen with color=0
```

Der folgende Code sorgt schließlich für den Aufruf der einzelnen Funktionen und somit für die Anzeige der Displayinhalte.

```
print("Mit WLAN verbinden...")
do_wlan_connect(10000) # Timeout 10 Sekunden
if wlan.isconnected():
    print("WLAN: ", wlan.ifconfig())
    sync_time()  # Sync localtime
    while True:
        print_OLED() # OLED-Display
else:
    print("Error: Keine Verbindung zum WLAN")
```

Der Schaltungsaufbau gestaltet sich wie folgt.

Abbildung 10: Der Schaltungsaufbau mit OLED

Stichwortverzeichnis

G

H

I

K

L

M

N

O

P

Der Arduino-Standard

Das Arduino-Standardwerk in 4.Auflage

888 Seiten, komplett vierfarbig
ISBN 978-3-946496-20-5
39,95 €
www.bombini-verlag.de/shop/arduino